David Lorimer
Wissenschaft, Bewusstsein und ultimative Realität

David Lorimer

Wissenschaft, Bewusstsein und ultimative Realität

Die wahre Natur des Geistes und die Essenz der Existenz erforschen

Aus dem Englischen von
Astrid Ogbeiwi

Crotona

Englische Originalausgabe:
Science, Consciousness and Ultimate Reality

Published by: Imprint Academic, PO Box 200, Exter, Devon, EX5 5YX, UK

Deutsche Ausgabe:
1. Auflage 2024

www.crotona.de

Umschlaggestaltung: Annette Wagner

Druck: Generál Druckerei

ISBN 978-3-86191-290-3

Inhalt

Mitwirkende 7

Einführung des Herausgebers *(David Lorimer)* 16

Geist und Kosmos *(Bernard Carr)* 56

Quantenmechanik, Bewusstsein & das Ich *(Chris Clarke)* 95

Yoga, Physik und Bewusstsein *(Ravi Ravindra)* 129

Neurophysiologie, Bewusstsein &
ultimative Realität *(Peter Fenwick)* 148

Proximale Spiritualität *(Guy Claxton)* 172

Wissen, Religion & Psychologie *(David Fontana)* 192

Die Natur des Menschen & die Seele *(Keith Ward)* 210

Geist & Körper: Das Ende der Apartheid *(Mary Midgley)* 225

Theismus, Naturalismus &
Kognitionswissenschaften *(Alan Torrance)* 255

Wissenschaft, Glaube &
menschliche Werte *(Denis Alexander)* 280

Wissenschaft und menschliche
Verantwortung *(John Hapgood)* 304

Mitwirkende

Denis Alexander ist Emeritus Fellow am St. Edmund's College in Cambridge und Emeritus Director des Faraday Institute for Science and Religion, das er 2006 zusammen mit Bob White gegründet hat.

Alexander war Open-Scholar-Stipendiat an der Oxford University, wo er Biochemie studierte, bevor er am Institute of Psychiatry der University of London in Neurochemie promovierte. Danach war er 15 Jahre lang in akademischen Positionen im Nahen Osten tätig, zuletzt (1981-86) als außerordentlicher Professor für Biochemie an der American University of Beirut im Libanon. Nach seiner Rückkehr nach Großbritannien arbeitete er beim Imperial Cancer Research Fund in London und ab 1989 am Babraham Institut in Cambridge, wo er das Forschungsprogramm über Molekulare Immunologie leitete. Er publizierte zahlreiche Artikel und Reviews, vor allem auf dem Gebiet der Lymphozyten-Signalübertragung und -Entwicklung. Alexander war Fellow des St. Edmund's College in Cambridge und Herausgeber der Zeitschrift *Science & Christian Belief*. Sein erstes Buch über Wissenschaft und Glaube trug den Titel *Beyond Science* (1972). Später verfasste er das von der Kritik hochgelobte *Rebuilding the Matrix – Science and Faith in the 21st Century* (2001), das einen allgemeinen Überblick über die Debatte um Wissenschaft und Religion vermittelt. Zu seinen zahlreichen weiteren Werken gehören *Creation or Evolution: Do We Have to Choose?* (2008), *Genes, Determinism and God (The Gifford Lectures)* (2017) und *Are We Slaves to Our Genes?* (2020). Alexander ist bekannt für seine Kritik an Kreationismus und Intelligent Design. Denis Alexander hält zahlreiche Vorträge zum Thema Wissenschaft und Religion, seine einschlägigen Artikel erscheinen online bei *Nature*, *The Guardian* und *The Huffington Post*, darüber hinaus ist er häufiger Gast in Radio und Fernsehen.

Bernard Carr studierte am Trinity College in Cambridge und schrieb seine Dissertation über die erste Sekunde des Universums. 1976 wurde er zum Fellow am Trinity College gewählt. Danach reiste er ein Jahr lang als Lindemann Fellow durch Amerika, bevor er 1980 ein Senior Research Fellowship am Institute of Astronomy in Cambridge antrat. 1985 wechselte er ans Queen Mary College der University of London, wo er heute Professor für Mathematik und Astronomie ist. Außerdem hatte er Gastprofessuren an verschiedenen Instituten auf der ganzen Welt inne. Sein berufliches Forschungsgebiet ist die Kosmologie, wobei er sich besonders für Themen wie das frühe Universum, dunkle Materie und das anthropische Prinzip interessiert. Zudem beschäftigt er sich seit Langem mit der Schnittstelle zwischen Wissenschaft und Religion. Für ein Projekt mit dem Titel »Fundamental Physics, Cosmology and the Problem of our Existence« erhielt er ein Forschungsstipendium der Templeton Foundation. Seit vielen Jahren ist er aktives Mitglied der *Society for Psychical Research* und war von 2000 bis 2004 ihr Präsident. Carr ist Autor von rund 200 wissenschaftlichen Arbeiten zu verschiedenen Aspekten der Kosmologie und des anthropischen Prinzips, darunter der bahnbrechende *Nature*-Artikel »The Anthropic Principle and the Structure of the Physical World« (1979), den er gemeinsam mit Martin Rees verfasst hat. Sein Buch zum Thema erschien bei Cambridge University Press unter dem Titel *Universe or Multiverse?* Zu seinen weiteren Büchern auf diesem Gebiet gehören *Mankind Humbled in the Progress of Science* (1985), *The Uroborus of Science* (1989), *Science and the Divine* (1990) und *Life in the Universe* (1993). Von seinen Aufsätzen über parapsychologische Forschung seien genannt: »Can Physics be Extended to Accomodate Psi?« (2001) sowie seine Präsidentschaftsrede vor der *Society for Psychical Research* »Worlds Apart: Can Psychical Research Bridge the Gulf between Matter and Mind?« (2002).

Chris Clarke studierte von 1963 bis 1970 in Cambridge, wo er über »Allgemeine Aspekte der allgemeinen Relativitätstheorie« promovierte; anschließend hatte er dort ein Forschungsstipendium inne, bis er 1974 einen Lehrauftrag an der University of York annahm. Von 1986 bis 1999 war er Professor für Angewandte Mathematik sowie drei Jahre lang Dekan der Fakultät für Mathematische Studien an der University of Southampton, wo er anschließend als Gastprofessor wirkte. Er war beratendes Mitglied der Redaktion der wissenschaftlichen Fachzeitschriften *Journal of Physics A* und *Classical and Quantum Gravity*, bei letzterer außerdem stellvertretender Chefredakteur. Clarke war Mitglied der Yorker Diözesansynode der Kirche von England und Vorsitzender von GreenSpirit (Association for Creation Spirituality). Von 2000 bis 2002 war er Vorsitzender des Scientific and Medical Network. Er ist Autor von *Elementary General Relativity* (1979), *Relativity on Curved Manifolds* (1990, mit F. de Felice), *The Analysis of Space-Time Singularities* (1994), *Reality Through the Looking Glass* (1995) sowie *Living in Connection* (2003). Sein letztes Buch, *Knowing, Doing and Being*, erschien 2013. Chris Clarke starb am 16. April 2019.

Guy Claxton war Gastprofessor für Lernwissenschaften an mehreren britischen Universitäten, darunter Oxford, Bristol, King's College London and Winchester. Heute ist er als freier Berater und Vortragsredner tätig, unter anderem für die Royal Albert Hall, das Forschungsprojekt Centre for Contemplative Education unter der Schirmherrschaft Seiner Heiligkeit des Dalai Lama, am Harvard Learning Innovations Laboratory und beim Edinburgh International Summit on Culture (2022). Von den über 30 Büchern des Pioniers der »kontemplativen« oder »transpersonalen Psychologie« in Großbritannien – darunter *Wholly Human: Eastern and Western Visions of the Self and Its Perfection* (1981), *Beyond Therapy* (1986), *Noises from the Darkroom: The Science and Mystery of the Mind* (1994) und *The Psychology of Awakening* (mit Stephen Batchelor und Gay Watson, 2001) – wurden zwei ins Deutsche übersetzt: *Die Macht der Selbsttäuschung: Der gesunde Menschenverstand und andere Irrtümer* (Ü: Stephan Schumacher, Piper 1997) und *Der Takt des Denkens: Über die Vorteile der Langsamkeit* (Ü. Regina Schneider, Ullstein 1998). Zu seinen neueren Werken gehören *Powering Up Children* (2019) und *The Future of Teaching And the Myths That Hold it Back* (2021). Da er die Grundlagen der »proximalen Spiritualität« in einer enthusiastischen und akribischen Einstellung zum Forschen sieht, wurde er zu einem der führenden Köpfe der »Lernen lernen«-Bewegung in Schulen, in deren Rahmen er derzeit weltweit Vorträge hält. Guy Claxton, der zahlreiche Unternehmen und Wirtschafts-Hochschulen in Sachen Kreativität und Intuition berät, hat in Cambridge ein naturwissenschaftliches Studium mit der hochangesehenen Auszeichnung »double first« abgeschlossen und in Oxford in experimenteller Psychologie promoviert.

Peter Fenwick schloss sein Studium am Trinity College in Cambridge mit Auszeichnung ab (Honours Degree in Natural Science). Seine klinische medizinische Ausbildung absolvierte er am St Thomas' Hospital in London. Nach Erfahrungen in der Neurochirurgie spezialisierte er sich auf die Psychiatrie. Er war Senior Lecturer am Institute of Psychiatry, beratender Neurophysiologe am Radcliffe Infirmary in Oxford und hat auch das Broadmoor Special Hospital neurophysiologisch beraten. Er hat zahlreiche wissenschaftliche Arbeiten über die Gehirnfunktion sowie mehrere Aufsätze über Meditation und veränderte Bewusstseinszustände veröffentlicht. Fenwick ist Präsident des Scientific and Medical Network und des britischen Zweigs der International Association of Near-Death Studies (The Horizon Research Foundation), was sein besonderes Interesse an diesem Gebiet widerspiegelt. In England, Festlandeuropa und in den Vereinigten Staaten hält er zahlreiche Vorträge über Hirnleistungsstörungen und ist häufig Gast in Radio und Fernsehen. Fenwick hat über 200 Artikel in wissenschaftlichen Fachzeitschriften veröffentlicht sowie zusammen mit seiner Frau Elizabeth eine Reihe von Büchern geschrieben: *The Truth in the Light* (1994), *The Hidden Door* (1996), *Past Life Memories* (1999). Ins Deutsche übersetzt sind *Die Kunst des Sterbens: Warum die Seele offenbar weiterlebt und wie man sich schrittweise auf das Sterben vorbereitet: Die erstaunlichen Berichte eines führenden Nahtod-Forschers* und (mit Sue Brayne sowie in Zusammenarbeit mit dem Fachbereich für klinische Neurowissenschaft an der University of Southampton) und *Am Ende des Lebens: Ein Leitfaden für Angehörige und Freunde von Sterbenden* (beide: Ü: Rita Höner, Westarp Science Fachverlag 2021).

David Fontana war Professor für Psychologie an der Cardiff University sowie Gastprofessor für Transpersonale Psychologie an der Liverpool John Moores University und der University of Algarve. Er war Mitgründer und Gründungspräsident (bis 2001) der Transpersonalen Sektion der British Psychological Society. Viele Jahre erforschte er die Beziehung zwischen westlichen und östlichen psychologischen Systemen sowie Methoden zur Vertiefung und Erweiterung des Bewusstseins und schrieb viel über Träume, Meditation und Psychospiritualität. Ein bedeutendes Werk ist *Psychology, Religion and Spirituality* (Blackwell, 2003). Er ist Autor von mehr als 20 Büchern zu verschiedenen Aspekten der Psychologie (einschließlich persönlicher Entwicklung), die in 25 Sprachen übersetzt wurden. Dazu gehören *Psychology for Teachers*, *Social Skills at Work*, *Managing Stress* (dt.: *Mit dem Stress leben*, Ü: Emilie Achermann, Huber 1991), *Your Growing Child*, *The Lotus in the City* (dt.: *Lotus in der Stadt: Ein spirituelles Lebensprogramm*, Ü: Bernardin Schellenberger, Herder 1996), *Growing Together* sowie über 100 Artikel in Fachzeitschriften. Zu Fontanas letzten Werken zählen *Is There An Afterlife?: A Comprehensive Overview of the Evidence* (2005) sowie *Life Beyond Death: What Should We Expect?* (2009). David Fontana starb am 18. Oktober 2010.

John Habgood forschte und lehrte von 1948 bis 1953 an der Cambridge University im Fachbereich Physiologie. 1955 wurde er zum Priester der Kirche von England geweiht. Von 1967 bis 1973 war er Rektor des Queen's College in Birmingham und von 1973 bis 1983 Bischof von Durham. Von 1983 bis 1995 war er Erzbischof von York und wurde 1995 zum Life Peer ernannt. Außerdem war er Vorsitzender der britischen Xenotransplantation Interim Regulatory Authority. John Habgood ist Autor von neun Büchern über Wissenschaft, Religion, Ethik und Soziales. Sein Buch *Varieties of Unbelief* war Grundlage der Bampton Lectures an der University of Oxford. Seine Riddell Lectures 1997 an der University of Newcastle erschienen unter dem Titel *Being a Person*. Er war Gifford Lecturer an der University of Aberdeen zum Thema *The Concept of Nature*, das Buch dazu erschien 2002. John Habgood starb am 6. März 2019.

David Lorimer ist Programmdirektor des Scientific and Medical Network, für das er seit 1986 arbeitet. Der ehemalige Handelsbanker und Lehrer für Philosophie und moderne Sprachen am Winchester College ist Autor von *Survival? Body, Mind and Death in the Light of Psychic Experience* (1984) und *Whole in One: The Near-Death Experience and the Ethic of Interconnectedness* (1990). Er ist Herausgeber von *The Spirit of Science* (1998), *Wider Horizons* (1998) und *Thinking beyond the Brain* (2001). Lorimer war Präsident der Swedenborg Society und des Wrekin Trust sowie der All Hallows House Foundation und der Horizon Foundation (The International Association for Near-Death Studies UK). Lorimer interessiert sich seit vielen Jahren für die *Philosophia perennis* und hat Bücher über den bulgarischen Weisen Peter Deunov übersetzt und herausgegeben. Er ist Fellow des International Forum. Zu seinen neueren Werken zählen *Radical Prince: The Practical Vision of the Prince of Wales* (2003), und *A new renaissance: Transforming science, spirit and society* (2010). In deutscher Übersetzung ist erschienen: *Die Ethik der Nah-Todeserfahrung* (Ü: Christian Stahlhut, Insel 1993).

Mary Midgley war Philosophin und interessierte sich insbesondere für die Beziehungen zwischen Mensch und Natur (vor allem für den Status der Tiere), für die Quellen der Moral und für die Beziehung zwischen Wissenschaft und Religion (vor allem in Fällen, in denen die Wissenschaft zur Religion wird). Bis zu ihrer Emeritierung war sie Senior Lecturer für Philosophie an der University of Newcastle on Tyne, wo sie auch lebte. Midgley erhielt 1995 die Ehrendoktorwürde der Durham University und 2008 die der Newcastle University. Sie war Fellow der Royal Society of Literature. Zu ihren bekanntesten Publikationen zählen *Beast and Man*, *Evolution as a Religion, Science as Salvation, Wickedness, Utopias, Dolphins and Computers* sowie *Science and Poetry*. In ihren letzten Lebensjahren schrieb sie *Are You an Illusion* (2014) und *What Is Philosophy For?* (2018). Mary Midgley starb am 10. Oktober 2018 im Alter von 99 Jahren. Sie ist eine der vier Philosophinnen, die in dem Buch *The Quartet: Wie vier Frauen die Philosophie zurück ins Leben brachten* (Clare Mac Cumhaill, Rachael Wiseman;

Ü: Jens Hagestedt, Frank Lachmann, Andreas Thomsen, btb 2023) portraitiert werden.

Ravi Ravindra erwarb einen B.Sc. in Geologie und Geophysik (1959) sowie einen Master of Technology in Explorationsgeophysik (1961) am Indian Institute of Technology in Kharagpur. Daran schlossen sich ein Master of Science (1962) und eine Promotion in Physik (1965) an der University of Toronto sowie ein Master of Arts in Philosophie (1968) an der Dalhousie University in Halifax an. Er hatte Post-Doc-Stipendien in Physik (University of Toronto, 1965), Wissenschaftsgeschichte und -philosophie (Princeton University 1968 bis 1969) sowie Religion (Columbia University 1973-74). Von 1979 bis 2003 war er Professor für vergleichende Religionswissenschaft und außerordentlicher Professor für Physik an der Dalhousie University und ab 1988 Professor für internationale Entwicklungsstudien an der Dalhousie University. Er ist unter anderem Autor von *Krishnamurti in the Long Line of Rishis in India* (2002), *Science and the Sacred* (2000), *Heart Without Measure: Gurdjieff Work with Madame Jeanne de Salzmann* (1999), *Yoga and the Teaching of Krishna* (1998), *Krishnamurti: Two Birds on One Tree* (1995) sowie Herausgeber und Hauptautor von *Science and Spirit* (1991; 14 der 25 Beiträge stammen von Ravindra), *The Yoga of the Christ in the Gospel According to St. John* (1990), *Whispers from the Other Shore: Spiritual Search in East und West* (1984). In deutscher Übersetzung ist erschienen: *Mystisches Christentum: Das Johannesevangelium im Licht östlicher Weisheit* (Ü: Hans-Georg Türstig, Fischer Taschenbuchverlag 1996).

Alan Torrance ist Professor für Systematische Theologie an der St. Andrews University. Von 1983 bis 1987 war er Dozent an der University of Aberdeen und hatte dann von 1987 bis 1993 den Lehrstuhl für Systematische Theologie an der University of Otago inne. Anschließend lehrte er am King's College in London, bis er 1999 nach St. Andrews kam. 1984 wurde er zum Amt für Wort und Sakrament in der Kirche von Schottland geweiht und arbeitet seither in zahlreichen kirchlichen und ökumenischen Ausschüssen mit. Außerdem wirkte er in leitender Funktion in mehreren Redaktionen mit. Er ist Autor von *Persons in Communion: an Essay on Trinitarian Description and Human Participation* (1996), Herausgeber (mit John England) von *Doing Theology with Stories of the Spirit's Movement in Asia*, (1991), Übersetzer (mit Bruce Hamill) von sowie Autor des einleitenden Essays zu Eberhard Jüngel, *Christ, Justice and Peace* (1992; aus dem Deutschen: *Mit Frieden Staat zu machen*), Herausgeber (mit Hilary Regan) von sowie Autor des einleitenden Essays zu *Christ and Context* (1993); Herausgeber von *The Doctrine of God and Theological Ethics* (2006); Herausgeber (mit Markus Bockmuehl) von *Scripture's Doctrine and Theology's Bible: How the New Testament Shapes Christian Dogmatics* (2008) sowie Autor folgender Beiträge in *Gospel and Gender* (Hrsg. von Douglas Campbell 2003): »God, Personhood and Particularity: On Whether There Is, or Should Be, a Distinctive Male Theological Perspective« und »›Call No Man Father!‹: The Trinity, Patriarchy and God-Talk«.

Keith Ward war von 1991 bis 2003 Regius Professor of Divinity an der University of Oxford. Er ist ehemaliger Student am Christ Church College in Oxford. Ward ist Honorary Fellow von Trinity Hall, Cambridge, und Honorary Fellow der University of Wales, University College, Cardiff. Er ist Mitglied des Governing Council des Royal Institute of Philosophy und gehört der Redaktion folgender Fachzeitschriften an: *Religious Studies, Journal of Contemporary Religion, Studies in Inter-Religious Dialogue, World Faiths Encounter* sowie *Teaching Theology and Religion*. 1993-1994 hielt er die Gifford Lectures an der University of Glasgow. Seine wichtigsten Veröffentlichungen sind: *Ethics and Christianity* (1970), *Kant's View of Ethics* (1972), *The Concept of God* (1974), *The Divine Image* (1976), *The Christian Way* (1976), *Holding Fast to God* (1982), *Rational Theology and the Creativity of God* (1984), *The Living God* (1984), *The Turn of the Tide* (1986), *The Rule of Love* (1989), *Divine Action* (1990), *A Vision to Pursue* (1991), *Defending the Soul* (1993), *Concepts of God* (1993). Seine vierbändige »Vergleichende Theologie« erschien zwischen 1996 und 2000: *Religion and Creation, Religion and Human Nature, Religion and Revelation* sowie *Religion and Community*. Weitere neuere Veröffentlichungen sind: *God, Chance and Necessity* (1996), *God, Faith and the New Millennium* (1998), *A Short Introduction to Christianity* (2000), *God: A Guide for the Perplexed* (2002 und 2013), *The Case for Religion* (2004), *Love is his meaning: Understanding the teaching of Jesus* (2017). In deutscher Übersetzung sind erschienen: *Gott: Das Kursbuch für Zweifler* (Ü: Nikolaus de Palézieux, Primus 2007) und *Religion: gefährlich oder nützlich?* (Ü: Bernardin Schellenberger, Kreuz 2007).

David Lorimer

Einführung des Herausgebers

Ein paralleles Prinzip leitet sowohl die Wissenschaft als auch die Mystik – nämlich die Annahme, dass die Einheit im Herzen unserer Welt liegt, wo sie von den Menschen entdeckt und erfahren werden kann.

Renée Weber, Alles Leben ist eins,
(aus dem Englischen von Petra Michel, Dr. Michael Brommer, Dr. Daniel C. Liebisch, Crotona 2020)

Wir sind in einer Wirklichkeit, die auch in uns ist.

Plotin

Das Projekt »Naturwissenschaft, Bewusstsein & ultimative Realität«

Dieser Band ist aus den Veranstaltungen des Scientific and Medical Network zwischen November 2001 und Juli 2003 hervorgegangen. Ziel des Projekts »Naturwissenschaft, Bewusstsein und ultimative Realität«, das durch einen großzügigen Zuschuss der John Templeton Foundation unterstützt wurde, war es, Fragen an der Schnittstelle zwischen Naturwissenschaft, Religion und dem damals relativ neuen Gebiet der »Bewusstseinsforschung« zu untersuchen. Als ich anglikanischen Bischöfen die Broschüre der Vortragsreihe sandte, antwortete einer, der Titel biete Spielraum für ein geradezu beliebiges Themenspektrum! Doch alle Veranstaltungen standen in engem Bezug zu diesem Themenkatalog und trugen Titel wie *Mind, Brain and Beyond* (Denken, Gehirn und darüber hinaus), *Science and Human Values* (Naturwissenschaft und menschliche Werte), *Consciousness and Human Responsibility* (Bewusstsein und menschliche Verantwortung), *Spirituality, Science and Reli-*

gious Experience (Spiritualität, Naturwissenschaft und religiöse Erfahrung), *Religion, Science and a New World-View* (Religion, Naturwissenschaft und ein neues Weltbild) und *The Mind and its Place in Nature* (Das Denken und sein Platz in der Natur). Das Projekt gliederte sich in fünf Phasen:

1. Eine Reihe öffentlicher Dialoge an zwölf verschiedenen britischen Universitäten. Bei diesen handelte es sich um Oxford, Cambridge, King's College London, Bristol, Kent, Trinity College (Dublin), Wales (Lampeter), Durham, York, Edinburgh, Glasgow und St. Andrews. Redebeiträge und Leitung dieser Veranstaltungen kamen neben den in diesem Band vertretenen Personen von Lord Sutherland of Houndwood FBA[1], Prof. Chris Isham, Prof. Max Velmans, Prof. Stephen Clark, Prof. Richard Gregory FRS, Sir John Polkinghorne FRS[2], Prof. John Hedley Brooke, Lord Robert Winston und Sir Brian Heap FRS.
2. Zwei Seminare an der Durham University für 35 Studierende im Juli 2002 und 2003.
3. Ein Gastseminar im Juni 2002. Dabei wurden die in den Dialogen aufgeworfenen Fragen vertieft und die anschließende öffentliche Veranstaltung vorbereitet.
4. Eine zweitägige öffentliche Konferenz im King's College, London, im Juni 2002.
5. Eine CD-Rom zur Verteilung an Universitäten, Schulen und interessierte Einrichtungen (sie konnte über www.scimednet.org bestellt werden und enthielt vollständige Berichte über alle Tagungen sowie einen umfangreichen Quellenapparat).

Der Schwerpunkt des gesamten Projekts lag darauf, seriöses Interesse am Thema »Naturwissenschaft, Religion und Bewusstsein« zu wecken. Es ist wichtig, dass der in den Medien vorherrschende stereotype Gegensatz zwischen Naturwissenschaft und Religion überwunden und die Debatte über Wissenschaft und Religion um

1 FBA = Fellow of the British Academy: Mitglied der britischen Akademie der Wissenschaften für die Geisteswissenschaften, Anm. d. Ü.

2 FRS = Fellow of the Royal Society: Mitglied der britischen Akademie der Wissenschaften für die Naturwissenschaften, Anm. d. Ü.

Überlegungen zur Natur spiritueller Erfahrungen sowie interdisziplinäre Fragen erweitert wird, die sich aus der Bewusstseinsforschung ergeben.

Naturwissenschaft und Bewusstsein

»Was ist Bewusstsein?« oder »Wer ist bewusst?« – das sind vielleicht zwei der grundlegendsten Fragen, die wir stellen können. Wir alle können natürlich versuchen, diese Fragen aus eigener Erfahrung zu beantworten, aber was haben Naturwissenschaft, Psychologie und Religion dazu zu sagen? Das Projekt »Naturwissenschaft, Bewusstsein und ultimative Realität« wurde entwickelt, um diesen Fragen systematisch nachzugehen.

Die 1990er Jahre wurden zum Jahrzehnt des Gehirns erklärt und erlebten ein deutlich wachsendes Interesse an der Erforschung des Bewusstseins, nachdem dieses zuvor, auch aufgrund des allgegenwärtigen Einflusses des Behaviorismus in der akademischen Psychologie, jahrzehntelang vernachlässigt worden war. Auf der ganzen Welt wurden große internationale Konferenzen zum Thema Naturwissenschaft und Bewusstsein abgehalten. Beachtenswert waren insbesondere die Kongresse an der University of Arizona in Tucson, die Hunderte von Delegierten anzogen. 1994 wurde das *Journal of Consciousness Studies* gegründet, das heute, zehn Jahre später, gut etabliert ist.[3]

Die entscheidende Pionierarbeit zur Analyse mystischer und spiritueller Erfahrungen leistete vor 100 Jahren unter anderem William James, festgehalten in seinem Klassiker *Die Vielfalt religiöser Erfahrung*. An diese Arbeit knüpfte in den 1970er Jahren der Biologe Sir Alister Hardy an, der 1985 für sein Werk, das er in seinem Buch *The Spiritual Nature of Man* zusammenfasste, den Templeton Prize erhielt. Inzwischen ist die Erforschung religiöser und spiritueller Erfahrungen Teil der transpersonalen Psychologie. Untersuchungen dieser Art postulieren die Existenz – oder zumindest die Erfahrung – heiliger oder numinoser Welten, die die physische Dimension und den normalen Zustand menschlicher Wahrnehmung

3 Das amerikanische Original dieses Buches erschien 2004, Anm. d. Ü.

offenbar übersteigen. Sie hatten großen Einfluss auf die Erweiterung der heutigen Sicht auf Geist und Bewusstsein.

Der amerikanische Philosoph Ken Wilber hat die verschiedenen Schulen oder Ansätze der Bewusstseinsforschung unter zwölf Überschriften zusammengefasst.

- Kognitionswissenschaft
- Introspektionismus
- Neuropsychologie
- Individual-Psychotherapie
- Sozialpsychologie
- Klinische Psychiatrie
- Entwicklungspsychologie
- Psychosomatische Medizin
- Nicht-gewöhnliche Bewusstseinszustände
- Östliche und kontemplative Traditionen
- Quantenbewusstsein
- Erforschung feinstofflicher Energien

Diese Liste vermittelt einen Eindruck von der Bandbreite des Fachgebiets, die vom »harten« bis zum »weichen« Ende des Spektrums reicht. Jeder Bereich verfügt über eine eigene Literatur und leistet einen Beitrag zur Entwicklung einer integralen Sicht, wie er es nennt. Einige Bereiche haben einen längeren akademischen Stammbaum als andere, was teilweise aber am relativ unterentwickelten Status subjektiver Ansätze liegt.

In der Bewusstseinsforschung gibt es derzeit zwei grundlegende Richtungen: Die eine folgt der traditionellen westlichen Methode, als distanzierte Beobachtende von außen nach innen zu schauen – man spricht hier von der Dritte-Person-Perspektive. Auf der anderen Seite gibt es diejenigen, die »von innen nach außen« schauen – aus der Erste-Person-Perspektive – und die Natur ihres eigenen Bewusstseins erforschen wollen. Östliche Meditationstraditionen fallen in diese letztere Kategorie, und wie Ravi Ravindra im vorliegenden Band erklärt, besitzt Yoga durch strenge Selbstbeobachtung und Geistesschulung seine eigene Form der Objektivität. Die Gruppe, die aus der Dritte-Person-Perspektive arbeitet, konzentriert sich auf das Experiment, während der Erste-Person-Ansatz stärker auf direktes Erleben ausgerichtet ist.

Im Zusammenhang mit dem Gegensatz zwischen der Erste- und der Dritte-Person-Perspektive lässt sich eine weitere radikale Unterscheidung treffen, nämlich zwischen Forschenden, die davon ausgehen, dass das Bewusstsein vollständig von Gehirnprozessen abhängig ist, und Forschenden, die behaupten, Bewusstsein könne sich in gewisser Weise »jenseits des Gehirns« befinden. In seiner *Ingersoll Lecture* über Unsterblichkeit, die sich auf die Ideen des Oxforder Philosophen F. C. S. Schiller stützt, stellt William James Theorien, die davon ausgehen, dass Bewusstsein tatsächlich durch Gehirnprozesse erzeugt wird, jenen gegenüber, die davon ausgehen, dass Bewusstsein in gewisser Weise vom Gehirn gefiltert oder durch das Gehirn übertragen wird. Erstere, die »Produktionstheorien« führen unweigerlich zu der Vorhersage, dass Bewusstsein mit dem Tod des Körpers erlischt, während letztere, die »Transmissionstheorien die Möglichkeit offenlassen, dass ein Aspekt des Selbst den Tod des Gehirns überleben könnte. Die »Produktionstheorien« gehen zwangsläufig davon aus, dass Gehirnprozesse bewusste Erfahrungen hervorrufen, während Vertreterinnen und Vertreter der »Transmissionstheorien« darauf bestehen, dass diese scheinbare Kausalität in Wirklichkeit wohl lediglich eine Korrelation zwischen Gehirnprozessen und bewussten subjektiven Erfahrungen darstellt.

Warum ist Bewusstseinsforschung wichtig? Weil sie eine wichtige Stufe der zunehmenden Selbsterkenntnis der Naturwissenschaft markiert, einer Naturwissenschaft, die ihre philosophischen Voraussetzungen nicht mehr als selbstverständlich betrachten kann. Vergleichende Religionswissenschaft, Anthropologie, Soziologie, Postmoderne sowie die Arbeiten von Thomas Kuhn und anderen über wissenschaftliche Revolutionen haben zu dem interdisziplinären Verständnis beigetragen, dass die moderne Naturwissenschaft auf einer Reihe miteinander verbundener, aber selten eingestandener Thesen beruht, die Auswirkungen auf die Definition des Menschen haben.

Im Rahmen des Projekts wurden unter anderem folgende Themen behandelt:

- Inwiefern könnte eine neue Bewusstseinswissenschaft zum moralischen, spirituellen und wissenschaftlichen Fortschritt beitragen?
- Besitzen Methoden des Wissenserwerbs, die sich nicht der fünf Sinne bedienen, irgendeine Validität?
- Welche Beziehung besteht zwischen Selbst oder Bewusstsein und Gehirn? Wie begründen Sie Ihre Position in dieser Frage und auf welcher Grundlage lehnen Sie andere Positionen ab? Verfügen Nahtod-Erfahrungen über irgendeinen Beweiswert, der für diese Frage relevant sein könnte?
- Welche Daten aus mystischen Erfahrungen könnten heutige materialistische Thesen infrage stellen und welche dieser Daten könnten Thesen über die Existenz Gottes und einer transzendenten Dimension als Ursprung von Werten bestätigen?
- Wie könnte man die transformative Wirkung von mystischen Erfahrungen und Nahtod-Erfahrungen erklären?
- Welche Beweise gibt es für Sinn und Ziel im Universum?
- Was könnte als spiritueller Konvergenzpunkt zwischen den großen Religionen erkennbar werden – oder vielleicht sogar über sie hinausweisen, einschließlich der Naturwissenschaften, und so eine neue Sicht auf die Naturwissenschaften eröffnen?
- Von welcher Grundlage leiten Sie Ihre eigenen tiefsten Werte und Ihr Sinnempfinden ab?
- Welche Rolle spielen philosophische Thesen in Naturwissenschaft und Religion?
- Ist der erkenntnistheoretische und ontologische Reduktionismus in der Naturwissenschaft eine notwendige These oder eine Hypothese, die es zu begründen und auf geeignete Gebiete anzuwenden gilt?

Wie wir sehen werden, tauchen einige dieser Themen in den folgenden Beiträgen wieder auf.

Der Aufbau des Buches

> Es ist besser, eine Frage zu diskutieren, ohne sie zu klären, als eine Frage zu klären, ohne sie zu diskutieren.
>
> *Joseph Joubert (1754–1824, französischer Essayist)*

Der Band gliedert sich in drei Teile: »Physik und Bewusstsein«, »Neurowissenschaft und Psychologie« sowie »Theologie und Ethik«.

Der erste Abschnitt wird bereichert durch den Kontrast zwischen dem östlichen und dem westlichen Ansatz seiner Autoren, die jeweils von ihrem unverwechselbaren Verständnis des Verhältnisses von Spiritualität und Naturwissenschaft geprägt sind. Es erscheint angemessen, mit der größten Dimension zu beginnen – der von Geist und Kosmos, erörtert von Bernard Carr. Als Astrophysiker und Präsident der *Society for Psychical Research* ist er für eine Verknüpfung dieser beiden Forschungsfelder besonders legitimiert. In seinem Essay stellt er die Frage: Ist Geist grundlegend oder zufällig? Eine Frage, die im Mittelpunkt dieses Buches steht, das größtenteils mit der ersteren Sichtweise sympathisiert. Carrs Essay gliedert sich in drei Teile. Teil Eins beschreibt den Fortschritt der Kosmologie, der mit einer zunehmenden Erkenntnis der Unermesslichkeit des physischen Universums und der entsprechenden Verschiebung des Menschen aus dem Zentrum an eine ferne Peripherie einhergeht. Je größer das (mechanistisch verstandene) Universum ist, desto unbedeutender erscheint der Mensch. Die Quantentheorie, auf die Chris Clarke später näher eingeht, hat unsere atomistischen Theorien über die Mikrowelt erschüttert.

An dieser Stelle führt Carr mit seinem Bild vom Uroboros seinen ureigenen Beitrag in die Debatte ein. Mit dem Symbol der Schlange, die sich in den eigenen Schwanz beißt, überträgt er die Maßstäbe des ganz Großen auf das ganz Kleine und macht so das Ausmaß der Verflechtung der Ebenen anschaulich. Damit leitet das Schaubild zugleich zum zweiten Teil über, in dem Carr die wissenschaftlichen Beweise für die Signifikanz des Geistes erörtert und gegen die

Schlussfolgerungen aus dem ersten Teil argumentiert. Auf der Uroborus-Skala nimmt der Mensch eine interessante Position ein. Die Grenzen unserer Wahrnehmung haben sich mit der Entwicklung immer ausgefeilterer Teleskope und Mikroskope ständig erweitert. Dies führt Carr zu einer Betrachtung der verschiedenen Formen des anthropischen Prinzips, das in der Wissenschaft nach wie vor umstritten, aber mit der anerkannten Komplexifizierung des Geistes im Laufe der Evolution vereinbar ist. Im Kontext der Paradigmenwechsel, die seit Newton in der Physik stattgefunden haben, legt er anschließend seine Sicht der Argumente für die Signifikanz des Geistes dar:

- Der Mensch – oder zumindest Komplexität – ist zentral.
- Leben ist für das Universum grundlegend.
- Die Entfaltung des Geistes ist für den Kosmos grundlegend.
- Einheit und Schönheit des Universums weisen auf eine lenkende Intelligenz hin.

Carrs letzter Forschungsschwerpunkt ist wissenschaftlich der umstrittenste, nämlich die parapsychologische Forschung, die formal auf die Gründung der *Society for Psychical Research* im Jahr 1882 durch Mitglieder des Trinity College Cambridge zurückgeht, an dem auch Carr Fellow ist. Die Wissenschaft tendierte damals zu einem allumfassenden Naturalismus, einer Weltsicht, die bis heute von vielen Wissenschaftlerinnen und Wissenschaftlern vertreten wird, die Einbeziehung des Bewusstseins aber problematisch macht. Die überwiegende Mehrheit der Forschenden, die die Daten aus der parapsychologischen Forschung genau untersucht haben, ist zu dem Schluss gekommen, dass es einen realen Effekt gibt, der erklärt werden muss. Doch Gremien wie CSICOP (das Komitee für die wissenschaftliche Untersuchung von Behauptungen über das Paranormale) behaupten immer noch gerne, dass es Psi nicht gibt. Carr weist auf verschiedene Gebiete hin, in denen beachtliche Beweise für die anomale Interaktion zwischen Bewusstsein und physischer Welt vorliegen und merkt an, dass solche Phänomene nicht zu erklären sind, indem man am derzeitigen Paradigma herumbastelt, sondern dass die Physik ausdrücklich erweitert und das Bewusstsein einbezogen werden muss.

Carr schlägt daher vor, eine adäquate neue Erklärung müsse »eine Form eines höherdimensionalen gemeinschaftlichen Raums« einbeziehen, »der über die übliche Art von Raum und Zeit hinausgeht.« Darauf deute die Natur vieler parapsychologischer Phänomene hin. »Dieser Raum kann nicht derselbe sein wie der physische Raum, muss aber auf subtile Weise mit ihm wechselwirken.« Das bedeutet, dass physischer und geistiger Raum in irgendeiner Weise miteinander verbunden sein müssen, da Psi auf ein Verwischen oder Überschneiden dieser Räume hindeutet. Carr vertritt die Ansicht, dass Wahrnehmungen im *Kaluza-Klein-Raum* existieren und dass »das physische Universum eine in eine höherdimensionale Raumzeit, einen sogenannten ›Bulk‹, eingebettete vierdimensionale ›Bran‹ ist«. Räumliche Extradimensionen sind logisch erforderlich, um Psi-Phänomene zu erklären, daher erscheint mir Carrs Theorie sehr vielversprechend, auch wenn ihm seine Kollegen nicht folgen.

Danach führt Chris Clarke in ein Leitmotiv des Buches ein, nämlich die Grenzen einer dualistischen Deutung der Wirklichkeit, insbesondere in Bezug auf das Leib-Seele-Problem. Die Leserinnen und Leser werden feststellen, dass in diesem Band verschiedene unvereinbare Ansichten zu dieser Frage vertreten werden, allerdings immer so, dass das Denken der Lesenden dadurch hinterfragt wird. Clarke zeigt, wie eng atomistische und mechanistische Metaphern mit dem Dualismus verbunden sind, und beschreibt den Niedergang des Atomismus in seiner Definition als »die Idee, dass wir auf die Teilchenebene mit ihren kleinen Größenordnungen schauen müssen, um die Wirklichkeit zu finden«. Er versichert, dass auf mikroskopischer Ebene keine ultimative Realität zu finden ist, und behauptet, die Quanten-Nichtlokalität untergrabe den Atomismus aufs Gründlichste. Umso nachdrücklicher vertritt er die Position, dass »die Physik überhaupt keine ultimative Realität liefern«, wohl aber eine Richtung für ein umfassenderes Wirklichkeitsverständnis vorgeben kann.

Der neben dem Atomismus zweite von Clarke untersuchte – und neu definierte – Begriff ist der der (Welle-Teilchen-) Komplementarität, ein Wort, das seiner Meinung nach durch »Inkompatibilität«, also Unvereinbarkeit, ersetzt werden sollte. Clarke behauptet, ohne die Einführung des Bewusstseins sei die Physik unvollständig. Aber in welchem stringenten Sinn kann es eingeführt werden? Er weist darauf hin, dass viele derartige Ansätze auf einem »interaktionistischen Dualismus [beruhen], bei dem das Bewusstsein als eine vom Physischen getrennte Realitätsebene betrachtet wird«. Dann fragt er: »Was genau soll Bewusstsein tun, was materielle Entitäten nicht können, und wie genau interagiert ein immaterielles Bewusstsein mit einem materiellen Universum?« Sein eigener Ansatz folgt der bereits erwähnten und von Max Velmans dargelegten Unterscheidung zwischen Theorien aus der Perspektive der ersten Person und Theorien aus der Perspektive der dritten Person. Tatsächlich setzen Dritte-Person-Ansätze die Erfahrung der ersten Person voraus:

> Wenn Bewusstsein als primitives Element in der Theorie betrachtet wird (und ein paar primitive Elemente müssen alle Theorien haben), dann können wir objektive Konzepte aus Sicht der dritten Person im Sinne von Konzepten aus Sicht der ersten Person definieren, indem wir aus den Sichtweisen aus der Erste-Person-Perspektive diejenigen Elemente herausfiltern, die die Menschen gemeinsam haben. Durch eine Umkehr der üblichen Argumentationskette eröffnet sich eine Möglichkeit (und zwar eine, die nicht von vornherein fehlerhaft ist) zu bestimmen, was bewusst ist.

Bewusstsein fügt sich in die Physik als Instrument ein, um »die Bedeutungsmuster festzulegen, innerhalb derer sich die physikalische Wirklichkeit manifestiert. Und die Quantenphysik bietet genau das richtige Maß an Indeterminismus und Flexibilität, damit Bewusstsein das leisten kann.« Anstelle einer Wechselwirkung zwischen Geist und Materie schlägt Clarke vor, der Unterschied zwischen diesen beiden Aspekten sei weniger funktional, sondern beruhe vielmehr auf Bedeutung in der Erste-Person-Perspektive und Dynamik in der Dritte-Person-Perspektive, eine Ansicht, die in gewisser Weise David Bohms Begriff der Soma-Signifikanz widerspiegelt. Wir sind Mitschöpferinnen und Mitschöpfer in einem partizipativen Universum und daher wesenhaft miteinander verbunden. Diese Sichtweise überwindet die Entfremdung und stellt den Sinn wieder her: Wir sind weder von der Welt noch voneinander getrennt, wie auch Mary Midgley feststellt. Clarke schließt mit den Worten, ein solches Bild bestätige unsere Menschlichkeit eher als dass es sie bestreite und sei zugleich mit der bestehenden Wissenschaft auf eine Weise vereinbar, die die notwendigen ethischen Werte mit wissenschaftlichem Wissen verbindet.

Ravi Ravindra nimmt die Erkenntnistheorie zum Ausgangspunkt und präzisiert damit eine Unterscheidung zwischen den Ansätzen, die bereits in Chris Clarkes Beitrag anklingt. Sowohl in der Naturwissenschaft als auch im Yoga geht es um »objektives Wissen«, aber während die Naturwissenschaft ihre mentalen/theoretischen Konstrukte als real betrachtet, versucht der Yogi, seine Wahrnehmung zu reinigen und solche Konstrukte zu entfernen, um die Wirklichkeit unmittelbarer zu erfahren. Selbstverständlich bestreiten wissenschaftlich (oder postmodern) denkende Kommentatorinnen und Kommentatoren jedes angebliche Erleben reinen Bewusstseins und bestehen darauf, dass alles Erleben *per definitionem* vermittelt und daher (sozial) konstruiert ist. Anstatt nach einer gesicherten Wahrheit zu suchen, stellt die Wissenschaft nun Theorien über wahrscheinliche Wahrheiten auf.

Hier stoßen wir bei Ravindra auf einen entscheidenden Punkt: dass nämlich die quantitative Erweiterung der Wahrnehmung durch das Experiment nicht gleichbedeutend ist mit ihrer qualitativen Transformation. Die Wissenden werden nicht verwandelt, sondern bleiben die »rationalen Erkennenden« der modernen Wissenschaft und Philosophie und damit entschieden innerhalb ihrer bestehenden Kategorien. Hier spricht Ravindra einen Punkt an, auf den Mary Midgley ausführlicher eingeht, nämlich dass Gefühle und Empfindungen als Mittel des Wissenserwerbs abgewertet werden. Er schlussfolgert: »Die Aufgabe des Yoga und aller spirituellen Disziplinen ist nicht dieselbe wie die Aufgabe der wissenschaftlichen Forschung. Während die Wissenschaft sich bemüht, die Vorgänge in der Welt zu verstehen und zu steuern und dabei den rationalen Verstand als Werkzeug zur Erforschung und Erklärung einsetzt, sucht Yoga den Menschen so zu transformieren, dass die Wirklichkeit hinter der Welt erfahrbar wird.« Diese Tradition erklärt Ravindra anschließend genauer.

In seiner Betrachtung über den Körper und die Verkörperten beschreibt Ravindra den schrittweisen Wandel der Wahrnehmung des

Selbst als Körper zur Wahrnehmung des Selbst als »Bewohner des Körpers«, womit der Tod bedeutet, »den Körper auf[zu]geben«. Hier entfernt sich Ravindra anscheinend von Clarke, Midgley und Claxton (schließt sich aber Fenwick an), wenn er annimmt, dass das Selbst in gewisser Weise vom physischen Körper ablösbar ist. Allerdings betont er in seiner Erläuterung der Bedeutung von *sharira*, was normalerweise mit »Körper« übersetzt wird, *sharira* meine »den gesamten psychosomatischen Komplex aus Körper, Verstand und Herz. *Sharira* ist sowohl das Instrument der Transformation als auch der Spiegel, der sie anzeigt.« Diese Position ist also insgesamt subtiler.

Ravindra versichert, die gesamte Zwecksetzung des Yoga bestehe darin, Körper und Verstand genauer auf die Ziele des Geistes auszurichten. Der Verstand (der rational Erkennende) ist nicht der wahre Wissende, sondern »auf die Modi des Urteilens, des Vergleichens, des diskursiven Wissens, des Assoziierens, des Imaginierens, des Träumens und des Erinnerns beschränkt, durch die er an den vergangenen und zukünftigen Dimensionen der Zeit festhält. Der Verstand mit diesen Funktionen und Eigenschaften ist in seiner Reichweite begrenzt und kann über nichts die objektive Wahrheit wissen.« Daher muss der diskursive Verstand zum Schweigen gebracht werden, damit eine unverzerrte Wahrnehmung – ein wirkliches Sehen – stattfinden kann. Dies unterstreicht eine parallele Unterscheidung zwischen dem Verstand (*chitta*) und dem wahren Seher (*purusha*). Wenn der Verstand seiner selbst entleert ist, kann *Samadhi* eintreten – »ein Zustand der Stille, der ruhigen Intelligenz und des entleerten Verstandes, in dem der Verstand zu dem Objekt wird, auf das er sich richtet, und es wahrhaftig widerspiegelt, so wie es ist.« Damit einher geht Frieden, die Aufgeregtheit legt sich. Das tiefste Selbst kann nicht als solches erkannt (das Niedrigere oder Begrenztere kann das Höhere oder Grenzenlosere nicht vollständig erkennen), aber es kann mit ihm identifiziert werden – in partizipativer Erkenntnis durch Identität, einer höheren Oktave dessen, was bei Chris Clarke »Leben in Verbindung« heißt.

Ravindra kommt zu dem Schluss, dass eine neue Bewusstseinswissenschaft transformierte Wissenschaftlerinnen und Wissenschaftler erfordert und dass es für eine solche Transformation bewährte Methoden gibt: »Die feinstofflicheren und höheren Aspekte des Kosmos können nur von den feinstofflicheren und höheren Ebenen im Menschen verstanden werden.« Die Verfeinerung des menschlichen Instruments ist daher unerlässlich, wie auch Ken Wilber und andere behaupten. Mit Ravindras Worten: »Die wichtige Lektion aus Sicht einer zukünftigen Wissenschaft des Bewusstseins ist hier die Bedeutung von Erkenntnis durch Identität. Wenn wir verstehen wollen, können wir nicht getrennt und distanziert bleiben. Wir müssen an dem, was wir verstehen wollen, teilhaben und damit eins sein.« Diese Übung impliziert sowohl die Überwindung der dem Ich innewohnenden Isolation als auch eine durchgreifende erkenntnistheoretische Umkehrung eines 300 Jahre währenden nach außen gerichteten, objektorientierten Denkens, wobei allerdings die dabei gewonnene analytische Strenge erhalten bleiben muss. Darüber hinaus setzt ein höheres, erweitertes oder entwickelteres Bewusstsein dasselbe auch beim Gewissen voraus – und damit bei den Werten – sowie eine entsprechende Weitung von Mitgefühl und Herz: Weisheit in Verbindung mit Liebe. So können wir laut Ravindra eine Verwirklichung dessen erreichen, was er als »Erste Person Universal« bezeichnet.[4]

Neurowissenschaften und Psychologie

Peter Fenwick spielte bei der Konferenzreihe eine bedeutende Rolle und sprach mehrfach in verschiedenen Kontexten. Innerhalb der neurowissenschaftlichen Gemeinschaft ist er insofern ungewöhnlich, als er sich außerordentlich gut mit der Natur von spirituellen Erfahrungen und Nahtod-Erfahrungen auskennt. Dies hat ihn zu der Ansicht geführt, dass wir ein völlig neues Verständnis des Sterbeprozesses brauchen, das den Mustern, die sich aus empirischen Erkenntnissen ergeben, gerecht wird. Und es lässt ihn die unausgesprochene Prämisse der modernen Neurowissenschaft infrage stellen, wonach »psychische Prozesse ausschließlich im Gehirn erzeugt werden sowie auf das Gehirn und den Organismus beschränkt sind.«

---

4 Im Gegensatz zur Ersten Person Singular und Ersten Person Plural, d. Ü.

Fenwick behauptet, meiner Meinung nach zu Recht, der Weg zu einer Wissenschaft des Bewusstseins müsse eine Analyse der metaphysischen Grundlagen der modernen Wissenschaft beinhalten, die zur Folge haben, dass Bewusstsein aus dem Bild ausgeklammert wird und lediglich »als ein irgendwie entstehender Zusatz hinzugefügt werden« könne. Er fährt fort: »Da aber die gesamte Grundlage der Wahrnehmung des Lebens und unseres Verständnisses der Welt im Bewusstsein liegt, ist es höchst unwahrscheinlich, dass es eine Formel gibt, nach der es entstehen könnte, wenn dem Bewusstsein in unseren Theorien nicht in irgendeiner Weise ein Platz eingeräumt wird.« Hier bekräftigt Fenwick eine zentrale Botschaft dieses Buches: dass wir nämlich eine radikale Neukonfiguration unseres Verständnisses von Geist und Bewusstsein brauchen, die der subjektiven Erfahrung gerecht wird. Selbst die fortgeschrittensten Neuroimaging-Techniken können nur neuronale Korrelate aufzeigen, aber Korrelate sind nicht gleichbedeutend mit Kausalitäten.

Fenwick nennt die Voraussetzungen für diesen neuen Ansatz:

> Meiner Ansicht nach muss diese neue Bewusstseinswissenschaft eine detaillierte Rolle für Hirnmechanismen, eine Erklärung für das Wirken des Geistes außerhalb des Gehirns und eine Erklärung für freien Willen, Sinn und Zweck beinhalten. Sie sollte auch eine Erklärung für erweiterte mentale Zustände bieten, einschließlich mystischer Erfahrungen und Nahtod-Erfahrungen, bei denen die Erlebenden in die Struktur des Universums hineinschauen. Schließlich sollte sie eine klare Erklärung für die offenbar absteigende Kausalität (Zweck) im gesamten Universum und im Gehirn liefern sowie eine Lösung für die insbesondere in östlichen Kulturen aufgeworfene Frage nach dem Fortleben von Aspekten des Bewusstseins nach dem Tod.

Fenwick stellt eine Verbindung zu Chris Clarkes Ansicht her und macht einige Anmerkungen zu den Implikationen von Amit Goswamis idealistischem Ansatz des universellen Bewusstseins. Im verbleibenden Teil seines Aufsatzes spricht er schließlich über seine eigenen Voraussetzungen, beginnend mit mystischen Erfahrungen bis hin zu

Studien über das Gebet. Zu den wiederkehrenden Motiven bei mystischen Erfahrungen gehört Licht. Es ist meist strahlend weiß oder golden, wird als umhüllend und warm empfunden und zugleich als Liebe erlebt. Liebe wird bei dieser Erfahrung mit Licht verknüpft und als universell und alles durchdringend erlebt. Fenwick vertritt die Ansicht, das mit diesen Erfahrungen verbundene Realitätsempfinden sei ein (ontologischer) Hinweis auf eine Dimension bewussten Daseins jenseits des Physischen (eine Auffassung, die Guy Claxton nicht teilt, wie wir noch sehen werden). Diese Erfahrungen ließen sich nicht einfach auf das lokale Feuern von Neuronen reduzieren.

Im Hinblick darauf, wo Bewusstsein im Gehirn zu verorten sei, fragte Fenwick in seinen Vorlesungen: Ist es in den Zellen? Nein. Findet man es in Zellgruppen? Nein. Befindet es sich in einem bestimmten Teil des Gehirns? Nein, denn seine Manifestation ist tatsächlich weit verstreut und nicht präzise. Vielleicht kann man Bewusstsein im dorsolateralen präfrontalen Kortex lokalisieren, der mit dem Arbeitsgedächtnis verbunden ist? Dieser Bereich ist bei Demenz-Patienten ohne Ich-Empfinden beeinträchtigt (aufgrund mangelnder Durchblutung). Auch hier lautet die Antwort nein.

Fenwick bezeichnet die auf einem modularen Gehirn aufbauende Identitätstheorie als die »neue Phrenologie«. Sie besagt, dass das Gehirn selbst modular ist, dass jede Hirnfunktion modular ist und der Geist (sofern er als solcher definiert ist) ebenfalls modular ist. Diese Ansicht birgt jedoch große Probleme:

- Sie hat keine Erklärung für die Modularität.
- Sie hat keine Erklärung für Subjektivität.
- Sie hat keine Erklärung für Bewusstsein.
- Sie gibt keinen Hinweis darauf, wie man vom neuronalen Feuern zur Erfahrung gelangt.

Dies ist eine gravierende Mängelliste und entspricht dem Eingeständnis in Ian Glyns Buch *Anatomy of Thought*, dass die Verbindung zwischen Gehirn und subjektivem Erleben »una granda lacuna« ist, eine große Lücke. Es lassen sich zwar Korrelationen herstellen, aber diese sind, wie wir bereits festgestellt haben, logisch nicht mit Kausalitäten gleichzusetzen.

Von da gelangt Fenwick zu einer Betrachtung des Sterbeprozesses, mit dem er sich seit vielen Jahren beschäftigt (er ist Präsident der Horizon Foundation, der Nachfolge-Organisation der International Association for Near-Death Studies UK). Zu Beginn stellt er fest: »Ein zentrales Kernelement des wissenschaftlichen Materialismus lautet, dass mit dem Tod des Gehirns auch das Bewusstsein endet.« Seine Analyse unterteilt er in die Phasen der Erfahrung in Todesnähe und der Nahtod-Erfahrung (NTE). In der ersten Kategorie gibt er Beispiele für »Abhol-Visionen«; dabei berichten Patienten von Visionen von Menschen (oft Freunden oder Verwandten), die sie angeblich über die Schwelle führen. Manche leben kurz vor dem Tod anscheinend gleichzeitig in zwei Welten. Koinzidenzen am Sterbebett – bei denen Angehörige zum Zeitpunkt des Todes eine Erscheinung sehen – kommen ebenfalls vor und wurden bereits 1886 in der zweibändigen Studie *Phantasms of the Living* von Gurney, Podmore und Myers gut dokumentiert.

Viele Menschen, die von Visionen berichten, werden zum Zeitpunkt des Erlebnisses luzide (oder sind es bereits) und sterben unmittelbar danach. Osis und Haraldsson fanden heraus, dass bei den Abhol-Visionen 13 Prozent religiöse Gestalten beinhalten, 17 Prozent lebende Personen, die große Mehrheit hingegen – 70 Prozent – Erscheinungen von Toten sind. Andere Studien deuten darauf hin, dass 30 Prozent derjenigen, die anscheinend Visionen am Sterbebett haben, im Sterben aus dem Bett aufstehen, als ob sie irgendwohin gehen wollten. Fenwick nennt eine Reihe konkreter Beispiele für dieses Phänomen und verweist zudem auf eine italienische Studie, wonach 40 Prozent der Visionen am Sterbebett Abhol-Visionen sind. Vorläufige Erhebungen in Hospizen deuten darauf hin, dass diese Visionen weitaus häufiger vorkommen, als gemeinhin angenommen, aber es sind weitere Untersuchungen erforderlich.

Fenwick schlägt vor, das beste Modell für eine Nahtod-Erfahrung (NTE) sei der Herzstillstand; dies ergebe sich aus seinen eigenen Forschungen und denen des niederländischen Kardiologen Pim van Lommel, die 2001 in der wissenschaftlichen Fachzeitschrift *The Lancet* veröffentlicht wurden. Er beobachtet:

> Für die wissenschaftliche Forschung lautet die interessante Frage: Wann tritt die Nahtod-Erfahrung auf? Tritt sie vor oder während der durch den Herzinfarkt verursachten Bewusstlosigkeit auf, während oder nach der Wiederbelebung? Die Bewusstlosigkeit setzt sehr schnell ein, wie bei einer Ohnmacht, sodass die Erfahrung zu diesem Zeitpunkt nicht eintreten kann. Während der Bewusstlosigkeit setzen alle Hirnfunktionen aus, sodass die Erfahrung nach neurowissenschaftlichen Erkenntnissen auch dann nicht eintreten kann. Während der Wiederbelebung nach einem Herzstillstand sind die Betroffenen verwirrt, sodass die klare, luzide Nahtod-Erfahrung auch in diesem Verwirrtheitszustand nicht auftreten kann. Wenn wissenschaftlich nachgewiesen werden könnte, dass die Nahtod-Erfahrung während der Bewusstlosigkeit auftritt, wie von Überlebenden eines Herzstillstands behauptet, also zu einem Zeitpunkt, an dem alle Gehirnfunktionen zum Erliegen gekommen sind und es anscheinend keinen Mechanismus gibt, der sie vermittelt, wäre dies hoch signifikant, denn es würde darauf hindeuten, dass Bewusstsein tatsächlich unabhängig von einem funktionierenden Gehirn existieren kann.

Tatsächlich gibt es begründete Hinweise darauf, dass die Nahtod-Erfahrung in der Zeit des Herzstillstands auftritt, aber es müssen jetzt wissenschaftliche Folgestudien durchgeführt werden. Fenwick ist der Ansicht: »Die Wissenschaft selbst legt nahe, dass wir jetzt eine andere Sicht auf Gehirn und Bewusstsein brauchen – eine Wissenschaft der Spiritualität.« Und er kommt zu dem Schluss: »Sowohl transzendente Erfahrungen als auch Nahtod-Erfahrungen vermitteln anscheinend eine subjektive Sicht auf das, was jenseits des Physischen liegt. Sie legen nahe, dass die Welt ihrer Struktur nach spirituell ist, dass Bewusstsein primär und einheitlich ist sowie dass das individuelle Bewusstsein Teil des Ganzen ist und nach dem Tod weiterlebt.«

Guy Claxton versteht dieselben Erfahrungen völlig anders:

> Peter Fenwick und ich stellen die Waage so ein, dass sie sich bei Belegen von gleichem Gewicht in unterschiedliche

> Richtungen neigt. Hinter seiner scheinbaren Ausgewogenheit verbirgt sich der Wunsch, dass der Mensch bei einer außerkörperlichen Erfahrung wirklich zur Decke schwebt und so die geheime Botschaft sehen kann, die in den Staub auf dem hohen Schrank gekritzelt ist. Ich möchte, dass es nicht so ist, und werde den Fehler in dem Experiment aufspüren, sodass ich mit dem davonkomme, worauf ich mich vortheoretisch festgelegt habe. Wir sind beide nicht unschuldig und sollten lieber darüber nachdenken, was für uns jeweils wahr sein muss und warum, als zu versuchen, die unpersönliche Wahrheit festzustellen, denn darauf, was ein ausreichender Beweis ist, werden wir uns wohl nie einigen.

Claxton spricht hier einen entscheidenden Punkt an, über den die Leserinnen und Leser gerne nachdenken können: Worauf haben wir uns »vortheoretisch festgelegt«? In welchem Bezug steht dies zu den metaphysischen Grundlagen der modernen Wissenschaft? Inwiefern sind wir bei unserer Einschätzung von Beweisen parteiisch oder selektiv? Haben wir Gründe, warum wir uns wünschen, dass eine bestimmte Ansicht wahr ist – und warum? Auseinandersetzungen über diese Fragen werden unterschiedlich verbrämt: die Grenzen des »Wissenschaftlichen«, die Gleichsetzung von »wissenschaftlich« mit »rational« und im Endeffekt »materialistisch«, die geschickte Anwendung von *Occams Rasiermesser*, um unerwünschte Überlegungen auszuschließen (ich nenne diesen fragwürdigen Usus *Occams Axt*), und fadenscheinige Begriffe wie die Bewertung der »Antedezenzwahrscheinlichkeit« des Eintretens eines Ereignisses, was nichts weiter sind als andere Formulierungen für vortheoretische Festlegungen oder metaphysische Annahmen. Auf der anderen Seite können wir mangelnde Stringenz bei der Beurteilung der Gültigkeit subjektiver Beweise, die Unzuverlässigkeit von Zeugen, Schwankungen bei Bewusstsein und Aufmerksamkeit sowie die Rolle des Vorbewussten und des Unbewussten anführen. Alle diese Faktoren halten die Debatte zuverlässig am Laufen. Aber wir tragen auch Verantwortung für unsere persönliche Integrität und für eine selbstkritische Betrachtung unserer Interpretation unserer eigenen subjektiven Erfahrungen und der anderer Menschen.

Claxton argumentiert mit großer Eloquenz: »Die Belege aus der kognitiven Neurowissenschaft untergraben jede anmaßende Tendenz, für die Dinge, die wir erleben, selbstständige physische Realität zu beanspruchen, und sie zeigen, wie viel von unserer Wahrnehmung eher unterstellt als gewonnen wird.« Wir sind nicht nur in eine Kultur eingebunden, sondern auch den Unwägbarkeiten eines begrenzten Wahrnehmungsinstruments ausgesetzt: Unsere Wahrnehmungen sind einseitig, reduziert, selektiv sowie durch unseren Charakter und unsere Geschichte verzerrt.

Aufgrund dieser Erkenntnis ist Claxton vorsichtig, aus mystischen Erfahrungen Fenwicks (oder auch meine) Schlüsse zu ziehen. Er möchte eher nicht zu einer übernatürlichen Interpretation greifen, sondern herausfinden, wie weit man mit aktuellen neurowissenschaftlichen Modellen kommen kann. Inwiefern genau ist eine Erfahrung »real«, so fragt er, und wird die Eigeninterpretation des Subjekts durch diese Behauptung glaubwürdiger?

Für Claxton ist der zentrale Kategorienfehler die Vorstellung eines substanziellen Selbst, »der Glaube, dass hinter ihrem Denken ein Denkender steckt, hinter ihrem Handeln ein Handelnder, hinter ihrer Erfahrung ein Erfahrender, hinter ihrer Entscheidung ein Entscheidender – dass es einen Geist in ihrer Maschine gibt, der realer und unwiderlegbarer ist als der im Flur der mittelalterlichen Burg.« Claxton meidet Herangehensweisen an Spiritualität, bei denen es um hohe Metaphysik oder den besonderen Status visionärer Erfahrungen geht. Er zieht einen Weg vor, der versucht, »das Dingsbums, durch das [eine Person] die Welt erlebt, zu reinigen, damit sie erkennen kann, was echte Sterne sind, was Schmutzflecken, die sich auf der Linse festgesetzt haben, und was intrinsische Beschränkungen des Instruments – schlicht Reflexionen der Art von ›Teleskop‹, die sie nun einmal ist.«

Das meint Claxton mit dem titelgebenden Begriff »proximale Spiritualität«, und hier schließt er sich Ravi Ravindra und seinem Ansatz der »Reinigung der Pforten der Wahrnehmung« durch Aufmerksamkeitsübungen an. Diese Techniken haben den Effekt, dass sie Qualität, Intensität und Unmittelbarkeit der Erfahrung erhöhen: »Proximale Spiritualität schätzt solche Veränderungen in der Qualität des Erlebens und widmet sich vorrangig kontemplativen

Methoden, die ihre Entwicklung fördern.« Den »Schleier der Illusion« können wir letztlich nicht zerreißen. Wir können nur auf eine »relative Reinigung« oder die Beseitigung der Ursprünge der Verzerrung hoffen, auf ein Gewahrsein, dass unsere Überzeugungen in der Lösung unseres Erlebens bereits mitschwimmen. Wir sehen vielleicht klarer, aber wir sind unwiderruflich an eine einseitige Sichtweise gebunden. Dieser Ansatz ermöglicht einen bewussten Schritt über das »Selbstsystem« hinaus und vermittelt uns dadurch einen ersten Einblick in das, was da ist, bevor unsere Gewohnheiten einsetzen. Außerdem, so Claxtons Fazit, wenn so ein Leben an der äußersten Spitze der Erfahrung für Jesus und Buddha gut genug war, dann ist es das auch für ihn.

David Fontanas Beitrag führt uns noch einmal zu Peter Fenwicks Sicht der Realität. Er teilt jedoch Guy Claxtons Sorge darüber, »wie sehr unser Verständnis dieser Fakten ein Produkt unserer eigenen Denkmuster darstellt und nicht eine direkte Begegnung mit etwas, das dem Universum als solchem eigen ist.« Wobei er aus dieser Beobachtung allerdings eine andere Schlussfolgerung zieht. Nach einer Auseinandersetzung mit den Grenzen des wissenschaftlichen und des psychologischen Realismus plädiert Fontana für die transpersonale Psychologie und konzentriert sich dabei auf Ken Wilbers Beitrag dazu.

Er analysiert Wilbers Klassifizierung von nach innen und nach außen orientierten Gruppen, die er später zu einem Modell mit vier Quadranten ausgearbeitet hat, in dem das Innere und das Äußere, das Individuum und das Kollektiv in einem allumfassenden Modell dargestellt sind. Keine Gruppe verfügt über das vollständige Bild, sodass für eine umfassendere Sichtweise beide Aspekte oder Orientierungen notwendig sind. Derzeit besteht ein Ungleichgewicht, da der zweiten Gruppe und ihren objektiven Methoden viel mehr Aufmerksamkeit gewidmet wird: »Wir verwenden sehr viel Zeit auf die Erforschung der äußeren Welt, die uns durch unseren Geist offenbart wird, aber nur wenig oder gar keine Zeit auf die Erforschung eben dieses Geistes.«

Fontana fährt mit einer detaillierten Betrachtung zweier Ansichten über die Beziehung zwischen Geist und Gehirn fort. In Bezug auf die nach außen orientierte Gruppe bemerkt er: »Das Argument dass wir nicht wissen, wie ein nicht-physischer Geist mit einem physischen Gehirn interagieren kann (was für viele in der Wissenschaft erkennbar einen wichtigen Stolperstein darstellt), entkräftet nicht die Tatsache, dass er dies könnte – denn wir wissen auch nicht, wie die elektrochemische Aktivität des Gehirns nicht-physische Ereignisse wie Gedanken, Absichten, Willensäußerungen und ein moralisches Empfinden hervorbringen kann.« Übereinstimmend mit Peter Fenwick vertritt er die Auffassung, dass wir aufgrund der Beweise aus der Parapsychologie die erste Frage ernst nehmen sollten. Er selbst hat an umfangreichen empirischen Untersuchungen teilgenommen, insbesondere an den Ereignissen, die zur Veröffentlichung des Scole Reports durch die *Society for Psychical Research* geführt haben – den wahrscheinlich besten modernen Indizien für das Weiterleben des Bewusstseins nach dem Tod.

Theologie und Ethik

Der nächste Abschnitt setzt die Debatte über die Leib-Seele-Problematik fort und beginnt mit einem Vortrag von Keith Ward in Edinburgh. Ward stellt zunächst fest, dass der Begriff der Seele volkstümlich verwendet wurde, um Menschen von Tieren zu unterscheiden, und trifft dann eine erste Unterscheidung zwischen dem indischen und dem semitischen Gebrauch des Wortes. Die indische Philosophie unterscheidet scharf zwischen Geist und Materie und vertritt die Ansicht, dass es ein einziges Selbst gibt (weshalb Ramana Maharshi das englische Self mit großem Anfangsbuchstaben schreiben sollte), das viele Verkörperungen oder Inkarnationen durchläuft. Die wahre Natur des Selbst ist rein, und aus dieser Sicht ist die Seele eine spirituelle Substanz – eine Haltung, die auch Platon vertritt (vielleicht unter indischem Einfluss, wie Radhakrishnan in seinem Buch *Die Gemeinschaft des Geistes: Östliche Religionen und westliches Denken* ausführt [Ü: Franz Thierfelder, Holle 1952]).

Ward weist darauf hin, dass die Seele aus semitischer Sicht ursprünglich nicht in diesem Sinne substanziell ist. Das biblische Bild ist das des Lebensatems (*nephesh*), des aktiven Prinzips des lebendigen Körpers – nicht einer eigenständigen Entität. Diese Vorstellung entspricht dem aristotelischen Sprachgebrauch von der Seele als Form (*eidos*) des lebenden Körpers. Aristoteles' grundlegende Kategorien sind also Materie und Form und nicht Materie und Geist, wobei die Seele der Bauplan oder das dynamische Gestaltungsprinzip ist. Aristoteles unterscheidet drei Seelenebenen: die vegetative, die animalische und die rationale oder intellektuelle Seele, die jeweils Organisationsprinzipien auf verschiedenen Ebenen sind. Die intellektuelle Seele zeichnet sich durch Vorstellungskraft aus, die in Gedanken (*theoria*) und freies, verantwortungsbewusstes Handeln in einem gesellschaftlichen Kontext mündet. Im modernen Sprachgebrauch ist Aristoteles ein Duale-Aspekte-Monist, der darauf besteht, dass die Seele nicht getrennt vom Körper existieren kann. Der Mensch kann demnach als »materielles Objekt« mit besonderen Fähigkeiten verstanden werden. Daraus folgt, dass alle, die diese Fähigkeiten besitzen, ob sie nun ausgeübt werden oder nicht, an der menschlichen Natur teilhaben.

Ward zeigt, inwiefern Thomas von Aquin die Ideen des Aristoteles aufgreift und sie so abändert, dass sie mit dem Christentum vereinbar sind. Da Christen keine Materialisten sind, ergibt sich die Möglichkeit einer nicht-materiellen oder spirituellen Existenz, umso mehr, da Gott oder das Höchste Wesen als spirituell und nicht-materiell gedacht wird – mit einer Form ohne Materie. Darüber hinaus hat der Geist kausale Priorität und schließt Bewusstsein und Absicht oder Willen ein.

Augustinus' Konzept sieht vor, dass Gott die Schöpfung durch Liebe zu sich hinzieht, sodass die Schöpfung auf göttliche Vollkommenheit gerichtet ist. Mit der Vorstellung, dass Gott Geist ist und die Menschen nach seinem Ebenbild geschaffen, das heißt im Wesentlichen ebenfalls Geist sind, entsteht eine gewisse Ambivalenz. Dies bringt Aquin zu der Überzeugung, dass die Seele eine »substanzielle Form« sein muss, womit er über Aristoteles hinausgeht. Er betont jedoch, »meine Seele ist nicht ich«. Aristoteles' Konzept finden wir bei Descartes, der in der Sechsten Meditation darauf besteht, dass die Seele ein »einziges Ganzes« und nicht mit einem Lotsen an Bord eines Körpers zu vergleichen ist. Dies steht in einem gewissen Widerspruch zu dem radikalen Dualismus, der ihm normalerweise zugeschrieben wird, ein Punkt, der uns in Mary Midgleys nachfolgendem Beitrag erneut begegnen wird.

Ward widmet der Diskussion über Körper – physische und spirituelle – und die Auferstehung einigen Raum. Ein Großteil des philosophischen Denkens geht davon aus, dass die einzige Alternative zu einem körperlichen Dasein ein gänzlich körperloser Zustand ist, der unmöglich vorstellbar ist und daher als unsinnig gilt. Jede denkbare Welt der Form setzt jedoch die Notwendigkeit eines entsprechenden Körpers voraus, sonst gibt es keine Möglichkeit der Manifestation, geschweige denn der Beziehung. Bei Paulus (1. Korinther 15) geht der geistige Leib aus dem Fleisch hervor, ist aber unverweslich. Ward baut auf dieser Idee auf, wenn er sagt, dass die Seele oder das Selbst in gewissem Sinne durch einen physischen Körper erzeugt wird, dieser aber übertragen, ja transformiert werden muss, damit ein postmortales Dasein möglich wird. Dies führt ihn zur Formulierung der neuen Position des »emergenten Dualismus« oder qualifizierten Monismus, wonach das Selbst/die Seele in Verbindung mit dem physischen Körper entsteht, nach dessen Auflösung jedoch weiterzuleben vermag. Hier wird die Seele als eine Reihe von Fähigkeiten definiert, die im Laufe eines Lebens entwickelt werden.

Besitzt die menschliche Seele besondere Würde? Ward bejaht diese Frage. Alles, was Gott geschaffen hat, besitzt wesenhaft Wert. Wir sind integraler Bestandteil der natürlichen Welt, aber wir können uns an einem bestimmten Punkt der evolutionären Entwicklung für die Unsterblichkeit qualifizieren, wir sind »zur Unsterblichkeit berufen«. Unsterblichkeit ist eine emergente Eigenschaft innerhalb eines auf das Göttliche ausgerichteten Kosmos. Diese Sichtweise verleiht der Seele keine griechische wesenhafte Unsterblichkeit und steht im Einklang mit einem panpsychischen Evolutionsverständnis, wonach Bewusstsein dem Universum inhärent ist und sich mit der Entfaltung der Komplexität manifestiert. Diese Sichtweise birgt allerdings eine Reihe von Problemen: An welchem Punkt in der Entwicklung wird man zur Unsterblichkeit fähig? Wie lässt sich dies mit den Gott traditionell zugeschriebenen Eigenschaften Liebe und Gerechtigkeit vereinbaren? Und gibt es Erfahrungswerte, die diese Sicht stützen?

Mary Midgley führt uns wieder zurück zum immerwährenden Leib-Seele-Problem und beginnt mit der Frage: »Was bedeutet es, wenn wir sagen, dass wir ein Leib-Seele-Problem haben? Müssen wir die Beziehung zwischen unserem inneren und äußeren Leben dabei als Angelegenheit betrachten, die zwischen zwei getrennten Dingen abgehandelt wird, anstatt zwischen Aspekten einer ganzen Person?« Ihre Antwort lautet nein. Wie Chris Clarke weist sie darauf hin, dass der Dualismus des 17. Jahrhunderts von einem Physikverständnis ausging, das wir nicht mehr teilen. Sie analysiert einige historische Gründe für die Zweiteilung in Geist und Körper, darunter die Trennung von Verstand und Gefühl sowie die Notwendigkeit für die damals neue Physik, sich von älteren Denkweisen abzugrenzen.

Sie erklärt, wie das Problem des Bewusstseins von den Behavioristen (durch Eliminierung) beziehungsweise Colin McGinn (das Mysterium ist nicht ableitbar) angegangen wurde, und schlägt als besseren Ansatzpunkt die Beziehung zwischen unserem inneren und äußeren Leben vor: »zwischen unserem subjektiven Erleben und der Welt, von der wir wissen, dass sie um uns herum existiert – direkt in unserer Erfahrung als Ganzes zu betrachten, anstatt zu versuchen, Bewusstsein als nachträgliches Element einer physischen Welt hinzuzufügen, welche nach Prinzipien konzipiert ist, die dafür keinen Raum lassen.« Die Probleme, die sich aus einem Bewusstsein als »Beigabe« zum physischen Universum ergeben, haben wir bereits in den Beiträgen von Chris Clarke und Peter Fenwick kennengelernt.

Midgley widmet sich ausführlich dem Verständnis von Descartes' Sicht und ihrer späteren Weiterentwicklung in der westlichen Philosophie und warnt davor, bei der Erarbeitung eines ganzheitlichen Bildes von uns selbst der Unsterblichkeit (und damit der Abtrennbarkeit der Seele vom physischen Körper) den Vorrang zu geben. Wir müssen auf die extremen Abstraktionen verzichten, die die Begriffe Geist und Körper implizieren, und uns von Descartes' Vorstellung lösen, wonach das innere Leben im Wesentlichen eine einfache Sache ist, eine einheitliche, unveränderliche Entität, ein abstrakter Bewusstseinspunkt. Die Einheit des Menschen, so führt sie aus, ist in Wirklichkeit ein höchst komplexer und dynamischer Prozess, der die Versöhnung konkurrierender Anteile von uns beinhaltet.

Bei der Formulierung ihres eigenen Ansatzes zur »Erklärung« von Bewusstsein erinnert uns Midgley an den größeren Kontext von organischem Leben und Bewegung innerhalb eines sich entfaltenden evolutionären Prozesses und weist darauf hin, dass Bewusstsein vielleicht der Superlativ des Lebens ist. Die Diskontinuität liegt in unserer eigenen Funktionsweise und der Art, wie wir normalerweise mit Menschen interagieren – nämlich sozial – im Gegensatz zu unserem Umgang mit Steinen (Martin Bubers Ich-Du im Gegensatz zum Ich-Es). Diese Modi haben eindeutige Auswirkungen auf Werte, Einstellungen und Verhalten, wie in Denis Alexanders nachfolgendem Beitrag noch deutlicher wird. Wir sollten uns jedoch nicht von der Aussicht auf Einfachheit verführen lassen, weder in der Physik noch in der Biologie, denn dies führt immer zu einer reduktionistischen Erklärung, die schon *per definitionem* unvollständig und daher unbefriedigend ist.

Midgley zeigt, dass die Idee der »abgeschiedenen Seele« uns nicht nur von anderen Menschen, sondern auch von der Erde abkoppelt, eine Entwicklung, die erst jetzt mit dem Aufkommen von Ideen wie der biologischen Symbiose und der Untrennbarkeit von Organismus und Umwelt, wie sie die Gaia-Hypothese vorschlägt, die die Erde als ein Ganzes lebendiger Systeme sieht, revidiert wird. Dies ist eine Mahnung, dass die Bewusstseinsforschung es sich nicht leisten kann, unseren biologischen und ökologischen Kontext zu ignorieren. Wir sind weder separat noch autark, wie Midgley sagt. Und wir täten gut daran, die Parallelen zwischen der Geschichte des Leib-Seele-Problems und der Geschichte der Beziehung des Menschen zur Erde zu erkennen.

Alan Torrance beschäftigt sich mit der Frage: Stellt der Naturalismus in den Kognitionswissenschaften eine Krise für den Theismus dar? Bevor er auf den Theismus zu sprechen kommt, analysiert er die Herausforderung, wenn nicht gar Krise für die Geisteswissenschaften, die er in Gestalt zweier miteinander unvereinbarer (nichtsdestotrotz materialistischer) Ansätze erkennt:

1. *Naturalismus* – dominierend in den Naturwissenschaften und definiert durch die Thesen, dass, laut Roger Trigg, »die Realität den Naturwissenschaften (zumindest im Prinzip) vollständig

zugänglich ist. Nichts … kann außerhalb ihres Geltungsbereichs existieren«; und zweitens (Alvin Plantinga), dass »es keinen Gott gibt und wir Menschen unbedeutende Teile einer riesigen kosmischen Maschine sind, die in majestätischer Gleichgültigkeit gegenüber uns, unseren Hoffnungen und Bestrebungen, unseren Bedürfnissen und Wünschen, unserem Sinn für Gerechtigkeit oder Angemessenheit weiterläuft«. Dieser Ansatz wird unter anderem von Dewey, Quine, Davidson, Dawkins und Dennett verkörpert und wurde bereits weiter oben von Carr besprochen. Der Determinismus, den dieser Ansatz impliziert, spielt Handlungsfähigkeit und Kreativität eher herunter. Außerdem schafft er Probleme für Darwinisten, die darauf bestehen, dass evolutionäre Anpassungsfähigkeit der ultimative Maßstab für Wahrheit ist. Was nützlich oder vorteilhaft ist, kann in einem letztendlicheren Sinne wahr sein oder eben auch nicht.
2. *Aufgeklärter Humanismus, kreativer Antirealismus, sozialer Konstruktionismus* – vorherrschend in den Geistes- und Sozialwissenschaften. Dieser auf Kant zurückgehende Ansatz behauptet, dass der Mensch grundsätzlich für die Schaffung von Aufbau und Natur der Welt verantwortlich ist – wir sind letztlich die Architekten der Rationalität des Universums. Eigenschaften von Objekten sind diesen nicht wesenhaft, sondern vielmehr schöpferische Projektionen des Menschen. Die Wahrheit wird zum »Stand der Dinge« (Cupitt). Das Problem ist hier, so Torrance, eine Krise der Wahrheit, die anscheinend von der These abhängt, dass etwas wahr ist, wenn alle es glauben. Im Gegensatz zum Naturalismus misst der humanistische oder konstruktionistische Ansatz der menschlichen Kreativität zu große Bedeutung bei.

Torrance behauptet, beide Ansätze seien im Vergleich zum Theismus deutlich unzureichend. Tatsächlich können sie nicht einmal die Ansichten der jeweils anderen Seite schlüssig darstellen. Für ihn bietet der Theismus eine erkenntnistheoretische Grundlage von beträchtlicher Erklärungskraft. Er erklärt, warum es etwas und nicht nichts gab, er ermöglicht Zugang zur Wahrheit, er bietet eine ontologische Grundlage für Werte, die von Menschen verkörpert werden können, und er erklärt, warum die Welt verständlich ist. Diese Position ist zwar heute nicht mehr in Mode, aber dennoch vertretbar. Im Gegensatz zum Naturalismus bietet sie der Wissenschaft zumindest einen kohärenten Rahmen für ihre Bemühungen in Bezug auf die Verständlichkeit der natürlichen Ordnung und das Streben nach Wahrheit.

Im Anschluss befasst sich Torrance mit Jaegwon Kims Kritik des nicht-reduktiven Physikalismus, bei dem ein mentales Ereignis M für einen Gehirnzustand P* verantwortlich gemacht wird, der dessen physische Umsetzung darstellt. Der Gehirnzustand P* wird jedoch tatsächlich durch einen vorausgehenden Gehirnzustand P verursacht, wodurch M logisch überflüssig wird. Mentale Beschreibungen werden dann aufgrund der physiologischen Prozesse auf Epiphänomene reduziert. Damit sind wir wieder bei den Problemen, die mit dem Epiphänomenalismus und seiner Theorie des Bewusstseins als »Beigabe« verbunden sind.

Können mentale Ereignisse also über kausalen Interaktionen supervenieren? Kim behauptet, dass es überhaupt keine emergente Kausalität (wie zum Beispiel absteigende Kausalität) geben kann: Alle Kausalität lässt sich durch die kausalen Beziehungen zwischen den grundlegendsten, subatomaren Komponenten erklären. Aus diesem Grund erkennt Kausalität keinerlei individuelle Entitäten, weder bewusste noch unbewusste, und kann sie auch gar nicht erkennen. In Anbetracht dieser Sichtweise überrascht es nicht, dass Kim sein Buch *Philosophie des Geistes* von 1998 (Ü: Georg Günther, Springer 1998) mit der Feststellung beschließt, Bewusstsein und mentale Kausalität seien zwei »unlösbare Probleme«.

In Nancy Cartwrights pluralistischem Universum sieht Torrance eine mögliche dritte Alternative zu Physikalismus und Cartesianismus. Hier entstehen Muster in physikalischen Prozessen, die echte kausale Kräfte haben. Wir sind Teil eines hochkomplexen Universums, das sich durch einen »Flickenteppich an Gesetzen« auszeichnet. Diese Position lehnt den »nomologischen Monismus« (wie bei Kim) ab, bei dem es nur eine Art von Gesetz gibt, das alle Ereignisse regelt – in seinem Fall kausale Verbindungen zwischen grundlegenden Teilchen. Wie Mary Midgley lehnt auch Cartwright die fundamentalistische These ab, dass »alle Fakten zu *einem* großen Plan gehören müssen«, was bedeutet, dass die Welt nicht durch das Wirken einer einzigen Art von Kausalgesetz erklärt werden kann. Allen, die mit der Systemtheorie und ihrer Vorstellung von unterschiedlichen, aber ineinandergreifenden Ebenen vertraut sind, wird das eminent schlüssig erscheinen.

Diese Überlegungen implizieren die grundlegende Frage, die mit ihnen angesprochen wird, nämlich, »wo genau kausale Eigenschaften liegen.« Gehören sie ausschließlich zu physischen Objekten? Vielleicht ist die Vorstellung, kausale Eigenschaften müssten einen Ort haben, selbst ein Kategorienfehler, da es bei Kausalität um Beziehungen geht und die systemische Sicht viel komplexere und breiter verteilte Rückkopplungsschleifen impliziert als die ursprüngliche kartesianische Vorstellung von einem lokalisierten mechanischen Anstoß.

Torrance kommt zu dem Schluss, dass die Wissenschaft zerrissen ist zwischen den miteinander unvereinbaren Fideismen des Naturalismus und des kreativen Anti-Realismus. Er behauptet, der Theismus könne den mit diesen Ansichten verbundenen Problemen zuvorkommen, halte der akademischen Suche nach der Wahrheit stand und rechtfertige sie. In der Psychologie kann der Physikalismus die Weiterentwicklung des Denkens nicht erklären, und mit dem Epiphänomenalismus verfangen sich die Psychologen logischerweise in ihrer eigenen Schlinge. Der nomologische Monismus ist zu verwerfen, da wir in einer komplexen Welt leben, die mit reduktiven, naturalistischen Erklärungen nicht vollständig zu erfassen ist. Und die Kognitionswissenschaft zeigt, dass wir den Naturalismus und den szientistischen Fundamentalismus eines Richard Dawkins ablehnen müssen.

Er behauptet, die Erklärungskraft des christlichen Theismus sei nicht zu unterschätzen. Dieser erkennt die Komplexität des Selbst als Subjekt und nicht Objekt an, als freies, verantwortungsbewusstes persönliches Agens, das denken und die intelligenten Strukturen der Welt durchdringen kann. Der Theismus muss auch die Körperlichkeit anerkennen, er muss anerkennen, dass Emotionen chemisch ausgelöst werden können und geistige Prozesse einem körperlichen Verfall unterliegen. Torrance erhebt nicht den Anspruch, eine endgültige Erklärung für Handlungsfähigkeit und Kausalität gefunden zu haben, aber er zeigt die Richtung auf, in der eine Lösung wahrscheinlich zu finden sein wird. Wenn die Agenda einer theistischen Erklärung für die Handlungsfähigkeit des Menschen eine Herausforderung ist, so schließt er, dann sind die Herausforderungen durch eine naturalistische Erklärung wohl noch bedeutend größer.

Die letzten beiden Beiträge führen die Debatte über Weltanschauungsfragen hinaus zu deren Auswirkungen auf Ethik und Werte. In einem Vortrag, den er in St. Andrews unter dem übergreifenden Titel »Wissenschaft und menschliche Werte« gehalten hat, stellt Denis Alexander einleitend in den heutigen westlichen Gesellschaften eine zutiefst ambivalente Haltung gegenüber der Wissenschaft fest: Auf der einen Seite gibt es die Vision eines hochtechnisierten Universums, in dem wir »seine Kräfte für unsere Zwecke manipulieren«, und auf der anderen Seite eine starke wissenschaftsfeindliche Lobby, die Wissenschaftlerinnen und Wissenschaftler als gefährliche Wichtigtuer betrachtet, die Gott spielen. Die Wissenschaft des 21. Jahrhunderts wird mit Sicherheit weitere dramatische Fortschritte bringen, die Fragen aufwerfen, für deren Beantwortung die Naturwissenschaft denkbar schlecht gerüstet ist, vor allem, wenn sie Vorstellungen von Identität und Wert des Menschen betreffen. Es ist daher eine ermutigende Entwicklung, dass die Forschung nun regelmäßig erhebliche Mittel erhält, damit sich Ethikerinnen, Philosophen und Theologinnen mit den drängenden moralischen und ethischen Fragen befassen können, die diese wissenschaftlichen Fortschritte aufwerfen – zum Beispiel zu unserer biologischen Verfassung.

In diesem Zusammenhang hält Alexander es nicht für hilfreich, dass in der öffentlichen Debatte größtenteils Hyper-Reduktionisten wie James Watson, Peter Atkins und Richard Dawkins den Ton angeben. Alexander zitiert Watson mit den Worten: »Es gibt nur Atome. Alles andere ist bloß soziale Fürsorge«. Solche Äußerungen gehen weit über die Naturwissenschaften hinaus und sind Ausdruck eines metaphysischen Szientismus oder Materialismus, der menschlichen Werten grundsätzlich ablehnend gegenübersteht, wie in John Grays Buch *Von Menschen und anderen Tieren: Abschied vom Humanismus* (Ü: Alain Kleinschmied, Klett-Cotta 2010) anschaulich zum Ausdruck kommt, oder wie Alexander aus Dawkins' Werk zitiert: »Wir sind Maschinen, die von DNA gebaut wurden und deren Zweck es ist, weitere Kopien derselben DNA herzustellen. ... GENAU dazu sind wir da. Wir sind Maschinen zur Vermehrung von DNA, und die Vermehrung von DNA ist ein sich selbst erhaltender Prozess. Das ist der einzige Lebensgrund eines jeden lebendigen Objekts.«

Wenn von Wissenschaft und menschlichen Werten die Rede ist, so Alexander, stellt sich unweigerlich die Frage nach dem Verhältnis von Wissenschaft und Glaube. Die Menschheit als Ganzes sei »unheilbar religiös«, so behauptet er, und die Modelle, die Modernisierung und Säkularisierung miteinander verbinden, hätten sich als unzulänglich erwiesen. Zu der Frage nach Wissenschaft und menschlichen Werten skizziert Alexander vier Modelle der Beziehung zwischen Wissenschaft und Glaube und wendet sich dann einer Betrachtung ihrer Bedeutung für das Thema menschliche Werte zu.

1. Das Konflikt-Modell

Diese auf das 19. Jahrhundert zurückgehende Ansicht ist bei den Medien und den bereits erwähnten Hyper-Reduktionisten (sowie einigen Kreationisten in den USA) immer noch sehr beliebt, aber Alexander hält ihr Verfallsdatum für längst überschritten und behauptet, kein zeitgenössischer Wissenschaftshistoriker nehme dieses Modell ernst. Bezogen auf Persönlichkeiten wie Kepler, Newton, Boyle, Faraday und Clerk Maxwell ist es auch historisch nicht zutreffend.

2. Das NOMA-Modell

Das zweite Modell geht auf die Arbeit von Stephen Jay Gould über »Non-overlapping Magisteria« zurück, wonach Wissenschaft und Religion Lehrgebiete sind, die sich nicht überschneiden, da sich die Naturwissenschaft mit der empirischen Welt der Fakten und Theorien befasst, während sich Religion auf Fragen nach dem höchsten Sinn und moralischen Werten erstreckt. Wissenschaft und Glaube befinden sich quasi in getrennten, wasserdichten Abteilen, und da es sich um zwei grundverschiedene Tätigkeiten handelt, gibt es keinen Grund, warum sie miteinander in Konflikt geraten sollten.

Das Modell hat seine Probleme, insbesondere in Anbetracht des ständigen Ideenaustauschs zwischen Wissenschaft und Glaube in frühwissenschaftlicher Zeit. Außerdem wollen gläubige Menschen innerhalb der wissenschaftlichen Gemeinschaft ihre Wissenschaft und ihren Glauben im Allgemeinen nicht auseinanderhalten.

3. Das integrationistische Modell
Diese Ansicht spricht eher Wissenschaftlerinnen und Wissenschaftler in der Forschung an, da sie auf diese Weise wissenschaftliche und religiöse Kenntnisse miteinander vereinen können. Ein gutes Beispiel für einen integrationistischen Denker ist Dr. Arthur Peacocke, der behauptete, auf wissenschaftlichen Erkenntnissen und Methoden ließen sich vernünftige theologische Überzeugungen aufbauen. Eine andere Ansicht vertritt E.O. Wilson, aber in seinem Fall bedeutet die Einheit des Wissens die – wohl etwas gezwungene – Verschmelzung allen Wissens in einem Rahmenkonzept des wissenschaftlichen Naturalismus. Auch Kreationisten können unter dieses Modell subsumiert werden, obwohl ihre Art der Integration der Wilsons diametral entgegengesetzt ist.

4. Das Komplementaritäts-Modell
Diese Sichtweise verdankt sich dem zweiten Modell und geht ebenfalls davon aus, dass sich Wissenschaft und Religion mit verschiedenartigen Fragen befassen, aber auf einander ergänzende Art und Weise, indem sie – wie in der Systemtheorie – verschiedene Abbildungsarten oder -ebenen herstellen. Alexander veranschaulicht diesen Ansatz am Beispiel des menschlichen Körpers, wie er von Physik und Biologie verstanden wird. Ein mutmaßlicher Super-Wissenschaftler vom Mars möchte vielleicht auch wissen, wie die Menschen zu ethischen Entscheidungen gekommen sind und warum es auf unserem Planeten überhaupt bewusste Wesen gibt. Diese Abbildungen stehen nicht in Konkurrenz zueinander, sondern betrachten dieselbe Realität durch verschiedene Brillen – ein angemessenes Gesamtbild erfordert verschiedene Beschreibungsebenen.

Anschließend geht Alexander noch einmal auf die vier Modelle ein und fragt nach ihrem Bezug zu menschlichen Werten. Das »Konflikt-Modell« wirkt in diesem Zusammenhang wenig vielversprechend, da es Vorstellungen von Wert und Würde des Menschen eher untergräbt als unterstützt. Etwas besser schneidet das NOMA-Modell ab, weil es darauf besteht, dass die Wissenschaft wenig zu Diskussionen über moralische und ethische Fragen beizutragen hat. Der Genetiker Steve Jones ist ein typischer Vertreter, wenn er behauptet, die Wissenschaft könne keine Fragen nach dem »Warum« oder dem »Sollen« stellen. Die angebliche Trennung zwischen Fakten und Werten kann jedoch nicht ganz so absolut sein, wie Jones annimmt. Manche Forschungsbereiche sind ethisch heikler als andere, und für eine fundierte ethische Diskussion benötigen wir genaue wissenschaftliche Informationen. Eine Variante des integrationistischen Modells, wie etwa bei Michael Ruse, behauptet, aus dem Evolutionsverständnis ergebe sich eine Ethik. Alexander räumt der Analyse von Ruses fünfstufigem Prozess, mit dem er von der Biologie zur Ethik gelangt, breiten Raum ein:

1. Komplexes menschliches Verhalten ist erblich.
2. Solche Verhaltensweisen haben (oder hatten einst) Anpassungswert.
3. Die Kraft des »Sollens« basiert in Wirklichkeit auf biologischen Trieben – »Moral ist eine kollektive Illusion, die uns von unseren Genen aufgedrängt wurde«, so Ruse.
4. Biologische Triebe führen zu ethischen Impulsen, die weitgehend mit der traditionellen Moral übereinstimmen.
5. Wir haben die moralische Pflicht, den Evolutionsprozess zu unterstützen, da er solche moralischen Überzeugungen hervorgebracht hat.

Alexander weist darauf hin, dass Ruse zweierlei Kritik entgegengehalten werden kann – empirische und philosophische. Für die Schritte 1 und 2 gibt es kaum experimentelle Unterstützung, wie im Bericht des Nuffield Council of Bioethics, »Genetics and Human Behaviour«, dargelegt. Und wenn moralische Überzeugungen Anpassungswert haben, könnten sie auch durch kulturelle Übertragung funktionieren. Schritt 3 ist noch problematischer und scheitert an den Ausführungen des Cambridge-Philosophen G. E. Moore. In dem Maße, in dem das »Sollen« als eine angeborene biologische Veranlagung neu definiert wird, löst sich die Kraft des Konzepts in Luft auf, wie Dr. Alexander anschaulich formuliert: »Moralische Verpflichtungen, die auf einer Veranlagung zu etwas beruhen, sind eigentlich überhaupt keine Verpflichtungen«. Schritt 4 – die Behauptung, biologische Triebe bewegten sich entlang der traditionellen Moral – ist empirisch falsch. Menschen sind keine Roboter und treffen echte Entscheidungen – es gibt hier kein eigentliches Kriterium von Wert. Die *reductio ad absurdum* von Ruses Position wäre tatsächlich die Bezeichnung von Gräueltaten als interessante Manifestation angeborener Veranlagungen. Alexander kommt zu dem Schluss, dass wir daher vorsichtig sein müssen mit dem Extrapolieren von der Genetik auf Werte.

Etwas besser schneidet für Alexander das Komplementaritäts-Modell ab. Hier wird anerkannt, dass die Wissenschaft in der Art des Wissens, das sie durch Zählen, Messen und Beschreiben erzeugt, eingeschränkt ist. Ihr Wissensbestand liefert uns eine präzise Beschreibung der physischen Welt, aber ihre Beschreibungen lassen notwendigerweise weite Bereiche aus, die mit Ethik, Ästhetik und Fragen nach dem letztendlichen Sinn und Wert zu tun haben. Im Komplementaritäts-Modell sind Sinn und Zweck wichtig, um der Erfahrung in ihrer Fülle gerecht zu werden. Das Modell unterstreicht, dass die Ursprünge menschlicher Werte nicht der Wissenschaft entstammen. Alexander veranschaulicht seinen Standpunkt anhand einer kontroversen Debatte über Kindstötungen. Er argumentiert, dass eine gegebene metaphysische Voraussetzung logisch zu einer abscheulichen Schlussfolgerung führen kann, wie dies bei Peter Singer der Fall ist, der in seiner Argumentation für Kindstötungen einen theistischen Bezugsrahmen ablehnt und darauf hinweist, dass Griechen und Römer missgebildete Säuglinge üblicherweise getötet haben.

Unsere Vorstellung von der Unantastbarkeit menschlichen Lebens stammt aus dem Christentum, und die Kindstötung wurde nach der Bekehrung von Kaiser Konstantin zum Christentum 313 n. Chr. verboten. Wenn man fragt, was Singer an die Stelle der christlichen Sichtweise setzt, lautet die Antwort, dass er Konsequentialist ist – ethische Entscheidungen sollten auf der Grundlage des »Prinzips der gleichwertigen Berücksichtigung der Interessen« auf einer Bewertung ihrer Gesamtfolgen beruhen. Singer weitet dieses Prinzip auf empfindungsfähige Tiere aus, die leiden können. Er argumentiert, auch Primaten verfügten über Selbstbewusstheit und könnten daher als »Personen« mit Interessen definiert werden.

Die Schlussfolgerung aus einem solchen Ausgangspunkt lautet: »Es ist nicht per se falsch, ein Neugeborenes zu töten, weil das Baby noch kein Bewusstsein seiner selbst hat. Hingegen wäre es falsch, erwachsene Tiere zu töten, von denen man annimmt, dass sie sich ihrer selbst bewusst sind.« Schließlich argumentiert Singer: »Die Tötung eines behinderten Säuglings ist moralisch nicht mit der Tötung einer Person gleichzusetzen. Sehr oft ist sie überhaupt nicht falsch«. Die christliche Position hingegen behauptet, dass das menschliche Leben ein Geschenk Gottes und der Liebe ist und dass das hilflose Neugeborene unabhängig vom biologischen Status intrinsischen, also wesenhaften Wert besitzt, weil der Mensch nach dem Bild Gottes geschaffen ist. Wir haben Verantwortung vor Gott und gehören alle zur Gemeinschaft der Menschen. Es besteht eine Beziehung und Solidarität, da alle Menschen Gottes Ebenbild sind.

Alexander weist darauf hin, dass von der christlichen Ethik geprägte moralische Entscheidungen nicht unbedingt schwarz-weiß sind. Konsequentialistische Argumente können nützlich sein, wenn man sich für das kleinere Übel entscheiden muss, zum Beispiel in der Medizinethik. Allerdings spielt der metaphysische Rahmen, in dem ethische Überlegungen angestellt werden, eine entscheidende Rolle. Daher kommt Alexander zu dem Schluss, dass die Wissenschaft nur innerhalb eines Bezugsrahmens, der den intrinsischen Wert des Menschen aufrechterhält, ein menschliches Gesicht wahren kann.

John Habgood hat seinen Vortrag in Oxford zum verwandten Thema »Wissenschaft und menschliche Verantwortung« gehalten. Sein Aufsatz stützt sich nicht nur auf seine umfassende Belesenheit in Theologie und Philosophie, sondern auch auf seine Mitwirkung bei ethischen Fragen, die dem House of Lords oder Regierungsausschüssen vorgelegt wurden, wobei er eine Schlüsselrolle innehatte. Er beginnt mit dem Fall Diane Blood, einer Frau, die mit dem Sperma ihres verstorbenen Mannes ein zweites Kind zeugte. Er ist der Meinung, dass sie mit ihrem Handeln die normalen Grenzen zwischen Leben und Tod überschritten und eine Spannung zwischen mitfühlendem Verständnis für einen besonderen Einzelfall und dessen Extrapolation auf eine breite gesellschaftliche Anwendung erzeugt hat. Deshalb ist es wichtig, solche Angelegenheiten zu durchdenken und die langfristigen gesellschaftlichen Folgen einer Verallgemeinerung einer solchen Technik zu bedenken. Das ist Aufgabe des Gesetzgebers, der sich fragen muss, ob das Mögliche auch das Erlaubte werden soll.

Habgood fragt, was der breite Einsatz solcher Techniken für unser Verständnis von uns selbst als Person bedeutet? Sie würde uns die Möglichkeit geben, uns bis weit in die Zukunft hinein fortzupflanzen, was zu »geplanten Waisenkindern« führen würde, und sie würde wohl den Wettbewerb um wertvolle Gene anheizen, zum »Kofferraumverkauf von Genmaterial« führen. Eizellen und Spermien würden so zur Ware und sind es auf einigen Websites sogar bereits.

Als Nächstes denkt Habgood über Identität (und Würde) in Bezug auf Adoption und künstliche Befruchtung durch Fremdspender nach. In beiden Fällen besteht ein Unterschied zwischen genetischen und sozialen Eltern, aber im Falle der künstlichen Befruchtung könnte das Kind »ein ausgedehntes Netzwerk von Halbgeschwistern« haben. Wie könnte sich dies emotional auf das Selbstempfinden des Kindes auswirken, und welche Rolle könnte der Spender als unsichtbarer Dritter in der Familiendynamik spielen? Das Entscheidende ist, dass neue Techniken gesellschaftliche Auswirkungen auf unsere Vorstellung von Person-Sein haben können und daher in der Gesetzgebung gründlich durchdacht werden sollten.

Habgoods nächstes Beispiel ist Tony Bland, ein junger Mann, der seit einem Unfall im Fußballstadion von Hillsborough im Wachkoma lag. Hier geht es um einen Körper ohne Bewusstsein, im vorherigen Fall hingegen um eine Fortpflanzung ohne Körper. In beiden Fällen ist jedoch im Körper kein Bewusstsein vorhanden und beide Fälle entziehen sich unserem normalen Verständnis von Grenzen. Bei Tony Bland wurde sein Person-Sein durch die täglichen Besuche seiner Eltern aufrechterhalten, was eine gewisse körperliche Beziehung definierte. Aber die Eltern entschieden schließlich, eine solche

Beziehung habe keine Zukunft, und baten um die Erlaubnis, sein Leben beenden zu lassen; infolge dieser Entscheidung starb dann etwas, bevor sie tatsächlich genehmigt und umgesetzt wurde. Das Person-Sein, so Habgood, wird also entscheidend durch unsere Interaktion mit und Beziehung zu anderen definiert. Diese Beziehung kann zwar über den Tod hinausgehen, wird aber durch ihn neu definiert und erfordert ein Loslassen seitens der Überlebenden. Im Fall von Diane Blood hat sie ihren Mann wohl nicht losgelassen und ihn sogar benutzt (wenn auch mit seinem Einverständnis vor seinem Tod).

Wenn dieses Denken dazu führt, dass den Genen Vorrang vor dem Körper als Ganzem eingeräumt wird, könnten wir vergessen, dass Lebensereignisse wichtiger sind als unser genetisches Erbe und dass wir die Gesamtheit dessen, was wir sind, berücksichtigen müssen; und im weitesten Sinne gehört zu unserer Umwelt auch Gott. Die menschliche Persönlichkeit, nicht die Gene, ist der Schnittpunkt zwischen Wissenschaft und Religion. Und der Brennpunkt der menschlichen Persönlichkeit ist das Geheimnis des Bewusstseins, unsere innerste Natur und unser Subjektivitätsempfinden. Habgood erklärt, Bewusstsein sei ein »undurchdringliches Geheimnis«, dessen wesenhafter Charakter nicht objektiv beobachtet oder untersucht werden kann, obwohl wir andererseits Denken, Fühlen und Gehirnmechanismen untersuchen können.

Sodann fragt er, wie sich subjektives Gewahrsein entwickelt hat, und weist dabei der Sprache in ihrer Fähigkeit, durch das Bezeichnen gemeinsamer Erfahrungen und Gefühle Beziehungen zu schaffen, eine Schlüsselrolle zu. Diese gemeinsamen Erfahrungen und Gefühle wiederum schaffen soziale Bindungen und bauen Gemeinschaft auf; und in dieser Hinsicht spielt Klatsch und Tratsch eine wichtige Rolle. Durch den Austausch mit anderen formen wir uns selbst, wir entdecken sowohl uns selbst als auch andere als Handelnde. Dies führt uns aus uns selbst hinaus und hilft uns, moralische Vorstellungskraft zu entwickeln, indem wir unsere Subjektivität in den größeren Kontext einer öffentlichen Welt stellen, ähnlich wie Mary Midgley weiter oben ausgeführt hat.

Wie Midgley erörtert auch Habgood die Rolle der Umwelt, womit er alles meint, was auf uns einwirkt, zum Beispiel das soziale Umfeld. Die Umwelt ist nicht einfach nur ein Hintergrund, sondern (wie die Gaia-Hypothese vorschlägt) der Schauplatz aktiven Gestaltens. Wir Menschen sind »in einzigartiger Weise interaktiv mit unserer Umwelt«, die wir an unsere Bedürfnisse, einschließlich ästhetischer Ansprüche, anpassen. Die nächste Frage lautet, wo die Umwelt endet und welche Beziehung wir zur ultimativen Realität haben, ganz gleich, wie wir diesen Begriff verstehen. Dazu gehört sicherlich auch die Subjektivität, aber Habgood widersteht bewusst der Versuchung, den Prozess kurzzuschließen, indem er an dieser Stelle Gott ins Spiel bringt.

Stattdessen verfolgt er sein Thema der Sprache weiter und weist darauf hin, dass sie in ihren Funktionen in Kunst und Theater über das bloße Überleben hinausgeht. Wir haben eine angeborene Sehnsucht nach Transzendenz: Offenheit ist in uns angelegt, ein Gefühl von Freiheit, Kreativität und Raum. Habgood lehnt den Panpsychismus als unverständlich ab und bevorzugt den Begriff des Geschaffenseins. Dies bedeutet, dass die Existenz der Dinge nicht selbsterklärend ist. Sie (und wir) existieren aufgrund einer Wirklichkeit, die uns übersteigt. Die These von der Schöpfung durch Gott erlaubt die rationale Erforschung und impliziert eine gewisse Distanz zwischen der Welt und Gott, wodurch die Welt sich selbst gestalten kann. Dies entspricht der Fleischwerdung, einer Akzeptanz von Grenzen und einem Verzicht auf alle Macht außer der Liebe. Die Welt wird so von Gott in ihrem Sein erhalten, ohne dass Gott tatsächlich alles verursacht. Die Schöpfung ist nicht die Umsetzung eines vorherbestimmten Plans, daher ist die Wissenschaft wichtig. Gott ist fern, aber nicht abwesend, er transzendiert die Schöpfung, kann aber durch sie erkannt werden.

Diese Sichtweise beleuchtet die Subjektivität auf eine Art und Weise, die zwar kein Beweis für ein Geschaffensein ist, aber dennoch Sinn ergibt, wie auch Alan Torrance argumentiert. Gott kann von den Suchenden erkannt werden. Die Entwicklung von Person-Sein findet in einem Kontext der Interaktion in Freiheit und Abhängigkeit, der Selbstbehauptung und des Selbstausdrucks statt, zum Beispiel im Lieben und Geliebtwerden. Die Möglichkeit der Beziehung besteht bereits durch die Schöpfung, was den Wunsch nach tieferer Beziehung weckt. Unsere Abhängigkeit von Gott zu erkennen, bedeutet zu erkennen, was wir auf der tiefsten Daseinsebene sind, wo wir »erkennen können, wie wir erkannt werden«. Habgood ist der Meinung, dass wir das Zeichen unseres transzendenten Ursprungs in uns tragen.

In diesem Zusammenhang führt er die »Ich bin«-Aussagen im Alten und Neuen Testament an. Gott ist das »Universelle Subjekt allen Erlebens«, allen Seins und Wissens. Die Aussagen sind der grundlegende Ausdruck des subjektiven Bewusstseins, das zugleich transzendent und inkarniert ist. Unsere Selbstbewusstheit wird ins Leben gerufen, wir sind von innen her erkannt, sodass wir uns als Subjekte erkennen können. Die geschöpfliche Abhängigkeit ist ein grundlegendes Merkmal des Daseins, aber ein Merkmal, aus dem Freiheit, Autonomie und Selbstbewusstheit erwachsen, da wir »nach dem Bilde Gottes geschaffen« sind. In gewissem Sinn, so Habgood, kann die Wissenschaft an dieser Schöpferkraft teilhaben, aber das bedeutet nicht, dass sie alle Grenzen überschreiten kann oder dass wir uns eine Zukunft nach unserem Bilde ausmalen sollten – das wäre wohl das Gegenteil wahrer Entwicklung.

Abschließende Beobachtungen

Nach einem besonders komplizierten Rechtsfall wurde F. E. Smith (später Lordkanzler als Earl of Birkenhead) vom Richter gebeten, den Verlauf der Verhandlung zusammenzufassen. Am Ende von Smiths Ausführungen bemerkte der Richter, nun sei er auch nicht schlauer – dann, erwiderte Smith, sind Sie zumindest besser informiert! Die Leserinnen und Leser dieser Einführung werden es dem Richter vielleicht nachfühlen können, aber ich hoffe, dass ich auch den Appetit auf die folgenden Beiträge wecken konnte.

Mir scheint, dass durch die aktuellen Diskussionen über Bewusstsein eine Reihe übergreifender Fragen aufgeworfen wurden, insbesondere angesichts des Vermächtnisses der westlichen philosophischen Tradition, die heute nicht mehr so abgeschottet ist von indischen und chinesischen Sichtweisen wie noch vor fünfzig Jahren. Ein wichtiges Thema ist der Umgang mit unserem dualistischen Erbe: In Philosophie und Psychologie wird daraus ein Dualismus zwischen Geist und Materie, Innen und Außen; in der Ökologie zwischen Mensch und Erde und in sozialer oder ethischer

Hinsicht zwischen Ich und Anderem. Ein – inzwischen weithin diskreditierter – Ansatz ist der Versuch, das eine im anderen aufgehen zu lassen. Seit dem 17. Jahrhundert bedeutet dies, dass Geist und Bewusstsein allmählich in die Materie übergehen, eine Position, die immer noch von vielen etablierten Wissenschaftlerinnen und Wissenschaftlern vertreten und in E. O. Wilsons *Die Einheit des Wissens* systematisch dargelegt wird.

Unsere Autorinnen und Autoren geben sich jedoch nicht mit dieser gezwungenen Lösung zufrieden. Sie lehnen sowohl den Behaviorismus als auch den Epiphänomenalismus als inkohärent ab und versuchen auf ihre je eigene Weise, die grundlegende Natur des Bewusstseins zu bekräftigen. Nur wenige gehen so weit wie Fenwick und Goswami und behaupten den totalen Primat des Bewusstseins, aber alle versuchen, dem Bewusstsein im Gesamtgefüge eine kreativere Rolle einzuräumen und auf neuer Grundlage eine Wissenschaft vom Bewusstsein zu formulieren. Dies kann allerdings nicht über unterschiedliche Auffassungen vom Selbst oder Selbstsystem, wie Guy Claxton es nennt, hinwegtäuschen. Gibt es ein Element des menschlichen Wesens, das nach dem Tod des Körpers weiterlebt? Für Materialisten ist dies *per definitionem* unmöglich, denn für sie gilt Geist = Gehirn. Wenn Bewusstsein tatsächlich in irgendeiner Form weiterlebt, sind wir dann wieder bei dem Dualismus angelangt, den wir zu überwinden versuchen? Dies könnte teilweise erklären, weshalb es so viel Widerstand dagegen gibt, Beweise für den »erweiterten Geist«, wie der Biologe Rupert Sheldrake sagt, überhaupt in Erwägung zu ziehen.

In gewissem Sinne müsste die Antwort Ja lauten, denn Weiterleben impliziert ein vom Körper trennbares Bewusstsein, wie es bei Nahtod-Erfahrungen berichtet wird. Es gibt allerdings noch eine weitere Dichotomie der westlichen Philosophie, die es zu überwinden gilt, nämlich die zwischen verkörpertem und körperlosem Dasein, wobei die Bedeutung von verkörpert auf den physischen Körper begrenzt ist. In Keith Wards Beitrag haben wir gesehen, dass Paulus zwischen dem physischen und dem geistigen Leib unterscheidet, während es in der indischen Philosophie eine Tradition feinstofflicher Körper gibt. In seinem Buch *Paradigm Wars* schlägt der amerikanische Philosoph Mark Woodhouse vor, dass wir uns die Koexistenz von Bewusstsein und Energie/Form (Geist und Körper) auf mehreren verschiedenen Ebenen vorstellen können. Wir wissen, was dies auf der physischen Ebene bedeutet, aber Woodhouses Ansicht impliziert, dass ein mutmaßliches postmortales Dasein (zumindest anfangs) dasselbe Bewusstsein in einem anderen, »feinstofflicheren« Körper beinhalten könnte, eine Theorie, die bereits durch die verbreitete Wahrnehmung von Erscheinungen gestützt wird. Daher stimme ich Peter Fenwick zu, wenn er behauptet, dass sich eine neue Bewusstseinswissenschaft mit diesen (derzeit paranormalen) Phänomenen befassen muss.

Eine Diskussion über feinstoffliche Körper steht jedoch nicht im Mittelpunkt der von Ravi Ravindra und Guy Claxton geforderten Transformation des Bewusstseins. Dieser Prozess beinhaltet kontemplative Praktiken, mit denen die Aufmerksamkeit geschult werden soll, um direkter zu sehen und wahrzunehmen, ohne dass persönliche und kulturelle Konditionierungen das Bild trüben. Es ist eine persönliche Arbeit, die nur auf individueller Ebene geleistet werden kann und die notwendig ist, wenn neue Bewusstseinsforscherinnen und Bewusstseinsforscher zu einem tieferen Verständnis ihres eigenen Geistes gelangen wollen, das über das Ich hinausreicht und zu dem führt, was Ravindra »Erste Person Universal« nennt. Das Werk des buddhistischen Philosophen Alan Wallace (*The Taboo of Subjectivity*) ist in dieser Hinsicht wegweisend.

Wallaces Ansatz spricht das Ungleichgewicht in der westlichen Kultur an, das David Fontana in seinem Beitrag beschreibt, und weist vielleicht auf die kulturelle Bedeutung der Entstehung einer Bewusstseinswissenschaft in unserer Zeit hin. Wenn sich Untersuchungen auf die Dritte-Person-Perspektive beschränken, wird sich wenig ändern. Dann bleiben wir in der Außenorientierung verhaftet, die sich überwiegend durch Naturwissenschaft, Psychologie und Philosophie zieht und die Bedeutung subjektiven Erlebens weitgehend vernachlässigt. In dem Maße jedoch, in dem wir uns mit der systematischen Erforschung innerer Zustände befassen, wird sich unser Verständnis allmählich wandeln. Wir werden nicht nur eine neue, partizipativere Bewusstseinswissenschaft haben, sondern auch ihrer selbst bewusste Wissenschaftlerinnen und Wissenschaftler, die offen sind für tiefere Aspekte der Wirklichkeit.

Bernard Carr

Geist und Kosmos

Einführung

In diesem Beitrag geht es um die Frage, ob der Geist ein grundlegendes oder ein zufälliges Merkmal des Kosmos ist. Im ersten Teil wird beschrieben, inwiefern der Fortschritt der Wissenschaft zu einer kontinuierlichen Veränderung unserer Sicht des Universums und zu einem zunehmenden Abrücken von der anthropozentrischen Perspektive des frühen Menschen geführt hat. Offenbar sind wir immer unbedeutender geworden, und der Geist ist für das Funktionieren des Universums heute anscheinend in vielerlei Hinsicht irrelevant. In den letzten Jahrzehnten hat sich dieser Trend jedoch umgekehrt, und im zweiten Teil des Aufsatzes werden die verschiedenen Hinweise aus der Wissenschaft beschrieben, wonach der Geist eben doch von Bedeutung sein könnte. Dies hat auch einen Bezug zur Debatte um Wissenschaft und Religion; die Wissenschaft kann die Existenz eines göttlichen Elements im Kosmos weder beweisen noch widerlegen, aber das Wunder der Materie könnte eine ebenso deutliche Ahnung vom Göttlichen vermitteln wie das Wunder des Geistes. Der dritte Teil des Aufsatzes schlägt vor – zugegebenermaßen sehr spekulativ –, dass das nächste wissenschaftliche Paradigma das Bewusstsein in einer sehr grundlegenden Weise einbeziehen könnte, indem es eine erweiterte Sichtweise der Realität aufruft, die Materie und Geist ausdrücklich vereint. Jüngste Entwicklungen in der theoretischen Physik und in der parapsychologischen Forschung lassen bereits erahnen, welche Form dieses Paradigma annehmen könnte.

TEIL EINS: WISSENSCHAFTLICHER FORTSCHRITT UND DIE DEGRADIERUNG DES MENSCHEN

In diesem Beitrag wird der Begriff »Kosmos« durchgängig mehr oder weniger gleichbedeutend mit dem Begriff »Universum« verwendet und bezeichnet die Gesamtheit der physischen Schöpfung. Der Begriff »Geist« wird sehr frei verwendet und kann den Menschen, das Bewusstsein und den spirituellen Geist im Unterschied zum Verstand bezeichnen. Zunächst soll nachgezeichnet werden, wie der wissenschaftliche Fortschritt unsere Sicht auf den Kosmos und die Rolle des Geistes darin kontinuierlich verändert hat.

Unsere wandelbare Sicht des Kosmos

Der frühe Mensch begann mit einer »geozentrischen« Sicht, wonach die Erde sich im Zentrum des Universums befindet. Die Welt war sehr »lebendig«, der Mensch stand im Mittelpunkt der Schöpfung und hatte direkte Verbindung zu der leitenden Intelligenz, die die Welt erschaffen hatte und erhielt. Astronomische Ereignisse wurden als viel näher gedeutet, als sie tatsächlich sind, denn der Himmel galt als das Reich des Göttlichen und damit als vollkommen und unveränderlich. Selbst die Naturgesetze (wie etwa die Regelmäßigkeit der Jahreszeiten) schienen auf den Menschen ausgerichtet, nämlich in dem Sinne, dass wir sie für unsere Zwecke nutzen konnten. So war es selbstverständlich, sie als unmittelbares Zeugnis für unsere zentrale Rolle im Universum zu betrachten.

Diese »anthropozentrische« Sicht geriet jedoch ins Wanken, als die Wissenschaft ihren Interessensbereich über das menschliche Maß hinaus erweiterte. Durch die Entwicklung neuer Instrumente wie des Teleskops und des Mikroskops war es möglich, die Beobachtungen auszudehnen – *nach außen hin* auf Größenordnungen, die menschliche Maßstäbe weit überstiegen, und *nach innen hin* auf viel kleinere Größenordnungen. Dadurch wurden neue Strukturebenen und neue Gesetze entdeckt; und wohin der Mensch auch blickte, überall gab es Belege für die gleiche Regelmäßigkeit, wie man sie auch auf der weltlichen Ebene vorgefunden hatte. Zudem gab es interessante Verbindungen zwischen den Gesetzen, die auf den verschiedenen Ebenen wahrgenommen wurden. Diese Entdeckungsreise war zwar intellektuell befriedigend, psychisch aber auch schmerzhaft. Denn im selben Maße, wie der Mensch Wissen erlangte, änderte sich auch seine Sicht auf seinen Platz im Kosmos, und fast immer schmälerten diese Veränderungen seinen Status. Häufig kollidierte die neue Sicht mit dem konventionellen (nicht-wissenschaftlichen) Dogma der Zeit und führte zu Konflikten mit der religiösen Orthodoxie.

Der Degradierungsprozess wurde in der Renaissance durch drei entscheidende Schritte auf der äußeren Ebene eingeleitet. 1543 zeigte Nikolaus Kopernikus, dass das heliozentrische Bild eine einfachere Erklärung für die Planetenbewegungen bietet als das geozentrische. Damit rückte die Erde aus dem Mittelpunkt des Universums. Dann entdeckte Tycho Brahe 1572 eine Supernova im Sternbild Kassiopeia: Sie leuchtete plötzlich auf und verblasste dann im Laufe eines Jahres, dass sich aber ihre scheinbare Position nicht veränderte, während sich die Erde um die Sonne drehte, deutete darauf hin, dass sie weit jenseits des Mondes lag. Damit war die aristotelische Sicht, wonach sich der Himmel niemals verändert, zerstört. 1610 schließlich hob Galilei mithilfe des neu erfundenen Teleskops die Sonderstellung der Sonne auf: Seine Beobachtungen von Sonnenflecken zeigten, dass sich die Sonne verändert; außerdem spekulierte er, dass die Milchstraße aus Sternen wie unserer Sonne besteht.

Eine subtilere Entwicklung war die Entdeckung der universalen Schwerkraft durch Newton. Mit seiner These, dass die Kraft, die den Apfel zu Boden fallen lässt, auch die Planeten auf ihrer Umlaufbahn um die Sonne hält, verband Newton Himmel und Erde und hob damit den Sonderstatus des Himmels auf. Darüber hinaus führte die Veröffentlichung seiner *Principia* 1687 zu der »mechanistischen« Sicht, wonach das Universum als riesige Maschine betrachtet wird. Für Newton zeugte dies von der Notwendigkeit eines Gottes und damit implizit von der Bedeutung des Menschen:

> Blindes Schicksal könnte die wunderbare Gleichförmigkeit der Planetenbewegungen niemals hervorbringen. Die

> Schwerkraft mag die Planeten in Bewegung versetzen, aber ohne die göttliche Macht könnte sie sie niemals in solche Kreisbewegungen bringen, wie sie sie aufweisen.

Diese Mischung aus Wissenschaft und Theismus sollte sich bei seinen Nachfolgern jedoch zumeist nicht durchsetzen. Der Mechanismus, also das mechanistische Weltbild, wurde bald seiner göttlichen Aspekte entleert, und binnen Kurzem galt der Mensch allgemein als für die Abläufe im Universum völlig irrelevant.

Die Reise nach außen

Seit der Renaissance haben Fortschritte auf der äußeren Ebene den Status des Menschen noch weiter reduziert. Durch die Entwicklung immer leistungsstärkerer Teleskope konnten wir in immer größere Entfernungen schauen. Und, wenig überraschend, je weiter wir schauten, desto größer wurde das Universum und desto mehr schrumpfte im Vergleich dazu der Mensch. Galileis Erkenntnis, dass die Milchstraße aus anderen Sonnen besteht, hatte das Universum bereits enorm vergrößert, da sie sich in riesigen Entfernungen befinden mussten. Es sollte jedoch noch mehrere Jahrhunderte dauern, bis die Astronomen den Aufbau der Milchstraße zu verstehen begannen und erkannten, dass die Sonne nur einer von hundert Milliarden Sternen ist, aus denen die Galaxie besteht. Erste Modelle stellten zwar die Sonne in den Mittelpunkt der Galaxie, doch dies erwies sich als unzutreffend. Da man aber davon ausging, dass die Milchstraße das gesamte Universum umfasste, konnte man immer noch eine galaktozentrische Position einnehmen. In den 1920er Jahren erkannte man allerdings, dass es sich bei einigen von Astronomen beobachteten Nebeln um »Inseluniversen« außerhalb der Milchstraße handelt. Diese Objekte erwiesen sich als Galaxien, genau wie unsere, und heute wissen wir, dass es sie im beobachtbaren Universum zu hundert Milliarden gibt.

Eine noch dramatischere Offenbarung folgte Ende der 1920er Jahre, als Edwin Hubble entdeckte, dass sich alle Galaxien von uns wegbewegen. Die naheliegendste Erklärung dafür lautet, dass sich der Weltraum an sich ausdehnt – was Einsteins Allgemeine Relativitätstheorie tatsächlich vorhergesagt hatte – und dass, angestoßen durch einen Urknall, der sich vor zehn Milliarden Jahren ereignet hat, alle Galaxien immer weiter zurückweichen. Als ob das Universum nicht schon groß genug wäre, stellte sich nun heraus, dass es sogar immer noch größer wird. Nicht nur die Sonne, sondern der Kosmos an sich verändert sich ständig!

1965 entdeckten Astronomen beeindruckende Beweise für das Bild vom Urknall. Sie fanden heraus, dass das Universum in ein Meer aus Hintergrundstrahlung getaucht ist, die vermutlich ein Relikt aus der Zeit ist, als das Universum erst eine Million Jahre alt war. Nachfolgende Untersuchungen dieser Strahlung, zuletzt durch Satelliten wie COBE und WMAP, zeigen, dass diese Hintergrundstrahlung in vollkommener Weise das Spektrum eines Schwarzen Körpers hat – was ihren Ursprung im Urknall bestätigt. Außerdem machen sie die winzigen, mit den sogenannten Rippeln verbundenen Temperaturschwankungen sichtbar, die schließlich zur Bildung von Galaxien und Galaxienhaufen geführt haben. George Smoot, der leitende Wissenschaftler des COBE-Projekts, bezeichnete die Aufnahme dieser Rippel der kosmischen Hintergrundstrahlung als das »Antlitz Gottes«, und die immer genauere Untersuchung dieses »Antlitzes« gehört heute zu den wichtigsten Zielen der Kosmologie.

Die Reise nach innen

Bei der Erforschung der kleineren Dimensionen waren die Degradierung des Menschen und der Konflikt mit der Orthodoxie zunächst weniger ausgeprägt, vor allem weil das religiöse Dogma in dieser Frage wenig zu sagen hatte. Mit dem Aufkommen der Atomtheorie tauchten allerdings die ersten Hinweise auf, dass die Erfahrung des Menschen mit dem Kleinen ebenso begrenzt ist wie mit dem Großen. Die Entdeckung, dass alle Materie aus Atomen besteht, und die daraus resultierenden Erkenntnisse über die Chemie waren an sich nicht beunruhigend. Solange man sie wie Billardkugeln als feste Objekte betrachten konnte, entsprachen sie mehr oder weniger unserer intuitiven Vorstellung, wie sich Objekte in der realen Welt zu verhalten haben. Doch am Horizont zog bereits eine Wolke auf, denn die Atomtheorie war mit der statistischen Mechanik verknüpft, und der zweite Hauptsatz der Thermodynamik legte nahe, dass das Universum irgendwann einen »Wärmetod« sterben muss, bei dem das Leben (mitsamt dem Menschen) und alle anderen Ordnungsformen unweigerlich zugrunde gehen.

Anfang des 20. Jahrhunderts kam es zu weiteren dramatischen Entwicklungen. Ernest Rutherford zerstörte das »Billardkugel«-Bild des Atoms. Er zeigte, dass ein Atom hauptsächlich aus leerem Raum besteht, in dem Elektronen um einen Kern aus Protonen und Neutronen kreisen. Es muss beunruhigend gewesen sein, die reale Welt auf diese Weise ihrer Festigkeit beraubt zu sehen, aber zumindest konnten die Bestandteile der Atome als normale Teilchen betrachtet werden. Doch mit der Entdeckung der Quantentheorie war schon bald auch dieser Trost dahin. Die Quantentheorie besagt, dass sich Elementarteilchen nicht mehr wie Billardkugeln verhalten. Vielmehr sind sie unscharfe, flüchtige Gebilde, die durch eine »Wellenfunktion« beschrieben werden, welche wiederum überall verwischt ist. An die Stelle der klassisch deterministischen Gesetze von Ursache und Wirkung traten probabilistische Gesetze, nach denen bisher als unmöglich geltende Ereignisse regelmäßig eintreten sollten.

Die Entdeckung der Quantenmechanik hat also die Sicht des Menschen auf die Mikrowelt genauso erschüttert wie die Entdeckungen der Astronomie seine Sicht der Makrowelt. Überdies machte die Erforschung der Mikrowelt die Verwundbarkeit des Menschen deutlich. Denn er entdeckte neue Kräfte – die starke Kraft (die den Atomkern zusammenhält) und die schwache Kraft (die den radioaktiven Zerfall steuert) – und setzte damit eine ungeheure neue Zerstörungsquelle frei. Atome sind zwar kleiner als wir, aber sie verfügen offensichtlich über Kräfte, gegen die die unseren mickrig erscheinen. Wir waren gezwungen zu erkennen, dass wir für eine Zerstörung durch die innere Welt genauso anfällig sind wie für astronomische Gefahren.

Trotzdem hat die innere Reise enorme intellektuelle Früchte getragen: Sie hat gezeigt, dass alles aus einigen wenigen grundlegenden Teilchen besteht und dass diese durch vier Kräfte miteinander wechselwirken: Schwerkraft, Elektromagnetismus, schwache Kraft und starke Kraft.

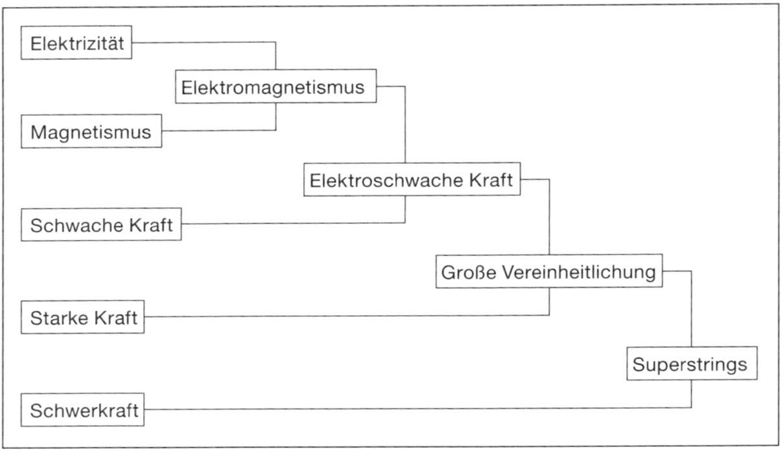

Abbildung 1. Vereinheitlichung der Kräfte

Diese Wechselwirkungen haben unterschiedliche Stärken und Eigenschaften, und früher meinte man, sie wirkten unabhängig voneinander. Heute geht man jedoch davon aus, dass einige (möglicherweise auch alle) als Teile einer einzigen Wechselwirkung vereinheitlicht werden können. Tatsächlich kann man die Geschichte der Physik als die Geschichte dieser Vereinheitlichung betrachten, wie in Abbildung 1 dargestellt. Elektrizität und Magnetismus wurden im 19. Jahrhundert durch Maxwells Theorie des Elektromagnetismus miteinander verbunden. Die elektromagnetische Kraft wurde dann in der (inzwischen experimentell bestätigten) »elektroschwachen« Theorie der 1970er Jahre mit der schwachen Kraft kombiniert. In der Folge wurde im Rahmen einer Großen Vereinheitlichten Theorie (Grand Unified Theory, GUT) die elektroschwache Kraft mit der starken Kraft zusammengeführt, obwohl diese experimentell immer noch nicht bestätigt ist. Der letzte (und bisher unvollständige) Schritt ist die Vereinheitlichung mit der Schwerkraft, wie sie in der Superstringtheorie oder der M-Theorie versucht wird. Tatsächlich sehen viele das Ende der Physik gekommen, in dem Sinne, dass unser Wissen über die grundlegenden Gesetze und Prinzipien, die das Universum regieren, nahezu vollständig ist. Sie behaupten, wir stünden kurz vor einer »Theorie von Allem«, einer »Weltformel«.

Uroboros und Urknall

Insgesamt kann man den wissenschaftlichen Fortschritt sowohl auf der äußeren als auch auf der inneren Ebene sicherlich als Triumph betrachten. Insbesondere die Physik hat eine Einheit im Universum offenbart, die deutlich macht, dass alles auf eine Art und Weise miteinander verbunden ist, wie es noch vor wenigen Jahrzehnten unvorstellbar gewesen wäre. Diese Einheit kommt in dem Bild der Schlange, die sich in den Schwanz beißt (dem sogenannten Uroboros), prägnant zum Ausdruck. Sie ist in Abbildung 2 dargestellt und verdeutlicht die enge Verbindung zwischen makroskopischer Welt

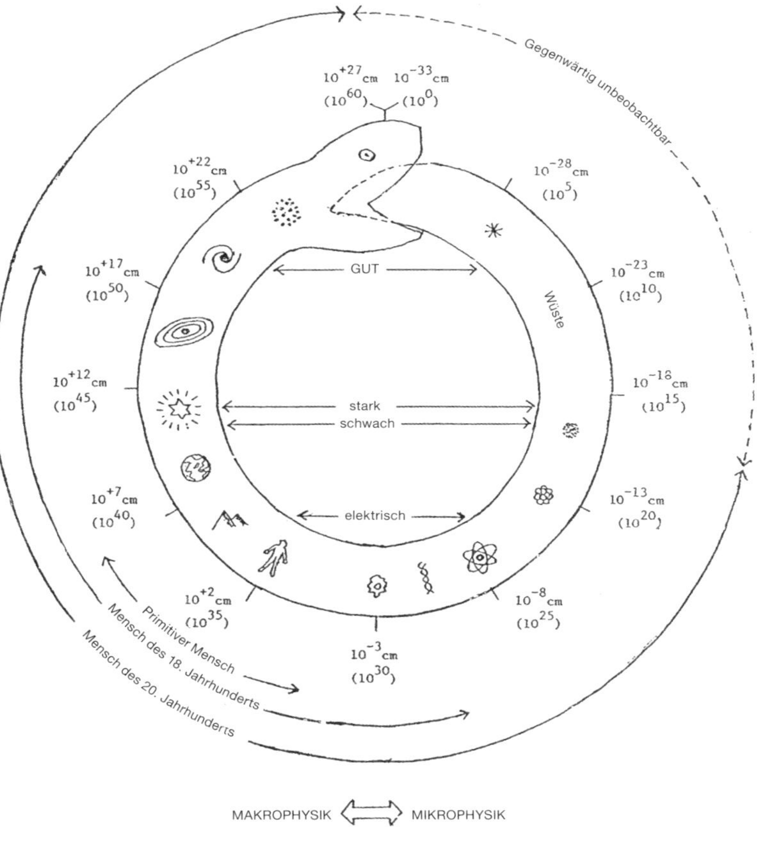

Abbildung 2. Der Uroboros

(links) und mikroskopischer Welt (rechts). Die Zeichnungen um die Schlange herum stellen die verschiedenen Strukturen dar, die es im Universum gibt. Am unteren Rand steht der Mensch. Links vom Menschen begegnen uns immer größere Objekte: ein Berg, ein Planet, ein Stern, ein Sonnensystem, eine Galaxie, ein Galaxienhaufen und schließlich das gesamte beobachtbare Universum. Rechts vom Menschen begegnen uns immer kleinere Objekte: eine Zelle, ein DNA-Molekül, ein Atom, ein Kern, ein Quark, die Energie-Größenordnung der GUT und schließlich die Planck-Länge (die Größenordnung, in der Quantengravitationseffekte wichtig werden).

Die Zahlen am Rand geben die Größe dieser Strukturen in Zentimetern an. Im Uhrzeigersinn vom Schwanz zum Kopf nimmt die Größenordnung kontinuierlich zu, sodass der Körper der Schlange eine Art Lineal ergibt. Die Schwanzspitze entspricht der Planck-Länge (10^{-33} cm) und der Kopf entspricht der Größe des beobachtbaren Universums (etwa 10^{27} cm). In Planck-Einheiten reichen die Größenordnungen (in Klammern) von 10^0 bis 10^{60}; der Uroboros ist damit wie eine Uhr, bei der jede Minute einem Faktor von 10 in der Größenordnung entspricht.

Ein weiterer Aspekt des Uroboros wird durch die horizontalen Linien aufgezeigt. Sie entsprechen den vier Wechselwirkungen oder Kräften (siehe oben) und veranschaulichen die subtile Verbindung zwischen mikrophysikalischer und makrophysikalischer Welt. So verbindet beispielsweise die Linie für die elektrische Kraft ein Atom mit einem Berg, denn die Struktur eines festen Objekts wird durch atomare und intermolekulare Kräfte bestimmt, die jeweils elektrischen Ursprungs sind. Die Linien für die starke und die schwache Kraft verbinden einen Atomkern mit einem Stern, denn die starke Kraft, die die Atomkerne zusammenhält, liefert auch die Energie, die bei den Kernreaktionen in einem Stern freigesetzt wird, und die schwache Kraft, die den Zerfall der Atomkerne bewirkt, verhindert, dass Sterne zu früh ausbrennen. Die »GUT«-Linie verbindet die Größenordnung der großen Vereinheitlichung mit Galaxien und Galaxienhaufen, denn die Dichteschwankungen, aus denen diese Objekte entstanden sind, haben ihren Ursprung in einer Zeit, als die Temperatur des Universums so hoch war, dass GUT-Wechselwirkungen von Bedeutung waren. Tatsächlich legt die Urknalltheorie nahe, dass alle Merkmale des Universums entstanden sind, als das heute beobachtbare Universum die Größe einer Grapefruit hatte!

Die Bedeutung des Zusammentreffens von Kopf und Schwanz besteht darin, dass das gesamte Universum einst auf einen Punkt unendlicher Dichte komprimiert war. Da sich das Licht mit endlicher Geschwindigkeit bewegt, gilt: Je weiter wir räumlich schauen, desto weiter blicken wir zeitlich zurück. Tatsächlich können wir nie weiter sehen als die Entfernung, die das Licht seit dem Urknall zurückgelegt hat, etwa 10^{10} Lichtjahre, sodass also leistungsfähigere Teleskope lediglich in frühere Zeiten vordringen. Inzwischen hat die Kosmologie ein ziemlich vollständiges Bild von der Geschichte des Universums: Die Galaxienbildung fand eine Milliarde Jahre nach dem Urknall statt, die Hintergrundstrahlung interagierte zuletzt bei einer Million Jahren mit Materie, die Energie des Universums war vor einem Alter von etwa 10 000 Jahren vom Strahlungsgehalt dominiert, leichte Elemente wurden bei etwa drei Minuten durch kosmologische Nukleosynthese erzeugt, Antimaterie entstand bei etwa einer Mikrosekunde (davor gab es nur einen winzigen Überschuss an Materie gegenüber Antimaterie), die elektroschwache Vereinheitlichung fand bei einer Milliardstel Sekunde statt (der früheste Zeitpunkt, der mit Beschleunigern experimentell untersucht werden kann), die große Vereinheitlichung und die »Inflation« (eine Phase extrem rascher Ausdehnung) traten bei 10^{-35}s auf, und die Ära der Quantengravitation lag bei 10^{-43}s.

Argumente für die Bedeutungslosigkeit des Geistes

An diesem Punkt der Erzählung arbeiten die verschiedenen Wissenschaftszweige anscheinend unisono an einer Herabsetzung des menschlichen Status. Der Himmel wurde von Bewusstsein entleert, und je mehr wir das Universum verstehen, von den riesigen Weiten des Kosmos bis hin zur winzigen Welt der Teilchenphysik, desto seelenloser und lebloser wird es offenbar. Die religiöse Auffassung, dass wir eine besondere Bedeutung haben, ist erschüttert. Wie Steven Weinberg sagt: »Je begreiflicher uns das Universum scheint, desto sinnloser scheint es auch.« Fassen wir die Gründe für diese düstere Stimmung zusammen.

Der Mensch ist unbedeutend

Der stetige Fortschritt vom geozentrischen über das heliozentrische und galaktozentrische zum modernen kosmischen Weltbild zeigt, dass der Mensch – gemessen an diesen Größenordnungen – unglaublich unbedeutend ist. Neuere Entwicklungen deuten sogar darauf hin, dass unser gesamtes Universum möglicherweise nur ein Teil eines Ensembles von Universen ist – des sogenannten »Multiversums«. Ebenso unbedeutend ist der Mensch gemessen an der Dauer: Die Lebensspanne eines einzelnen Menschen – und sogar einer ganzen Zivilisation – ist im Vergleich zur Zeitskala, nach der der Kosmos funktioniert, verschwindend gering. Würde die Geschichte des Universums auf ein Jahr komprimiert, lebte der *Homo sapiens* erst seit wenigen Minuten. Unklar ist auch, wie lange es den Menschen in Zukunft noch geben wird, denn wir sind Gefahren von außen (Asteroiden, marodierende Schwarze Löcher, explodierende Sterne) und von innen (ein verheerender neuer Virus) ausgesetzt. Die Sinnlosigkeit des Daseins wird heute dadurch noch verschärft, dass der Mensch sich selbst und die meisten anderen Lebensformen auf dem Planeten durch einen nuklearen Holocaust oder eine andere Umweltkatastrophe auslöschen könnte. Alles im Universum zerfällt, und die Anwesenheit des Menschen scheint diesen Prozess nur noch zu beschleunigen!

Leben ist das Resultat von Veränderungsprozessen

Wir haben uns hier zwar auf die physikalischen Wissenschaften konzentriert, aber die Fortschritte in der Biologie waren nicht minder demütigend. Darwins Evolutionstheorie hat gezeigt, dass der *Homo sapiens* bei Weitem keine einzigartige Schöpfung ist, die im Garten Eden nach Gottes Ebenbild erschaffen wurde, sondern nur die letzte Entwicklungsstufe in einer langen Reihe biologischer Mutationen. Eine Zeit lang konnte man noch davon ausgehen, dass Gott die Evolution lenkt oder sie zumindest in Gang gesetzt hat. Doch mit der Entdeckung der DNA in den 1950er Jahren, des komplexen Moleküls, das die genetische Information enthält, auf der die Vererbung beruht, wurde klar, dass nicht ein göttliches Wesen im Äußeren, sondern ein winziger Molekülstrang im Inneren die Evolution steuert.

Das Universum – und mit ihm der Geist – ist nur eine Maschine
Seit der Aufklärung lautet die vorherrschende wissenschaftliche Auffassung, dass das Universum – und alles darin – nur eine Maschine ist. Tatsächlich basiert jede technologische Innovation auf dieser Annahme. Die jüngsten Fortschritte bei Hirnforschung und künstlicher Intelligenz lassen vermuten, dass sogar der Geist eine Maschine ist. Wir scheinen zwar einen freien Willen zu haben, aber das könnte nur eine Illusion sein, denn Bewusstsein ist lediglich die Ausscheidung eines Gehirns, das selbst eine Maschine ist. Wir können uns bereits Maschinen vorstellen, die schneller denken, sich genauer erinnern und intelligenter entscheiden als der menschliche Verstand. Durch die mechanistische Sichtweise ist offenbar auch die Notwendigkeit eines göttlichen Elements in der Welt entfallen, sodass Richard Dawkins Schöpfungsgläubige nun als »wissenschaftliche Analphabeten« abtun kann.

Der Urknall hebt die Notwendigkeit eines göttlichen Schöpfers auf
Die Urknalltheorie an sich schließt Gott nicht aus, schließlich kann man immer noch fragen, wer die Lunte gezündet hat. Tatsächlich betrachtete Papst Pius XII. den Umstand, dass das Universum einen endlichen Anfang hat, als Beleg für das Bild der Genesis. Dies impliziert die Vorstellung, dass die physikalische Beschreibung der Schöpfung unvollständig ist, da sie zu einem hinreichend frühen Zeitpunkt zusammenbrechen muss. Mit der Zeit hat die Physik jedoch anscheinend eine immer vollständigere Beschreibung geliefert. Man könnte sich zum Beispiel folgenden Dialog vorstellen:

> Wie ist das Universum entstanden? Das Universum begann als ein Zustand komprimierter Materie. Aber woher kam die Materie? Die Materie entstand aus Strahlung infolge von GUT-Prozessen, die stattfanden, als das Universum die Größe einer Grapefruit hatte. Aber woher kam die Strahlung? Die Strahlung wurde infolge eines Vakuumphasenübergangs

> aus dem leeren Raum erzeugt. Aber woher kam der Raum? Der Raum erschien aus dem Nichts infolge der Effekte der Quantengravitation. Aber woher kommen die Gesetze der Quantengravitation? Die Gesetze der Quantengravitation sind wahrscheinlich lediglich logische Notwendigkeiten.

Hinter jedem Schritt in diesem Dialog stecken viele Jahre mühsamer theoretischer Arbeit, aber das Fazit der Diskussion ist klar. Eine erste Ursache ist nicht nötig, weil das Universum seine Erklärung in sich enthält. Das ist zum Beispiel die Ansicht, die Stephen Hawking in seinem Buch *Das Universum in der Nussschale* vertritt. Selbst wenn es Gott gibt, ist nicht klar, ob er das Universum anders hätte erschaffen können. Er ist so überflüssig, dass die Wissenschaft mittlerweile über die Erschaffung von Universen im Labor spekuliert!

TEIL ZWEI: DIE RENAISSANCE DES GEISTES

Obwohl der wissenschaftliche Fortschritt die Bedeutung des Geistes scheinbar systematisch verringert hat, ist in den letzten Jahrzehnten eine merkwürdige Umkehrung dieser Tendenz zu beobachten. Diese Trendwende geht von der Wissenschaft selbst aus und ist auf mehrere Faktoren zurückzuführen: einen Hinweis auf Intelligenz und Schönheit in den Naturgesetzen; die zunehmende Glaubwürdigkeit anthropischer Argumente; die Erkenntnis, dass die Gegenwart von Geist der natürliche Kulminationspunkt eines Organisationsprinzips im Universum ist; und die Einsicht, dass das von der Wissenschaft gelieferte Bild der Wirklichkeit selbst bloß ein mentales Modell ist. Diese Entwicklungen sollen nun näher beschrieben werden.

Die andere Seite des Uroboros

Obwohl er den Triumph der Physik – der den Menschen anscheinend so sehr degradiert – auf den Punkt bringt, deuten verschiedene andere Merkmale des Uroborus eigentlich auf das Gegenteil hin.

So fällt zum Beispiel auf, dass der Mensch einen besonderen Symmetriepunkt am unteren Ende einnimmt, in der Mitte zwischen den größten makrophysikalischen und den kleinsten mikrophysikalischen Größenordnungen. Dies spiegelt die Tatsache wider, dass unsere Größe ungefähr das geometrische Mittel aus der Planck-Länge und der Größe des beobachtbaren Universums bildet. Wie Protagoras schon sagte: »Der Mensch ist das Maß aller Dinge«.

Der Uroborus kann auch historisch als Symbol für die Evolution des Bewusstseins gedeutet werden; denn die äußeren Bögen zeigen, wie der Mensch durch wissenschaftliche Erforschung die äußersten und innersten Grenzen seiner Wahrnehmung systematisch erweitert hat. Der primitive Mensch war sich nur der weltlichen Größenordnungen zwischen 10^{-1} cm und 10^{7} cm bewusst. Die Erfindung der ersten Mikroskope und Teleskope hat diesen Bereich dann auf etwa 10^{-5} cm bis 10^{17} cm erweitert. Heute hat die Entwicklung von Teilchenbeschleunigern und Weltraumteleskopen die Wahrnehmungsreichweite auf 10^{-15} cm bis 10^{27} cm gesteigert. Bemerkenswert ist im Hinblick auf die Größenordnungen tatsächlich, dass die Wissenschaft die makroskopische Grenze bereits so weit wie möglich ausgedehnt hat, auch wenn wir in mikroskopischer Hinsicht die elektroschwache Größenordnung vielleicht nie wesentlich unterschreiten werden.

Die Einheitlichkeit der Schöpfung und die enge Verbindung zwischen dem Makroskopischen und dem Mikroskopischen, wie sie im Uroborus zum Ausdruck kommt, hat zudem manche Wissenschaftler veranlasst, darin Belege für eine große Intelligenz zu sehen, die im Universum am Werk ist. So meinte etwa James Jeans: »Das Universum ähnelt eher einem großen Gedanken als einer großen Maschine«. Dieser Eindruck rührt von dem durchdachten Aufbau des Universums her. Zumindest scheint die Kohärenz der es regulierenden Gesetze auf die Existenz eines zugrunde liegenden Organisationsprinzips hinzudeuten. Dies erstreckt sich auch auf die Frage, warum das Universum überhaupt begreifbar ist. Es erscheint bemerkenswert, dass wir nach nur wenigen Jahrtausenden bereits an der Schwelle zu einer Theorie von allem, einer Weltformel, stehen. Wie Roger Penrose betont, gibt es offenbar einen geschlossenen Kreislauf: Die Gesetze der Physik führen zu Komplexität, die

Komplexität gipfelt im Geist, der Geist führt zur Mathematik, und die Mathematik ermöglicht ein Verständnis der Physik.

Dem Universum wohnt überdies eine gewisse Schönheit inne. Die Natur dieser Schönheit ist schwer zu definieren, aber sie beinhaltet mathematische Eleganz, Einfachheit und Unvermeidlichkeit (wie gute Musik verträgt sie nicht einmal leichte Veränderungen, ohne dass dabei das Ganze zerstört würde). Insbesondere sind offenbar alle Naturgesetze eine Konsequenz aus einfachen Symmetrieprinzipien. So führte etwa die Symmetrisierung von Elektrizität und Magnetismus zu den Maxwellschen Gleichungen, die Symmetrisierung von Raum und Zeit zur Speziellen Relativitätstheorie, und die Berufung auf die Symmetrie der Eichtheorie führte zur Vereinheitlichung der Kräfte der Natur. Solche Symmetrien erschließen sich nur intellektuell, aber sie sind höchst elegant und können für Physiker sehr bewegend sein. Die Bedeutung der Schönheit würdigte Paul Dirac, der behauptete: »Schönheit in Gleichungen ist wichtiger als Übereinstimmung mit Experimenten«, und John Wheeler, der sagte: »Eines Tages wird bestimmt eine Tür aufgehen und den glänzenden zentralen Mechanismus der Welt in seiner ganzen Schönheit und Schlichtheit offenlegen.« Da Intelligenz, Begreifbarkeit und Schönheit Attribute des Geistes sind, lässt dies darauf schließen, dass der Geist kein rein zufälliges Element der Welt ist.

Das anthropische Prinzip

Wir haben gesehen, dass der Fortschritt der Wissenschaft rasch zum Sturz der anthropozentrischen und zum Aufstieg der mechanistischen Sicht geführt hat. In den letzten 40 Jahren hat sich jedoch eine Reaktion auf diesen Mechanismus entwickelt, die als »anthropische« Sicht bezeichnet wird. Sie behauptet, dass das Universum in gewisser Hinsicht so sein muss, wie es ist, weil es sonst kein Leben hervorbringen könnte und wir nicht hier wären, um darüber zu spekulieren. Zwar ist der Begriff »anthropisch« vom griechischen Wort für »Mensch« abgeleitet, doch man sollte betonen, dass dies eigentlich eine falsche Bezeichnung ist, da sich die meisten Argumente auf das Leben im Allgemeinen und nicht auf den Menschen im Besonderen beziehen. Eine bessere Bezeichnung wäre wohl »Komplexitätsprinzip«.

Ein einfaches Beispiel für ein anthropisches Argument ist die Frage: Warum ist das Universum so groß wie es ist? Die mechanistische Antwort lautet, die Größe des beobachtbaren Universums entspricht zu jedem gegebenen Zeitpunkt der Entfernung, die das Licht seit dem Urknall zurückgelegt hat. Da das Universum heute etwa 10^{10} Jahre alt ist, beträgt seine gegenwärtige Größe etwa 10^{10} Lichtjahre. Dieser einfachen Antwort wohnt die Überzeugung inne, dass es keinen zwingenden Grund gibt, warum das Universum so groß ist wie es ist; es ist eben einfach 10^{10} Jahre alt. Es gibt jedoch noch eine andere Antwort auf diese Frage. Robert Dicke hat sie 1961 erstmals gegeben. Seine Argumentation ist folgende: Damit Leben existieren kann, muss es Kohlenstoff oder zumindest eine Form von Chemie geben. Nun wird Kohlenstoff durch Kochvorgänge im Inneren von Sternen erzeugt, und dieser Prozess dauert etwa 10^{10} Jahre. Erst danach kann der Stern als Supernova explodieren und die frisch gebackenen Elemente im Weltraum verteilen, wo sie schließlich Bestandteil Leben entwickelnder Planeten werden können. Andererseits kann das Universum nicht viel älter als 10^{10} Jahre sein, sonst wäre das gesamte Material zu toten Überresten von Sternen verarbeitet worden. Da alle Lebensformen, die wir uns vorstellen können, die Existenz von Sternen voraussetzen, bedeutet dies, dass Leben nur existieren kann, wenn das Universum etwa 10^{10} Jahre alt ist.

Diese verblüffende Schlussfolgerung stellt die mechanistische Antwort auf den Kopf. Gerade die enorme Größe des Universums, die auf den ersten Blick auf die Bedeutungslosigkeit des Menschen hinzudeuten scheint, ist in Wirklichkeit eine Voraussetzung für dessen Existenz. Das heißt nicht, dass das Universum selbst nicht auch in einer anderen Größe existieren könnte, sondern nur, dass wir es nicht wahrnehmen könnten, wenn es eine andere Größe hätte. Natürlich könnte es bloß Zufall sein, dass das Alter des Universums in etwa der Zeit entspricht, die für die Entstehung intelligenten Lebens erforderlich ist. Dieses Argument gibt jedoch zumindest einen Vorgeschmack auf die mit dem Anthropischen Prinzip verbundenen Gedankengänge. Tatsächlich beruhen die Beweise für das Anthropische Prinzip fast ausschließlich auf der großen Anzahl numerischer »Koinzidenzen« in der Physik, die anscheinend Voraussetzung für die Entstehung von Leben sind und andernfalls als rein zufällig betrachtet werden müssten.

Dickes Argument ist ein Beispiel für das sogenannte »Schwache Anthropische Prinzip«. Dieses akzeptiert die Naturkonstanten als gegeben und zeigt dann, dass unsere Existenz einen Selektionseffekt auf die Epoche hat, in der wir das Universum beobachten. Als solches ist es lediglich eine logische Notwendigkeit: Die Aussage, dass wir zu einer bestimmten Zeit existieren müssen, ist nicht überraschender als die Aussage, dass wir an einem bestimmten Ort leben müssen (zum Beispiel in der Nähe eines Sterns). Sehr viel umstrittener ist das »Starke Anthropische Prinzip«, das besagt, dass es Verbindungen zwischen den Kopplungskonstanten (den dimensionslosen Größen, die die Stärke der vier Wechselwirkungen charakterisieren) gibt, damit Leben entstehen kann. So erfordert beispielsweise die Existenz von Sternen mit Planeten eine Abstimmung zwischen der elektrischen und der gravitativen Kopplungskonstante. Schwere Elemente wie Kohlenstoff können von Sternen nur deshalb bei einer Supernova-Explosion ausgestoßen werden, weil es eine Abstimmung zwischen der schwachen und der gravitativen Kopplungskonstante gibt; und eine interessante Vielfalt chemischer Elemente gibt es nur deshalb, weil es eine Abstimmung zwischen der elektrischen und der starken Kopplungskonstante gibt. Diese Beziehungen entsprechen den vertikalen Verbindungen im Uroboros-Diagramm. Für die anthropischen Koinzidenzen sind verschiedene Deutungen vorgeschlagen worden. Sie sind in Abbildung 3 dargestellt. Die erste Möglichkeit ist, dass sie die Existenz eines »segensreichen Wesens« widerspiegeln, das das Universum für uns maßgeschneidert hat (Abbildung 3a). Eine solche Interpretation ist logisch möglich und mundet offensichtlich der Theologie, ist für die Physik aber zumeist ungenießbar.

Eine andere, von John Wheeler vorgeschlagene Möglichkeit besagt, dass das Universum erst dann richtig existiert, wenn Bewusstsein entstanden ist. Sie basiert auf der Vorstellung, dass das Universum durch eine quantenmechanische Wellenfunktion beschrieben wird und dass für den Zusammenbruch dieser Wellenfunktion Bewusstsein erforderlich ist. Sobald das Universum Bewusstsein entwickelt hat, könnte man sich vorstellen, dass es an seinen Ursprung

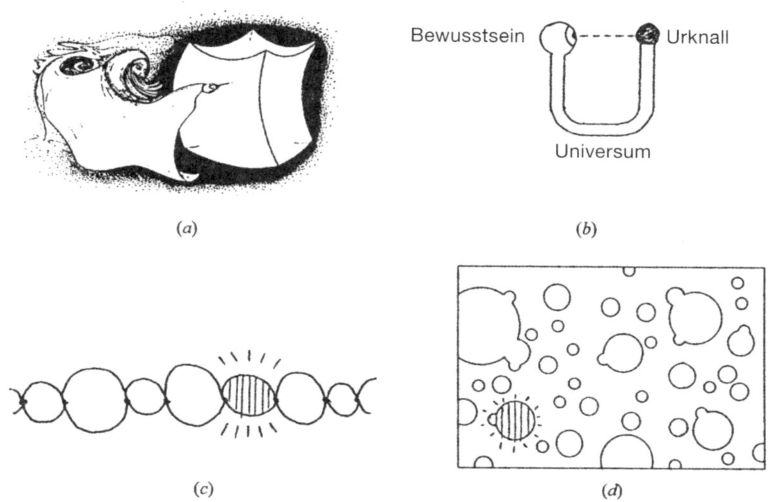

Abbildung 3. Interpretationen des Anthropischen Prinzips

im Urknall zurückdenkt und so einen geschlossenen Schaltkreis bildet, aus dem die Welt hervorgeht (Abbildung 3b). Selbst wenn Bewusstsein tatsächlich zum Zusammenbruch der Wellenfunktion führt (was keineswegs sicher ist), ist diese Erklärung doch einigermaßen metaphysisch.

Die dritte Möglichkeit besteht darin, dass es nicht nur ein Universum gibt, sondern viele Universen mit jeweils anderen, willkürlich verteilten Kopplungskonstanten. In diesem »Multiversum« befinden wir uns zufällig in einem der ganz wenigen Universen, die die anthropischen Bedingungen erfüllen. Bei dieser Interpretation wird die Tatsache, dass die Konstanten die für das Leben erforderlichen Werte haben, schlicht zu einem Aspekt des Schwachen Anthropischen Prinzips; denn bewusste Beobachtende müssen sich dann nicht nur an einem besonderen Punkt in Zeit und Raum befinden, sondern auch in einem besonderen Universum. Viele zusätzliche Universen heraufzubeschwören, mag unökonomisch erscheinen, aber es gibt verschiedene physikalische Kontexte, in denen sich diese Möglichkeit ganz natürlich ergibt.

Ein solcher Kontext ist gegeben, wenn das Universum genügend Materie enthält, um schließlich wieder zu kollabieren (was möglich, aber ungewiss ist). In diesem Fall könnte man sich vorstellen, dass das Universum Zyklen von Ausdehnung und Zusammenbruch durchläuft, wobei die Kopplungskonstanten in jeder Runde neu bestimmt werden (Abbildung 3c). In den meisten Zyklen würden die Konstanten die Entstehung von Leben nicht erlauben, aber hin und wieder würden die entsprechenden Werte auftreten und das Universum würde sich seiner selbst bewusst werden. So unwahrscheinlich es auch ist, dass die Konstanten die erforderlichen Werte aufweisen, bei einer unendlichen Anzahl von Zyklen ist es unvermeidlich, dass dies gelegentlich eintritt.

Ein weiteres »Multiversums-Szenario« ergibt sich im Zusammenhang mit dem Bild von der Inflation. Es besagt, dass in einer sehr frühen Zeit Quantenfluktuationen dazu führen, dass winzige Regionen eine exponentielle Expansionsphase durchlaufen. Jede Region wird zu einer »Blase«, und eine dieser Blasen enthält dann unser gesamtes sichtbares Universum. Wie Andrei Linde betont, könnte es prinzipiell in jeder Blase unterschiedliche Werte für die Kopplungskonstanten geben (Abbildung 3d). In diesem Fall würde nur ein kleiner Teil Bewusstsein entwickeln, aber unser Universum würde zwangsläufig zu diesem Bruchteil gehören.

Sowohl das zyklische als auch das inflationäre Modell gehen von einer großen – möglicherweise unendlichen – Anzahl von Universen aus. Der einzige Unterschied besteht darin, dass das erste Modell von einer Unendlichkeit in der Zeit ausgeht, das zweite hingegen von einer Unendlichkeit im Raum. Es muss betont werden, dass alle diese Erklärungen hoch spekulativ sind, das Entscheidende aber ist, dass der Vorschlag eines »Multiversums« zumindest eine gewisse Grundlage für das Anthropische Prinzip bietet. Zugegebenermaßen sind beide Bilder wahrscheinlich nicht überprüfbar, und in diesem Sinne wohl immer noch als metaphysisch zu betrachten. Auch schließt die Erklärung vom »Multiversum« Gott nicht unbedingt aus, denn er könnte vermutlich ebenso leicht viele Universen erschaffen wie eines!

Die vielleicht am wenigsten radikale Erklärung für die anthropischen Koinzidenzen lautet, dass sie sich als Konsequenz einer vereinheitlichten Theorie der Teilchenphysik erweisen könnten. Schließlich zielen solche Theorien darauf ab, die verschiedenen Kopplungskonstanten miteinander in Beziehung zu setzen. Es ist also nicht undenkbar, dass sie die oben beschriebenen Zusammenhänge zwischen den Kopplungskonstanten vorhersagen würden. Doch soweit wir wissen, werden die oben besprochenen Beziehungen von keiner vereinheitlichten Theorie vorhergesagt. Und selbst wenn, wäre es doch bemerkenswert, wenn die Theorie exakt die Koinzidenzen liefern sollte, die für das Leben erforderlich sind.

Es sollte betont werden, dass nicht alle in der Physik das Anthropische Prinzip akzeptieren. Tatsächlich ist die Physik in dieser Frage sehr gespalten, weshalb wir mit einigen Zitaten enden wollen. Eines stammt vom Befürworter Freeman Dyson:

> Ich fühle mich in diesem Universum nicht fremd. Je mehr ich das Universum und die Details seiner Architektur untersuche, desto mehr Belege finde ich, dass das Universum in gewisser Weise gewusst haben muss, dass wir kommen.

Dem könnte man die Sicht von Heinz Pagels entgegenstellen:

> Der Einfluss des anthropischen Prinzips auf die Entwicklung der heutigen kosmologischen Modelle war unfruchtbar. Es hat nichts erklärt und es hatte sogar negativen Einfluss. Ich würde dafür optieren, das anthropische Prinzip als unnötigen Ballast im konzeptuellen Repertoire der Wissenschaft zu verwerfen.

Eine mittlere Haltung nimmt Brandon Carter ein, der den Begriff »anthropisches Prinzip« geprägt hat, und das ist vielleicht ein vernünftiger Kompromiss:

> Das anthropische Prinzip ist ein Mittelweg zwischen dem primitiven Anthropozentrismus des vorkopernikanischen Zeitalters und der ebenso wenig zu rechtfertigenden Antithese, dass kein Ort oder keine Zeit im Universum in irgendeiner Weise privilegiert sein kann.

Die Komplexitäts-Pyramide

Wir haben gesehen, dass der zweite Hauptsatz der Thermodynamik im 19. Jahrhundert zu der pessimistischen Vorstellung vom »Wärmetod« geführt hat, wonach alle Ordnungsformen – einschließlich des Lebens – sich unweigerlich auflösen. Nach der Urknalltheorie zeigt die Geschichte des Universums jedoch einen zunehmenden statt abnehmenden Organisationsgrad, und die moderne Physik kann dies erklären – ganz ohne Rückgriff auf göttliches Eingreifen und ohne Verstoß gegen den zweiten Hauptsatz der Thermodynamik. Der Wärmetod wird vermieden, weil auf Kosten einer globalen Zunahme der Entropie (in der Regel in Form von Strahlung) lokale Bereiche der Ordnung erkauft werden können, und intelligente Wesen, wenn das Universum ewig weiter expandiert, ihren Zerfall möglicherweise auf unbestimmte Zeit hinauszuzögern vermögen.

Einige der im Universum vorhandenen Organisationstypen sind in Abbildung 4 zusammengefasst, die Hubert Reeves' *Pyramid of Complexity* entlehnt ist. Sie zeigt die verschiedenen Strukturebenen von Quarks über Nukleonen, Atome, einfache Moleküle und Biomoleküle bis hin zu Zellen und schließlich zu lebenden Organismen. Diese Hierarchie der Strukturen spiegelt auf den unteren Ebenen die Existenz der starken Kraft und auf den höheren Ebenen die der elektrischen Kraft wider. Je höher man in der Pyramide steigt, desto komplexer werden die Strukturen – sodass die Anzahl der verschiedenen Muster zunimmt – aber sie werden auch zerbrechlicher. Beachten Sie, dass die Pyramide nach oben hin schmaler wird. Dies spiegelt die Tatsache wider, dass kleinere Anteile der Materie in Objekte mit höherem Organisationsgrad eingebaut werden.

Um zu verstehen, *wann* diese Strukturen entstehen, muss man die Urknalltheorie heranziehen. Denn die Komplexitätspyramide entsteht erst, wenn sich das Universum ausdehnt und abkühlt. Davor besteht das Universum hauptsächlich in Form von Quarks. Neutronen und Protonen entstehen bei einem Alter von einigen Mikrosekunden, Lichtkerne bei einigen Minuten, Atome bei einer Million Jahren und – nach der Entstehung von Sternen und Planeten – Moleküle und Zellen bei zehn Milliarden Jahren. Die Urknalltheorie

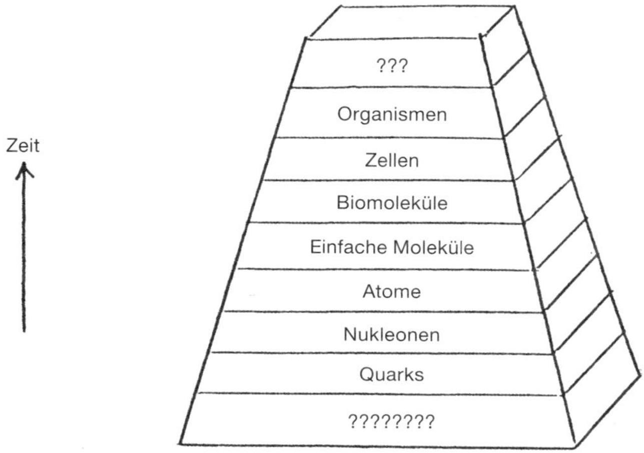

Abbildung 4. Komplexitätspyramide

erklärt auch, *warum* die Pyramide entstanden ist. Der entscheidende Punkt ist, dass Strukturen entstehen, weil Prozesse in einem expandierenden Universum nicht schnell genug ablaufen können, um ein Gleichgewicht aufrechtzuerhalten. Gäbe es ein Gleichgewicht, ginge alle Vielfalt verloren: Die starke Kraft würde alle Kerne in Eisen verwandeln, die elektrische Kraft alle Atome in träge Gase und die Schwerkraft alle Materie in schwarze Löcher. Dieses Ungleichgewicht ist nur aufgrund der bereits erwähnten anthropischen Feinabstimmung der Kopplungskonstanten möglich. Wir befinden uns also auf halbem Weg zwischen der Uniformität der Vergangenheit und der der Zukunft (wenn alle Materie durch Quanteneffekte zerfallen sein wird).

Es besteht ein wichtiger Unterschied zwischen den Strukturen an der Spitze und an der Basis der Pyramide. Die Strukturen am unteren Ende sind stabil und benötigen zu ihrer Zerstörung große Mengen Energie, wohingegen die Strukturen an der Spitze durch ständigen Energieaustausch mit der Außenwelt aufrechterhalten werden müssen. Genauer gesagt müssen sie der Welt Informationen entziehen, und der zweite Hauptsatz der Thermodynamik besagt, dass dieser Prozess zwangsläufig mit der Freisetzung von Entropie (also Abwärme) einhergeht. Ein Informationsspeicher entsteht immer dann, wenn es eine Entropiequelle gibt, die nicht durch frühere Prozesse freigesetzt worden ist. Kerninformationen sind zum Beispiel auch in anderen Kernen enthalten, nicht nur in Eisen, und können durch Kernverbrennung in der Sonne, der ultimativen Quelle und Erhalterin aller Lebensformen auf der Erde, extrahiert werden. In ähnlicher Weise können sich lebende Organismen von Pflanzen ernähren, und Menschen können fossile Brennstoffe nutzen, weil diese komplexe Moleküle mit verbrauchbaren elektromagnetischen Informationen enthalten.

Ein wichtiges Element auf der obersten Ebene der Pyramide ist *Konkurrenzfähigkeit*. Sie ist ein entscheidender Faktor in der Evolution; denn wenn eine Population wächst, führt die Konkurrenz um Nahrung zu räuberischem Verhalten und immer ausgefeilteren Überlebensstrategien. Die Vermehrung von Lebensformen durch Mutation spielt in diesem Prozess eine entscheidende Rolle, und Sex – mit seiner Fähigkeit, Genpools zu mischen – ist eine maßgebliche Quelle für Vielfalt. Auch sind unterschiedliche Arten von Wahrnehmung und Motorik erforderlich, und dies führt zur Entwicklung von Organismen mit einem zentralen Nervensystem. Aus dieser Perspektive sind Gehirne – sicherlich die komplexesten Strukturen auf der Erde – lediglich Datenintegrationssysteme, und der Hauptzweck von Intelligenz besteht in der Steigerung der Überlebenseffizienz.

Der Geist könnte als ultimativer Speicher und Abrufer von Informationen betrachtet werden, sodass seine Entwicklung als unvermeidlicher Höhepunkt des Aufstiegs auf der Komplexitätspyramide verstanden werden kann. (Selbst wenn man nicht die reduktionistische Ansicht vertritt, dass der Geist vom Gehirn erzeugt wird, ist dieser Aufstieg vermutlich notwendig, wenn der Geist in der physischen Welt funktionieren soll.) Bemerkenswert ist, dass – zumindest auf der Erde – die Entwicklung des Gehirns offenbar relativ bald nach dem Auftreten der ersten Anzeichen von Leben stattgefunden hat: Die Erde ist vor 4,5 Milliarden Jahren entstanden, Bakterien sind nach einer weiteren halben Milliarde Jahren aufgetaucht, selbstreplizierende Zellen zwei Milliarden Jahre später, wirbellose Tiere nach weiteren 1,5 Milliarden Jahren, Säugetiere etwa 300 Millionen Jahre danach und der *Homo sapiens* schließlich nach weiteren 200 Millionen Jahren (vor nur wenigen Millionen Jahren). Daher kann das Anthropische Prinzip – selbst wenn es in ein Komplexitätsprinzip umgedeutet wird – immer noch als Beleg für die Bedeutung des Geistes betrachtet werden.

Paradigmenwechsel und mentale Modelle

Die Wissenschaftsgeschichte zeigt, dass das vorherrschende Modell der physikalischen Wirklichkeit regelmäßig einem Paradigmenwechsel unterliegt. Das Paradigma bestimmt das Bild, das man von der Welt hat, die Fragen, die man über sie stellt und die Experimente, die man durchführt. Innerhalb eines bestimmten Paradigmas werden große wissenschaftliche Fortschritte erzielt, aber irgendwann treten Anomalien auf. Diese führen zu einer Krise, die schließlich die Bildung eines neuen Paradigmas zur Folge hat.

Das erste Paradigma war das klassische *Newtonsche Weltbild*, bei dem die physikalische Welt als dreidimensionales Kontinuum betrachtet wird, in dem sich feste Objekte gemäß den Newtonschen Gesetzen der Dynamik bewegen. Die Zeit ist absolut, in dem Sinne, dass sie für alle gleich schnell vergeht, und es gibt auch einen absoluten Raum, der mit Inertialsystemen (ohne Beschleunigung) verbunden ist. Objekte ziehen sich gegenseitig durch die Schwerkraft an, auch wenn das Paradigma nicht erklärt, *warum* es diese Kraft gibt.

Das nächste Paradigma, die *Atomtheorie*, ergab sich aus Entwicklungen in der statistischen Physik und der Thermodynamik. Diese zeigten, inwiefern die Wechselwirkungen von Milliarden Atomen völlig natürlich zu den beobachteten makroskopischen Gesetzen führen, und inwiefern der Aufbau der Atome ein Verständnis der Chemie ermöglicht. Das neue Paradigma umfasste auch die Gesetze der Elektrizität und des Magnetismus. Insbesondere zeigte es, dass Licht aus elektromagnetischen Wellen besteht, die sich durch einen »Äther« bewegen, der natürlich mit Newtons absolutem Raum gleichgesetzt wurde.

Mit dem Aufkommen des dritten Paradigmas, der *Speziellen Relativitätstheorie*, wurde die Idee eines Äthers verworfen und nachgewiesen, dass Raum und Zeit nicht absolut, sondern Teil eines Raum-Zeit-Kontinuums sind. Ein konsistentes Bild davon, wie verschiedene Beobachtende die Welt wahrnehmen, erfordert also, dass sie vierdimensional ist und nicht dreidimensional, wobei die vierte Dimension die Zeit ist.

Der nächste Wandel kam mit der *Allgemeinen Relativitätstheorie*, die zeigte, dass die Raumzeit in Gegenwart von Materie gekrümmt ist wie eine Oberfläche in einem höherdimensionalen Raum. Dies erklärt den Ursprung der Schwerkraft, liefert aber etwas andere Vorhersagen als die Newtonsche Theorie. Die Allgemeine Relativitätstheorie bildet auch die Grundlage der Kosmologie, deren Entdeckungen in Teil Eins besprochen wurden.

Parallel zu diesen Entwicklungen in der makroskopischen Physik vollzog sich der Paradigmenwechsel im Zusammenhang mit der *Quantentheorie*. Sie zeigte, dass sich mikroskopische Objekte gleichzeitig wie Wellen und wie Teilchen verhalten können. Messungen stören Objekte immer in gewisser Weise, und dies führt zur Unschärferelation. Insbesondere kann einem Teilchen nicht gleichzeitig eine Position und eine Geschwindigkeit zugeschrieben werden, was bedeutet, dass die Beschreibung der Weltlinie in der Relativitätstheorie nur eine Annäherung sein kann.

Das *Kaluza-Klein-Paradigma* entstand aus dem Versuch, elektromagnetische Wechselwirkungen geometrisch zu erklären, analog zur geometrischen Erklärung der Gravitation durch die Allgemeine Relativitätstheorie. Die *Kaluza-Klein-Theorie* geht davon aus, dass das Universum fünf-dimensional ist; die fünfte Dimension ist so *aufgerollt*, dass sie nicht direkt beobachtet werden kann, aber ihre Existenz erklärt feinsäuberlich die Gesetze des Elektromagnetismus.

Moderne Erweiterungen dieser Idee schlagen vor, dass die anderen Wechselwirkungen durch die Berufung auf weitere aufgerollte Dimensionen erklärt werden können. In der Supergravitationstheorie beträgt die Gesamtzahl der Dimensionen zum Beispiel elf, in der Superstringtheorie zehn. Man hat also einen vierdimensionalen äußeren Raum und einen sechs- oder siebendimensionalen inneren Raum. Es gibt verschiedene Versionen der Superstring-Theorie, aber die jüngste Entwicklung deutet darauf hin, dass alle Teil eines umfassenderen Bildes sind, das als M-Theorie bezeichnet wird (wobei M für »Mutter« oder »Magie« oder »Mysterium« steht).

Der letzte – und noch unvollständige – Paradigmenwechsel steht im Zusammenhang mit der *Quantengravitation*, dem Versuch, die Allgemeine Relativitätstheorie und die Quantentheorie zu vereinen. Diesem Paradigma zufolge schlüsselt sich der Begriff des Raums in Größenordnungen von weniger als 10^{-33} cm auf. Er darf nicht als glattes Kontinuum, sondern muss als eine Art topologischer Schaum betrachtet werden. Quantengravitationseffekte müssen immer dann dominieren, wenn die klassische Physik »Singularitäten« (also Punkte unendlicher Dichte) vorhersagt.

Diese kurze Geschichte der Paradigmenwechsel zeigt, dass die »ultimative Realität«, die die moderne Physik offenbart, sich stark von der Art der Wirklichkeit unterscheidet, die wir mit unseren üblichen Sinnen erfahren, welche nur ein sehr unvollständiges Bild der Realität liefern.

Tatsächlich kann man aufeinanderfolgende Paradigmen als eine Abfolge mentaler Modelle betrachten, die sich immer weiter von der Wirklichkeit des Alltagsdenkens entfernen. So hebt die Atomtheorie unsere alltägliche Vorstellung von Festigkeit auf, die Relativitätstheorie zerstört unsere intuitiven Vorstellungen von Raum und Zeit, die Quantentheorie zeigt, dass die Realität unscharf ist, die Vereinheitlichungstheorien enthüllen Dimensionen, zu denen wir keine direkte Erfahrung haben, und die Quantengravitation geht vollends über Raum und Zeit hinaus. Wie es scheint, lässt sich die ultimative Natur der Realität also nur intellektuell erfassen. Deshalb besitzt es eine gewisse Ironie, dass Viele in der Physik die Bedeutung des Geistes herunterspielen wollen!

Argumente für die Bedeutung des Geistes

Als Gegengewicht zu den am Ende von Teil Eins angeführten Punkten fassen wir nun folgende Argumente zusammen:

Der Mensch – oder zumindest Komplexität – ist zentral

Der Uroboros symbolisiert den Triumph der Physik, aber er zeigt auch, dass der Mensch eine zentrale Rolle in der Schöpfung spielt. Er steht nicht geografisch im Zentrum des Universums, aber in der Größenordnung der Dinge ist er zentral. Die Bedeutung des Menschen wird auch durch das Anthropische Prinzip unterstrichen. Natürlich gelten diese Argumente nicht ausschließlich für den *Homo sapiens*. Sie würden auch für jede andere Lebensform gelten, die sich im Universum entwickelt haben könnte. Tatsächlich entspricht der unterste Punkt des Uroboros 10^{-3} cm, sodass der prestigeträchtige Symmetriepunkt vielleicht eher Mikroben als dem Menschen zugewiesen werden sollte!

Das Leben ist mehr als ein Zufall

Leben ist ein wesentliches Merkmal der Komplexitätspyramide, und etliche Leute haben betont, dass im Kosmos offenbar ein »Lebensprinzip« am Werk ist. Die Astronomie weiß immer noch nicht, wie weit verbreitet Leben im Universum ist. Es scheint unwahrscheinlich, dass wir die einzige entwickelte Lebensform sind, aber Versuche, extraterrestrische Signale zu entdecken, waren bisher nicht von Erfolg gekrönt. Wie auch immer das Ergebnis dieser Suche ausfällt, der Status des Lebens ist entscheidend. Wenn sich herausstellt, dass der Mensch das einzige intelligente Leben im Universum ist, dann haben wir wieder unseren vorkopernikanischen Status. Wenn es viele Orte für Leben gibt, dann sind wir Teil eines sich entwickelnden galaktischen oder sogar kosmischen Ökosystems.

Geist ist für den Kosmos grundlegend

Der Uroboros steht auch für das Aufblühen des Bewusstseins. Die physische Evolution des Universums vom Urknall (oben) über die Komplexitätspyramide bis zum Menschen (unten) ist erst der Beginn einer Phase intellektueller Evolution, in der sich der Geist – durch wissenschaftlichen Fortschritt – auf beiden Seiten wieder nach oben arbeitet (vgl. Abbildung 3b). Tatsächlich entspricht dieses Aufblühen des Bewusstseins genau der oben beschriebenen Abfolge von Paradigmenwechseln. Dies knüpft auch an die Frage nach außerirdischem Leben an. Wenn intelligentes Leben im Universum weit verbreitet ist, dann erscheint es wahrscheinlich, dass der Geist eine hierarchische Struktur hat, wobei das individuelle Bewusstsein Teil des planetaren Bewusstseins ist, das wiederum Teil des galaktischen Bewusstseins ist und so weiter.

Einheitlichkeit und Schönheit des Universums deuten auf eine lenkende Intelligenz hin

Wir haben gesehen, dass die moderne Physik eine unerwartete Einheitlichkeit und Schönheit in der Natur offenbart hat, was auf eine zugrunde liegende Intelligenz hinzudeuten scheint. Es ist nur natürlich (wenn auch nicht zwingend), dies mit der Vorstellung von Gott zu verbinden. Für manche religiösen Menschen ist der Gedanke, dass man in der physischen Welt Beweise für das Göttliche finden kann, anscheinend ein Affront. Sie unterscheiden strikt zwischen Materie und Geist und betrachten Gott lieber als über das Physische hinausgehend. Es wird immer Lücken in unserem wissenschaftlichen Verständnis geben, so wird behauptet, und da kommt Gott ins Spiel. Allerdings erscheint es abwegig, Gott ausschließlich mit den Bereichen gleichzusetzen, über die wir nichts wissen, denn Er ist mit Sicherheit entweder überall oder nirgends. Wenn Er überall ist, dann sollte man erwarten, dass die Wissenschaft ihn eher offenbart als verbirgt. Das »Wunder« der Materie sollte nicht weniger erstaunlich sein als das Wunder des Geistes.

TEIL DREI: DIE EXPLIZITE EINBEZIEHUNG DES GEISTES IN DIE PHYSIK

Bisher war unser Schwerpunkt historisch und basierte hauptsächlich auf den – wenn auch kontroversen – Standardvorstellungen früherer und heutiger Wissenschaft. Dieser letzte Abschnitt wirft nun einen Blick in die Zukunft und erörtert, ob es eine Erweiterung der Physik geben könnte, die den Geist ausdrücklich einbezieht. Das bedeutet, dass unsere Überlegungen sehr viel spekulativer sein werden. Außerdem werden wir uns auf Erkenntnisse aus der parapsychologischen Forschung beziehen, einem Gebiet, das Viele in der Wissenschaft eher rundheraus ablehnen.

Physik und Bewusstsein

Ein Merkmal des Universums, das in der Vereinheitlichungstabelle in Abbildung 1 auffallend fehlt, ist Bewusstsein. Der Physik war lange unwohl bei dem Versuch, es in ihre Beschreibung der Welt einzubeziehen, denn Bewusstsein ist von Natur aus privat (Erste Person), während sich die Physik mit Dingen beschäftigt, die öffentlich sind (Dritte Person). Die meisten Physikerinnen und Physiker gehen daher davon aus, dass sie sich bei ihren Untersuchungen auf die objektive Welt konzentrieren und das subjektive Element so weit wie möglich ausklammern sollten. Andererseits könnte man den Anspruch der Physik, kurz vor einer »Theorie von allem«, einer »Weltformel«, zu stehen, durchaus skeptisch betrachten, wenn ein so auffälliger Aspekt der Welt vernachlässigt wird.

Sicherlich kann die Physik in ihrer klassischen Form Bewusstsein nicht einbeziehen. William James hat dies bereits vor über hundert Jahren erkannt und die Unvereinbarkeit zwischen den lokalisierten Merkmalen des Mechanismus und der Einheitlichkeit der bewussten Erfahrung betont. Tatsächlich haben einige Wissenschaftlerinnen und Wissenschaftler – sogar aus der Psychologie – versucht, jeglichen Bezug zu Bewusstsein ganz abzuschaffen. So sagte etwa der Behaviorist John Watson:

> Der Zeitpunkt scheint gekommen, an dem die Psychologie jede Bezugnahme auf Bewusstsein aufgeben muss; an dem sie sich nicht länger vorzumachen braucht, dass sie mentale Zustände zum Gegenstand der Beobachtung macht.

Zwar sind die Versuche der Behavioristen, den Mechanismus auf den Geist auszudehnen, in der Psychologie inzwischen unpopulär, doch in der Physik besteht häufig noch immer eine mechanistische Sichtweise, was wahrscheinlich zu ihrem Unbehagen gegenüber dem Bewusstsein beiträgt. Daniel Dennett wird sogar noch deutlicher:

> Bewusstsein ist offenbar die letzte Bastion okkulter Eigenschaften, Epiphänomene und unmessbarer subjektiver Zustände – kurz gesagt, der Bereich des Geistes, den man am besten der Philosophie überlässt, die dort willkommen ist. Soll sie sich doch zum Narren machen, wenn sie versucht, das Quecksilber der Phänomenologie in eine respektable Theorie zu verwandeln.

Anderen in der Wissenschaft ist jedoch bei Versuchen, ein Weltbild zu formulieren, das nicht Bezug auf den Geist nimmt (das heißt, das im Grunde die Hälfte unserer Erfahrung vernachlässigt) ebenso unwohl. So erklärt der Linguist Noam Chomsky: »Die Physik muss sich erweitern, um mentale Erfahrungen zu erklären«, und Roger Penrose prophezeit: »Bevor wir Geist verstehen können, brauchen wir eine Revolution in der Physik von der Größenordnung der Quantentheorie und der Relativitätstheorie.«

Natürlich ist das klassische Bild der Physik inzwischen durch ein ganzheitlicheres ersetzt worden, und es gibt Hinweise darauf, dass die neue Physik Bewusstsein einschließen kann. Insbesondere die Quantentheorie zeigt, dass sich Materie an ihrer Grundlage keineswegs wie eine Maschine verhält. Zumindest auf mikroskopischer Ebene führt sie eine neue Ebene der Zufälligkeit und Akausalität in die Welt ein. Zudem bezieht sie die Beobachtenden in entscheidende Weise in die Physik ein, sodass John Wheeler erklären kann: »Geist und Universum sind komplementär.«

Einige haben sogar vorgeschlagen, Bewusstsein könne am Zusammenbruch der Wellenfunktion beteiligt sein. So gelangte Louis de Broglie bei seinen Forschungen zu Quantenphänomenen zu der Überzeugung:

> Die Struktur des materiellen Universums hat etwas mit den Gesetzen gemein, die die Funktionsweise des menschlichen Geistes bestimmen.

Und Bernard d'Espagnat behauptet:

> Die Doktrin, dass die Welt aus Objekten besteht, deren Existenz unabhängig vom menschlichen Bewusstsein ist, steht im Widerspruch zur Quantenmechanik und zu den experimentell erwiesenen Fakten.

Allerdings akzeptieren nicht alle Physikerinnen und Physiker diese Argumente. Viele gehen davon aus, dass sich quantenmechanische Merkwürdigkeiten nicht bis in makroskopische Größenordnungen fortsetzen und sich bei biologischen Systemen schlicht aufheben.

So behauptet John Hopfield:

> Entgegen den Erwartungen einer langen Reihe schlecht vorbereiteter Physiker, die sich der Biologie annähern, gibt es absolut keine Anzeichen dafür, dass die Quantenmechanik in der Biologie eine signifikante Rolle spielt.

Und Murray Gell-Mann erklärt: »Für Biologie oder Selbstbewusstheit sind keine vitalen Kräfte erforderlich«.

Es besteht also die gepflegte Hoffnung, dass die mechanistische Sicht auf der Ebene des Gehirns überlebt. Jeffrey Satinover zufolge lassen Fortschritte in den Neurowissenschaften allerdings Zweifel an dieser Hoffnung aufkommen. Er behauptet, Quanteneffekte spielten eine entscheidende Rolle dabei, dass in biologischen Systemen Zufälligkeit entstehen kann, sodass also diese Systeme nicht mehr deterministisch sind und Quanteneffekte in großem Umfang vom Gehirn erfasst und verstärkt werden.

Bei aller Umstrittenheit dieses Themas ist doch unbestreitbar, dass die Quantentheorie unsere normalen Vorstellungen von der physikalischen Realität völlig über den Haufen wirft. Daher überrascht es nicht, dass einige Physikerinnen und Physiker in ihrer Merkwürdigkeit einen Anflug des Mystischen sehen. Es ist durchaus denkbar, dass ein künftiges physikalisches Paradigma den Geist mit einbezieht, auch wenn es wahrscheinlich über die Quantentheorie hinausgehen wird. Um herauszufinden, welche Form dieses Paradigma annehmen könnte, müssen wir uns in noch stärker umstrittene Regionen begeben!

Parapsychologische Forschung

Die parapsychologische Forschung untersucht jene tatsächlichen oder vermeintlichen Aspekte des Menschen, die sich mit dem derzeitigen wissenschaftlichen Paradigma nicht erklären lassen. Insbesondere untersucht sie Phänomene wie Telepathie (Kommunikation von Geist zu Geist), Hellsehen (direkte Wahrnehmung der physischen Welt ohne die üblichen Sinne), Präkognition (Vorhersehen der Zukunft) und Psychokinese (direkte Beeinflussung von Materie durch den Geist). Ihre Erkenntnisse wirken sich auch auf Themengebiete wie die Frage nach dem Weiterleben des Bewusstseins nach dem Tod aus. Wenn parapsychologische Phänomene real sind, müssen sie zwangsläufig eine Wechselwirkung zwischen Bewusstsein und physischer Welt beinhalten. Daher muss jede Psi-Theorie das Mentale und das Physische in irgendeiner Weise miteinander verbinden. Hier kann der Beitrag der parapsychologischen Forschung entscheidend sein, um eine »Brücke« zwischen diesen Welten zu bauen.

Sehr wahrscheinlich wird diese Brücke ein neues Paradigma beinhalten müssen, anstatt nur am aktuellen Paradigma herumzubasteln, und sie wird die Physik so erweitern müssen, dass sie Bewusstsein ausdrücklich einbezieht. Wie weiter unten näher ausgeführt, deutet außerdem die Natur vieler parapsychologischer Phänomene darauf hin, dass ein entscheidender Bestandteil des neuen Paradigmas eine Form eines höherdimensionalen gemeinschaftlichen Raums sein muss, der über die übliche Art von Raum und Zeit hinausgeht. Dieser Raum kann nicht derselbe sein wie der physische Raum, muss aber auf subtile Weise mit ihm wechselwirken.

Erscheinungen

Viele Menschen behaupten, gelegentlich Erscheinungen zu sehen. Obwohl die Bilder »im Äußeren« zu sein scheinen, werden sie normalerweise als von der Psyche erzeugte Halluzinationen interpretiert. Andererseits deuten einige Aspekte von Erscheinungen darauf hin, dass sie in einem objektiveren Sinne tatsächlich existieren. Zum Beispiel werden sie manchmal von mehr als einer Person gleichzeitig oder von verschiedenen Personen zu verschiedenen Zeitpunkten gesehen (wie im klassischen Fall des Gespenstes). Es gibt sogar »kollektive« Fälle, bei denen die Erscheinung offenbar aus verschiedenen Blickwinkeln gesehen wird, so als befände sie sich im selben Raum wie die Beobachtenden. Dass Erscheinungen allerdings selten (bis nie) physische Spuren hinterlassen, deutet darauf hin, dass sie nicht im normalen physischen Raum existieren.

Außerkörperliche Erfahrungen

Bei einer außerkörperlichen Erfahrung entfernt sich der Bewusstseinspunkt anscheinend vom Ort des physischen Körpers und wird manchmal sogar mit einem anderen, dem »Astralkörper«, in Verbindung gebracht. Man fühlt sich »wach« und bewegt sich anscheinend in einer Art Raum, der sich jedoch subtil vom physischen Raum unterscheidet. Skeptische Menschen würden behaupten, der Raum, den man bei einer außerkörperlichen Erfahrung erlebt, sei nur ein mentales Konstrukt ohne Beziehung zu der Welt, die man im normalen Wachzustand erlebt. Andererseits gibt es Fälle, in denen das Bewusstsein anscheinend wahrheitsgemäße Informationen über die physische Welt erhält oder dort sogar Ereignisse auslöst. Irgendwann kann man auch auf »höhere« Ebenen treffen, die zur physischen Welt in keinerlei Beziehung stehen.

Nahtod-Erfahrungen
Auch bei einer Nahtod-Erfahrung kann sich das Bewusstsein, genau wie bei einer außerkörperlichen Erfahrung, in einem quasi-physischen Raum bewegen. Es sind jedoch noch verschiedene weitere Erlebnisse damit verbunden, etwa der »Tunneleffekt«, Begegnungen mit dem »Licht« und verstorbenen geliebten Menschen, Erinnerungs-Rückblenden sowie der Gang über eine »Brücke«. Die Konformität dieser Erfahrungen quer durch verschiedene Kulturen könnte darauf hindeuten, dass Nahtod-Erfahrungen Zugang zu einer höheren Form der Wirklichkeit bieten, auch wenn Skeptiker diese Konformität wohl eher auf die Ähnlichkeit der Gehirnzustände von Sterbenden zurückführen.

Träume
Alle Wahrnehmungen finden *anscheinend* in irgendeiner Form von Raum statt. Gewöhnliche Träume zum Beispiel – auch solche ohne parapsychologische Inhalte – scheinen sich in einem Raum abzuspielen, der dem alltäglichen physischen Raum in vielerlei Hinsicht ähnelt. Obwohl man in der Regel davon ausgeht, dass dieser Raum individuell ist, kann er real erscheinen und ist der Schauplatz zahlreicher parapsychologischer Erlebnisse.

Die Verbindung von physischem und mentalem Raum

In diesem letzten Abschnitt möchte ich die obigen Ausführungen zur parapsychologischen Forschung in einen größeren Kontext stellen, indem ich auf die Beziehung zwischen Materie und Geist eingehe. Wir alle bewohnen zwei Welten: die äußere materielle Welt, die von der Wissenschaft untersucht wird, und die innere geistige Welt, zu der wir Zugang haben, wenn wir träumen oder uns in bestimmten veränderten Bewusstseinszuständen befinden. Zwischen diesen Welten gibt es Ähnlichkeiten: Beide beinhalten offenbar eine Form von Raum, daher wird in diesem Zusammenhang manchmal die Bezeichnung »innerer Raum« und »äußerer Raum« verwendet, und beide beinhalten ein Zeiterleben. Es gibt jedoch auch einen wichtigen Unterschied: Die meisten Wissenschaftlerinnen und Wissenschaftler würden behaupten, die materielle Welt sei »real«, in dem Sinne, dass sie für jeden zugänglich ist, die geistige Welt hingegen »imaginär«. Genauer gesagt, man geht davon aus, dass die mit der physischen Welt verbundenen Wahrnehmungen Abbildungen einer äußeren Wirklichkeit sind, die mit der geistigen Welt verbundenen Wahrnehmungen hingegen nicht.

Parapsychologische Phänomene scheinen diese einfache Unterscheidung zu widerlegen, sofern sie denn real sind. So deutet beispielsweise die Existenz der Telepathie darauf hin, dass manche mentalen Erfahrungen geteilt werden können und daher teilweise dieselben Äußerlichkeitsmerkmale aufweisen wie physische Objekte. Wenn ich also ein Bild in meinem Kopf visualisiere und eine andere Person es »sieht«, existiert es vielleicht wirklich »irgendwo«, wenn auch vermutlich nicht im physischen Raum. Dies steht in Verbindung mit der oben genannten Vermutung, dass viele parapsychologische Phänomene die Existenz einer Form von nicht-physischem Raum erfordern. Wenn Hellsehen auftritt, deutet dies darauf hin, dass der Geist die Außenwelt direkt wahrnehmen kann (in dem Sinne, dass sie *a priori* im Geist existiert). Damit verschwimmt die Unterscheidung zwischen innerer und äußerer Welt, und es ergibt möglicherweise keinen Sinn mehr, der einen Realität zuzuschreiben und der anderen nicht.

Ich werde diese Vorstellung nun auf eine formalere Grundlage stellen, indem ich eine Definition von »Realität« vorschlage, die allgemeiner ist als üblich – insofern nämlich, als sie sich nicht ausschließlich auf physische Objekte beziehen muss –, dabei aber immer noch mit der allgemeinen Vorstellung übereinstimmt, dass etwas real ist, wenn es in einem äußeren Raum existiert, zu dem andere Bewusstseine Zugang haben. Menschen, die Psi von vornherein ablehnen und davon ausgehen, dass mentale Objekte nicht in gleicher Weise real sein können wie physische Objekte, werden dies natürlich für sinnlos erachten. Ich möchte damit jedoch einen Rahmen schaffen, in dem die Frage, ob mentale Wahrnehmungen real sind, zumindest diskutiert werden kann.

Würde man einen Philosophen des 19. Jahrhunderts fragen, in welchem Sinne die physische Welt real ist, würde er vielleicht folgendermaßen antworten: Es gibt einen dreidimensionalen Raum, in dem sowohl die Sensoren, durch die wir die Welt beobachten, als auch die physischen Objekte angesiedelt sind. Aufgrund der Beschränkungen ihres sensorischen Systems verfügen alle Beobachtenden jeweils nur über Teilinformationen über diesen Raum. (Ihre Augen liefern ihnen zum Beispiel eine Projektion des Raums, die im Grunde zweidimensional ist.) Das Entscheidende ist jedoch, dass man angesichts des Standorts und der Richtung, in die die Beobachtenden schauen, immer vorhersagen kann, wie sie den Raum sehen *werden*. Mit der Aussage, die physische Welt sei real, ist gemeint, dass man eine dreidimensionale Konfiguration finden kann, die eine Reihe von zweidimensionalen Projektionen vorhersagt, welche mit denen übereinstimmen, die sich den verschiedenen Beobachtenden tatsächlich bieten. Man kann sagen, dass die physische Welt ein dreidimensionales Gebilde ist, das widerspruchsfrei damit übereinstimmt, wie jeder Mensch in dieser Welt es wahrnimmt.

Ein moderner Philosoph würde eine etwas differenziertere Antwort geben. Unter Berücksichtigung der Implikationen der Relativitätstheorie würde er argumentieren, dass die physische Welt ein vierdimensionales Gebilde ist, wobei die Objekte und die Betrachtenden durch Weltlinien repräsentiert werden und die Wahrnehmungsfelder dreidimensional sind. Die Vorstellung jedoch, dass die Welt real ist, weil es ein höherdimensionales Gebilde gibt, das unsere Wahrnehmungen mit ihr in Einklang bringt, wäre genau dieselbe. Die Hauptaussage der Relativitätstheorie lautet nämlich, dass man die Wahrnehmung der Welt durch verschiedene Beobachtende nur dann miteinander in Einklang bringen kann, wenn die Welt vierdimensional ist. Spätere theoretische Entwicklungen legen nahe, dass die Realitätsstruktur, die die physische Welt beschreibt, sogar mehr als vier Dimensionen erfordert.

Diese Erörterung ist soweit in Ordnung, nimmt aber keinen Bezug auf die andere Art von Sinnesdaten, die sich unserem Bewusstsein präsentieren: mentale Wahrnehmungen ohne physische Entsprechung. Daher muss man den obigen Ansatz um die Möglichkeit erweitern, dass auch diese in gewisser Weise real (das heißt gemeinschaftlich) sein können. Dies gelingt, indem man annimmt, dass der gemeinschaftliche Raum zusätzliche Dimensionen hat. Die endgültige Realitätsstruktur wird als »Universelle Struktur« bezeichnet und die Art ihres Aufbaus bedeutet, dass sie hierarchisch strukturiert ist, wobei jede neue Dimension die Bandbreite der Phänomene erweitert, denen Realität zugeschrieben werden kann. Die Annahme liegt nahe, dass das unterste Glied der Hierarchie der vierdimensionalen physikalischen Welt der Speziellen Relativitätstheorie entspricht, da unsere physischen Sensoren keinen direkten Zugang zu höheren Dimensionen haben. Die Universelle Struktur kann auch als eine Art *Informationsraum* betrachtet werden.

Da die Entwicklungen in der Physik auch einen Raum mit mehr als vier Dimensionen vorsehen, liegt es nahe, diese beiden Räume miteinander gleichzusetzen. Denn wenn unsere physischen Sensoren uns nur einen dreidimensionalen Aspekt eines Universums liefern, das in Wirklichkeit viel mehr Dimensionen besitzt, und wenn die physischen Objekte selbst nur einen begrenzten Teil dieses höherdimensionalen Raums einnehmen, stellt sich zwangsläufig die Frage, ob es in diesem Raum noch etwas anderes gibt. Da die einzigen nicht-physischen Entitäten im Universum, die wir erleben, mentale Entitäten sind, und da die Existenz paranormaler Phänomene (oder sogar normaler mentaler Phänomene wie Träume und Erinnerungen) implizieren würde, dass die Wahrnehmungen in einer Art Raum existieren müssen, liegt es nahe, diesen mit dem *Kaluza-Klein-Raum* gleichzusetzen. Genauer gesagt berufen wir uns auf eine kürzlich von Randall und Sandrum vorgeschlagene Variante des *Kaluza-Klein-Paradigmas*, in der das physikalische Universum als vierdimensionale »Bran« betrachtet wird, die in einen höherdimensionalen »Bulk« eingebettet ist. Dabei ist jedoch zu betonen, dass dieses Quasi-Modell für Psi älter ist als der Vorschlag von Randall und Sandrum und tatsächlich als Vorhersage betrachtet werden kann.

Auch wenn die Idee, zur Vereinheitlichung von Materie und Geist höhere Dimensionen heranzuziehen, nicht neu ist, wird dieser Ansatz durch neuere Entwicklungen in der Physik besonders vielversprechend. Natürlich wird dieses Bild den meisten meiner Kolleginnen und Kollegen in der Physik nicht gefallen, aber neue Paradigmen sind immer unbequem! Auch manche spirituellen Kreise werden nicht damit zufrieden sein, da ihnen die Vorstellung, unaussprechliche mystische Erfahrungen könnten Gegenstand einer wissenschaftlichen Modellierung – oder gar eines rationalen Diskurses – sein, möglicherweise unangenehm ist. Dennoch vermute ich, dass diese Menschen zumindest meine Unzufriedenheit darüber teilen werden, dass sehr viele Wissenschaftlerinnen und Wissenschaftler mystische Erfahrungen forsch als bloße Illusionen abtun. Es liegt doch nahe, die Art der Theoriebildung, die die Wissenschaft sehr erfolgreich auf die materielle Welt angewandt hat, auch auf die mentale Welt auszudehnen.

Schluss

Dieser Beitrag hat sich mit allen drei Themen befasst, die der Titel dieses Buches verspricht – in Teil Eins und Zwei wurden verschiedene Aspekte der Wissenschaft beleuchtet, während Bewusstsein und ultimative Realität im Mittelpunkt von Teil Drei standen. Dieser letzte Teil ist viel spekulativer als die anderen beiden und spiegelt meinen persönlichen Ansatz beim Problem der Verschmelzung von Materie und Geist wider. Dennoch halte ich es für sinnvoll, alle drei Themen auf diese Weise miteinander zu kombinieren. Denn wenn sich der hier vertretene Ansatz als richtig erweist, dann ist der Geist ein grundlegendes Merkmal des Kosmos, und zwar in einem viel tieferen Sinn, als in Teil Eins und Zwei ausgeführt. Sollte sich herausstellen, dass dies nicht der Fall ist, dann sind die Überlegungen in Teil Eins und Zwei immer noch von eigenständigem Interesse, sodass selbst alle, die der parapsychologischen Forschung skeptisch gegenüberstehen, in diesen Teilen etwas von Wert finden können.

Abgesehen von Hinweisen auf das Göttliche in Teil Zwei und mystische Erfahrungen in Teil Drei habe ich es vermieden, theologische Fragen zu berühren. Diese werden an anderer Stelle in diesem Band erörtert. Es sei lediglich gesagt, dass viele Argumente, die hier zum Beweis der Wichtigkeit des Geistes angeführt werden, auch zur Behauptung der Existenz Gottes verwendet wurden. Es sind keine ausschlaggebenden Argumente, aber sie bieten »Anstoßfaktoren«, wie John Polkinghorne sagt. Insbesondere das in Teil Drei vorgeschlagene Paradigma nimmt eindeutig Einfluss auf die Debatte zwischen Wissenschaft und Religion.

Quellen

Barrow, J. D.; *Theories of Everything*, Vintage Press 1990; dt.: *Theorien für alles: die Suche nach der Weltformel*, aus dem Englischen von Anita Ehlers, Rowohlt 1994.

Barrow, J. D. & Tipler, F.J.; (1986), *The Anthropic Cosmological Principle*, Oxford University Press 1986.

Carr, B. J.; »Mankind humbled in the progress of science«, in *Taking the High Ground*, Saros Publications 1985.

Carr, B. J.; »The Uroborus of science« in *The Saros Talks*, Saros Publications 1989.

Carr, B. J.; »Science and the divine« in *The Saros Talks*, Saros Publications 1990.

Carr, B. J.; »Life in the universe«, in *Leaving Home*, Saros Publications 1993.

Carr, B. J.; »The Anthropic Principle«, in P. Murdin et al. (Hrsg.), *Encyclopaedia of Astronomy and Astrophysics*, IOP Publishing & Macmillan 2000.

Carr, B. J.; »Worlds apart: Can psychical research bridge the gulf between matter and mind?«, *Proceedings of the Society for Psychical Research* 2004.

Carr, B. J. & Rees, M. J.; »The anthropic principle and the structure of the physical world«, *Nature* 278, 1979, S. 605.

Carter, B.; »Large number coincidences and the anthropic principle in cosmology« in M. S. Longair (Hrsg.), *Confrontation of Cosmological Theories with Observational Data*, Reidel 1974, S. 291.

Davies, P.; *The Cosmic Blueprint*, Simon & Schuster 1988.

Dawkins, R.; *The Blind Watchmaker*, Penguin 1988; dt.: *Der blinde Uhrmacher: Ein neues Plädoyer für den Darwinismus*, aus dem Englischen von Karin de Sousa Ferreira, Kindler 1987.

de Broglie, L. (1963), zitiert in March A. und Freeman, I. M., *The New World of Physics*, Vintage Books 1963, S. 143.

Dennett, D. C.; »Towards a cognitive theory of consciousness« in *Brainstorms: Philosophical Essays in Mind and Psychology*, Harvester Press 1978.

D'Espagnat, B.; (1983), *In Search of Reality*, Springer 1983.

Dicke, R. H.; »Dirac's Cosmology and Mach's Principle«, *Nature* 192, 1961, S. 440.
Dirac, P.; zitiert in K. C. Cole, *Sympathetic Vibrations*, Bantam 1985.
Dyson, F.; »Time without end: Physics and biology in an open universe«, *Reviews of Modern Physics* 51, 1979, S. 447.
Gell-Mann, M.; (1995), zitiert in J. Brockman, *The Third Culture*, Vintage Books 1995, S. 255; dt.: *Die dritte Kultur: Das Weltbild der modernen Naturwissenschaft*, aus dem Amerikanischen von Sebastian Vogel, Goldmann 1996.
Greene, B.; *The Elegant Universe*, Vintage Press 2000; dt.: *Das elegante Universum: Superstrings, verborgene Dimensionen und die Suche nach der Weltformel*, aus dem Amerikanischen von Hainer Kober, Siedler 2000.
Hawking, S. W.; *The Universe in a Nutshell*, Bantam Press 2001; dt.: *Das Universum in der Nussschale*, aus dem Englischen von Hainer Kober, Hoffmann und Campe 2001.
Hopfield, J.; in Suzuki, M. und Kubo, R. (Hrsg.), *Evolutionary Trends in Physical Sciences*, Springer 1991.
James, W.; *The Principles of Psychology*, Nachdruck der Ausgabe von 1890, Dover 1950.
Jeans, J.; *The Mysterious Universe*, Cambridge University Press 1931; dt.: *Der Weltenraum und seine Rätsel*, aus dem Englischen von Rudolf Nutt, Deutsche Verlagsanstalt 1931.
Kolb, E. W.; *Blind Watchers of the Sky*, Vintage Press 1996.
Kuhn, T. S.; *The Structure of Scientific Revolutions*, Chicago University Press 1970; dt.: *Die Struktur wissenschaftlicher Revolutionen*, aus dem Amerikanischen von Kurt Simon, Suhrkamp 1967.
Leslie. J.; *Universes*, Routledge 1989.
Linde, A.; *Particle Physics and Inflationary Cosmology*, Harwood Press 1990.
Newton, I.; Zweiter Brief an Richard Bentley (1692).
Pagels, H.; *Perfect Symmetry*, Simon & Schuster 1992, S. 359; dt.: *Die Zeit vor der Zeit: Das Universum bis zum Urknall*, aus dem Englischen von Ralf Friese, Ullstein 1987.
Penrose, R.; *The Large, The Small and the Human Mind*, Cambridge University Press 1997; dt.: *Das Große, das Kleine und der menschliche Geist*, aus dem Englischen von Renate Dohmen, Spektrum 1998.
Pippard, A. B.; »The invincible ignorance of science«, *Contemporary Physics* 29, 1988, S. 393.
Polkinghorne, J.; *The Faith of a Physicist*, Princeton University Press 1994.
Randall, L. & Sundrum, R.; »An alternative to compactification«, *Physical Review Letters* 83, 1999, S. 4690.
Reeves, H.; *The Hour of our Delight*, Freeman 1991.
Satinover, J.; *The Quantum Brain*, Wiley 2001.
Smolin, L.; *The Life of the Cosmos*, Weidenfeld & Nicolson 1997; dt.: *Warum gibt es die Welt? Die Evolution des Kosmos*, aus dem Englischen von Thomas Filk, Beck 1999.
Smythies, J. R.; *The Walls of Plato's Cave*, Avebury Press, 1994.
Weinberg, S.; *The First Three Minutes*, Basic Books 1977, S. 154; dt.: *Die ersten drei Minuten*, aus dem Englischen von Friedrich Griese, Piper 1977.
Wertheim, M.; *The Pearly Gates of Cyberspace*, Virago 1999; dt.: *Die Himmelstür zum Cyberspace: Eine Geschichte des Raumes von Dante zum Internet*, aus dem Englischen von Ilse Strasmann, Ammann 2000.
Wheeler, J.; »Genesis and Observership« in R. Butts & J. Hintikka (Hrsg.), *Foundational Problems in the Special Sciences*, Springer Netherland 1977, S. 1.

Chris Clarke

Quantenmechanik, Bewusstsein & das Ich

Der Begriff »ultimative Realität« ist weit und ausholend, und es klingt darin etwas Unbegreifbares an, das vielleicht zu weit weg ist von unserem Leben, um echte Bedeutung zu erlangen. Deshalb möchte ich ihn zunächst in Form einer schlichteren Frage etwas bodenständiger machen: »Wie ist die Welt wirklich?« So formuliert, ist der Begriff uns gleich viel näher. Ist die Welt zum Beispiel eine sinnlose Maschine, die aus identischen Teilchen besteht? Ist sie eine Manifestation eines liebenden Geistes? Diese und unzählige weitere Möglichkeiten bilden den Keim für ganz unterschiedliche Geschichten, die wir über die Beschaffenheit der Welt erzählen könnten. Welche Geschichte sich eine Gesellschaft über die Welt erzählt, ist tatsächlich wichtig, denn dies beeinflusst die Werte dieser Gesellschaft oder bringt sie zum Ausdruck und verstärkt sie. Diese Werte wiederum können die gesellschaftlichen Machtstrukturen beeinflussen oder stärken – oder sie in Zeiten des Wandels untergraben. Das gesamte soziale Gefüge, in dem wir leben, ist untrennbar mit der Frage verbunden, wie die Welt wirklich ist.

Die Werte der Welt, die sich am stärksten auf mich auswirken, sind die Werte des modernen Kapitalismus, wonach das höchste Gut die Befriedigung der Wünsche isolierter Individuen sowie die Unterstützung durch einen Planeten ist, der nur als (unerschöpfliche) Ressource für den Menschen einen Wert hat. Passend zu diesen Werten sind seine Machtstrukturen die der multinationalen Konzerne, die den Einzelnen als reinen Konsumenten und die Gesellschaft als bloßes Vehikel zur Konsumförderung durch den Wunsch nach Anpassung betrachten. Die Geschichte, die diese Werte untermauert, ist die von Newtons Nachfolgern (wie Laplace und Lemaitre) begonnene mechanistische Erzählung von einem sinnlosen Universum aus isolierten Atomen. Diese Geschichte hat in der Physik begonnen und wird nun in der Molekularbiologie fortgesetzt, die die Physik als vorherrschenden Wissenschaftszweig abgelöst hat. In dieser Geschichte haben wir keine wirklichen Verbindungen zueinander oder zu den anderen Lebewesen auf dem Planeten, weil wir aus unzusammenhängenden Atomen bestehen. Unsere Rolle ist die mechanistischer Konsumenten, denn der Stoff, aus dem wir gemacht sind, hat keine ultimative Freiheit. Sinn und Zweck sind tröstliche Illusionen ohne jegliche Grundlage in der Realität.

Obwohl wir zumeist, vielleicht sogar mehrheitlich, eigentlich nicht an diese Geschichte über die Welt glauben – oder sie nicht einmal bewusst kennen – ist sie verankert in unseren Lehrplänen, in unserem Gesundheitssystem (das von der mechanistischen Biologie dominiert wird), in unseren Umweltmaßnahmen und in unserer Wirtschaft. Da die Physik diese Geschichte hervorgebracht hat, spielt sie nun eine entscheidende Rolle dabei, die Kulturträger unserer Gesellschaft für ihren derzeitigen destruktiven Kurs zur Rechenschaft zu ziehen.

Wie ist es historisch dazu gekommen, dass eine bestimmte Richtung in der Physik nun den Anspruch erhebt, die ultimative Realität zu beschreiben? Dazu möchte ich meine eigene (grob vereinfachte) Version[5] vorstellen. Bei den westlichen Geschichten über die Beschaffenheit der Welt denke ich in den Kategorien **Stoff**, **Veränderung** und **Ebenen**.

Aus welchem Stoff ist das Universum beschaffen? Die naheliegende Antwort könnte eine Liste von »Dingen« sein – Bäume, Vögel, Regen, Dämonen, Engel, Sterne … Mit ein wenig differenzierterem Denken könnten wir auf etwas Einheitlicheres und Grundlegenderes kommen, wie Zahlen (Pythagoras) oder die Leere (Anaximander) oder Wasser (Thales) oder eine Kombination von Grundelementen (Empedokles). Der Stoff könnte kontinuierlich sein oder in Form von Elementarteilchen, Atomen oder Samen vorliegen (Demokrit). Descartes vertrat die Ansicht, es gebe zwei grundlegende Stoffarten, Materie (*res extensa*, Stoff mit Ausdeh-

---

5 Dazu stütze ich mich hauptsächlich auf Cleve (1965).

nung) und Geist (*res cogitans*, denkender Stoff), mit völlig unterschiedlichen Verhaltensweisen (eine Ansicht, die häufig als *Substanzdualismus* bezeichnet wird). Die moderne Physik kehrt gewissermaßen zu Pythagoras zurück und betrachtet den Stoff der Welt manchmal als abstrakt und mathematisch.

Die Welt scheint sich zu verändern. Wir könnten denken – vielleicht im Lichte mystischer Erfahrungen – Veränderung sei eine Art Illusion (Parmenides), oder ein sekundärer Aspekt der Welt. Oder er könnte absolut grundlegend sein (Heraklit). Veränderung könnte die Folge von Formveränderungen eines unveränderlichen Grundstoffs sein, oder sie könnte ein Prozess sein, bei dem einiges aufhört zu existieren und anderes zu existieren beginnt. Verwandelt sich eine Eichel in eine Eiche, oder stirbt sie, um dann durch eine Eiche ersetzt zu werden? Veränderung könnte durch Regeln gesteuert sein, wie bei den Gesetzen der modernen Physik, oder sie könnte, zumindest teilweise, chaotisch und anarchisch sein wie bei Epikur und Lukrez.

Schließlich könnte es einen Unterschied geben zwischen dem, was wir unmittelbar wahrnehmen, und einer oder mehreren anderen »Ebenen« der Welt, die realer oder grundlegender sind als die, die uns bewusst ist. Diese Ansicht wurde durch Platon berühmt, der die größere Wirklichkeit der Welt der Formen und Ideen betonte, und daraus hat sich Descartes' Dualismus entwickelt. Der Kosmologe George Ellis (Murphy & Ellis, 1996) hat diese Idee aufgegriffen und in Form einer Vielzahl von »Diskurswelten« erweitert, die der physikalischen Welt, der Welt des Menschen und so weiter entsprechen und deren Beziehungen sehr komplex sein können. Der dissidente Physiker David Bohm sprach von einer expliziten Ebene, die sich aus einer grundlegenderen impliziten Ebene entfaltet.

Diese verschiedenen Haltungen zu Stoff, Veränderung und Ebenen sind seit 2700 Jahren auf unterschiedliche Weise miteinander verflochten. Entscheidend für das Verständnis unserer heutigen Position ist, dass sie sich im Westen zwischen dem 18. und Anfang des 20. Jahrhunderts verfestigt haben, bevor sie dann wieder fluider wurden und sich heute in einer neuen Periode des Wandels befinden. Die Verfestigung wurde durch Descartes' Dualismus von Geist und Materie eingeleitet, insbesondere durch seine Ansicht, der Geist bilde die menschliche Seele, die eine einzige unteilbare Einheit sei, keinen Platz im physischen Raum habe und in jedem Teil des Körpers gleichermaßen gegenwärtig sei (wobei allerdings die Zirbeldrüse der für ihre Gegenwart empfänglichste Körperteil sei). Die Unterstützung dieser Ansicht, zunächst durch die Kirche und dann durch das aufkommende wissenschaftliche Establishment, machte sie für das westliche Denken zur akzeptierten Realität. Durch die Verbreitung der Vorstellung, die materielle Seite dieses dualistischen Stoffes bestehe aus winzigen Teilchen, etablierte sich gleichzeitig der Atomismus als akzeptiertes Denken über die Materie.

Diese dualistische Spaltung war – vielleicht überraschenderweise – verantwortlich für die mechanistische Erzählung, in der wir heute leben. Darauf folgte ein Prozess des Erforschens, welche Funktionen vom Geist und welche von der Materie ausgeübt werden. Im Zuge der Weiterentwicklung der Naturwissenschaften kamen immer mehr Theorien auf, denen zufolge Materie tatsächlich viele Fähigkeiten ausüben konnte, die zuvor dem Geist zugeschrieben worden waren: Mit der Entwicklung des Computers stand dann für viele Menschen fest, dass der Geist unnötig ist und die Materie alles kann. Eine Argumentation für die Physik als Ultimative Realität könnte wie folgt lauten: »Für immer mehr Phänomene finden wir physikalische Erklärungen, und damit schwindet der Bedarf für so etwas wie Geist als Erklärung. Auch wenn die Erklärungen für die Phänomene oft in wissenschaftlichen Begriffen aus Astronomie, Biologie, Geologie und dergleichen formuliert sind, sind diese Wissenschaften doch alle auf die Physik angewiesen, wenn es um die Beschreibung der grundlegenden Materie geht, aus der alles besteht, und im Prinzip ließen sich alle diese Wissenschaften letztlich auf die Physik reduzieren.«

Ich möchte gleich von vornherein deutlich machen, dass eine solche Argumentation für einen Physikalismus, wie man sagen könnte, eigentlich nicht zu rechtfertigen ist. Sie geht von Descartes' absoluter Teilung der Welt in die getrennten Substanzen Geist und Materie aus, für die es keinen Beweis gibt. Die Idee der »Phänomene« setzt dieselbe Unterteilung voraus; unsere Wahrnehmungen sind dabei bloße mentale Erscheinungen, die von einer separaten physischen Realität erzeugt werden. Die »prinzipielle« Reduzierung anderer Wissenschaften auf die Physik ist ein Glaubensakt, der sich unmöglich beweisen lässt. Die Inhalte der Begriffe »physisch« und »Materie« haben sich im Laufe der Geschichte immer wieder geändert, je nachdem, wie sich die Einstellung zu Stoff und Veränderung gewandelt hat, und heute sind sie so fließend, dass sich diese Argumentation nicht auf sie stützen kann. Die gesamte Argumentation für die moderne Erzählung ist eine fadenscheinige Konstruktion, die auf einem grundlegenden intellektuellen Schachzug beruht, nämlich der Übernahme des Substanzdualismus.

Mein Ziel in diesem Kapitel ist es, das Wesen dieser Aufteilung im Licht der modernen Wissenschaft zu hinterfragen. Wir müssen neu beginnen, in der Erwartung, dass die Physik nur *einen* Beitrag zu einem wachsenden Verständnis leistet, das sich auf alle Facetten unseres Wissens und Seins stützt. Ich werde hier beschreiben, in welch neuer Art und Weise die Physik heute zu diesem Verständnis beiträgt, während sie zugleich Ideen zu Sinn, Bewusstsein und Kreativität benötigt, die außerhalb ihres üblichen Kompetenzbereichs liegen. Die Argumentation besteht aus zwei wesentlichen Schritten. Zunächst werde ich den Zusammenbruch der alten Idee vom philosophischen Atomismus erläutern: die Idee, dass wir auf die Teilchenebene mit ihren kleinen Größenordnungen schauen müssen, um die Realität zu finden. Als Zweites werde ich beschreiben, inwiefern die Physik vor diesem Hintergrund neue Ideen braucht und welche Form diese Ideen annehmen müssen.

Die Quantenmechanik und der Tod des philosophischen Atomismus

Die Geburt der Quantenmechanik

Die sogenannte »Klassische Mechanik«, die größtenteils aus dem Werk von Galileo und Newton hervorging, hatte ein klares Bild von der absoluten physikalischen Realität, eine endgültige Beschreibung dessen, was im physischen Universum zu jedem beliebigen Zeitpunkt der Fall war: nämlich die genauen Positionen und Geschwindigkeiten jedes Teilchens im Universum in diesem Moment. Das konnte natürlich niemand wissen, aber die Tatsache, dass dies in einem hypothetischen Sinne »so war«, sagte etwas über die Natur der physikalischen Realität aus. Der »Stoff« waren Teilchen, und er hatte eine ausgesprochen mathematische Anmutung, da er vollständig durch mathematische Größen bestimmt war. Veränderung war gesetzmäßig und folgte mathematischen Regeln. Und bis zum 18. Jahrhundert hatte die Welt im Wesentlichen nur eine Ebene (der [spirituelle] Himmel war so weit weg, dass er nicht als Teil derselben Welt gelten konnte). In der klassischen Mechanik konnte jede andere Eigenschaft des physischen Universums durch die endgültige Angabe von Position und Geschwindigkeit der Teilchen exakt definiert werden. Die ultimative Realität war also auf der Ebene des sehr Kleinen zu finden, in den Atomen (im Sinne der »letzten« oder »ultimativen« Teilchen, ganz gleich, welche das seien) und den sie regierenden Gesetzen. Der erste Schritt in meiner Argumentation besteht in einer Erläuterung, inwiefern diese Vorstellung durch die Quantenmechanik, die die klassische Mechanik abgelöst hat, untergraben worden ist. Dies führt wiederum zu der Idee, dass die Physik überhaupt keine ultimative Realität liefern, wohl aber einige sehr klare Hinweise auf die Richtung geben kann, in die wir uns bewegen müssen, um der »ultimativen Realität« näher zu kommen (wenn denn dieser Begriff zumindest in begrenztem Umfang Sinn ergibt).

Beginnen muss ich jedoch mit der Quantenmechanik (oder »Quantentheorie« – ich mache hier keinen Unterschied). Sie ist eine bemerkenswert vielseitige Disziplin. In den Regalen dieser Abteilung einer wissenschaftlichen Bibliothek findet man Bücher über Philosophie, Kosmologie, Teilchenphysik, Optik, Elektronik und vieles mehr. Selbst wenn man sich auf dem Gebiet auskennt, kann man praktisch unmöglich sagen, was Quantenmechanik »ist«. Anstatt eine Definition zu versuchen, werde ich deshalb einem im Wesentlichen historischen Ansatz zu einigen zentralen Ideen folgen, die für das Thema dieses Buches wichtig sind.

Die Quantenmechanik nahm ihren Anfang im Jahr 1900, als Max Planck versuchte, das Aussehen heißer Körper zu verstehen. Wir kennen das Phänomen, dass erhitztes Metall zunächst in einem matten Rot glüht, dann mit steigender Temperatur in einem helleren Rot und schließlich in Weiß und Blau. Wonach bestimmt sich das? Wie sich herausstellte, sollte das vermeintlich einfache Problem eine radikale Lösung erfordern: dass nämlich Licht nicht kontinuierlich ist, sondern aus Paketen besteht, die Planck Quanten nannte (der Plural von Quantum, der lateinischen Wurzel des Wortes »Quantität«). Die Quanten des blauen Lichts hatten mehr Energie als die Quanten des roten Lichts, und die Lichtfarbe, die ein heißer Körper aussendet, hing von einem Gleichgewicht zwischen der Schwingungsenergie seiner Atome aufgrund von Wärme sowie der Energiemenge in den Lichtquanten der verschiedenen Farben ab. Lichtquanten werden heute als Photonen bezeichnet; wir werden ihnen später noch einmal begegnen.

Diese historische Erzählung erklärt den Namen, aber ich muss leider sagen, dass sie ansonsten nahezu völlig irrelevant ist. Dass Energie manchmal (nicht immer) in Paketen auftritt, war zwar zu Anfang die beherrschende Idee, doch nach einiger Zeit stellte sich heraus, dass dies eigentlich nichts Grundlegendes ist. Als Grundlagen würde ich zwei spätere Entdeckungen bezeichnen: *Komplementarität* und *Nichtlokalität.*

Die Implikationen der Komplementarität

»Komplementarität« ist ein völlig falscher Begriff. Eigentlich müsste es »Inkompatibilität« heißen, aber aus historischen Gründen bleiben wir bei der alten Bezeichnung. Denken Sie zunächst an das Bild, das die klassische Mechanik vermittelt, wonach alle physikalischen Größen aus einer endgültigen physikalischen Realität abgeleitet werden können, die aus der Bestimmung von Position und Geschwindigkeiten aller Teilchen im Universum besteht. Komplementarität/Inkompatibilität besagt hingegen, dass es in der Quantenmechanik *keine* konsistente Bestimmung der Werte aller Eigenschaften (abgesehen von den trivialsten) eines physikalischen Systems gibt.[6] Wir können eine Teilmenge seiner Eigenschaften auswählen und ihre Werte bestimmen, aber es wird ein Punkt kommen, an dem es Eigenschaften gibt, die nicht bestimmt werden können, ohne dass sie mit einigen bereits bestimmten Eigenschaften inkonsistent wären.

Dies ist offenbar eine radikal andere Sachlage als in der klassischen Mechanik. Tatsächlich wirft es alle zuvor etablierten Vorstellungen über Stoff, Veränderung und Ebenen wieder über den Hau-

6 Bei dieser Formulierung handelt es sich um das Kochen-Specker-Theorem (Kochen & Specker 1967).

fen und untergräbt die Idee des philosophischen Atomismus. Was ist nun der Stoff, aus dem das Universum gemacht ist, wenn man nicht einmal im Prinzip alle seine Eigenschaften bestimmen kann? Gibt es eine grundlegendere Ebene (den Quantenzustand? die implizite Ordnung?), auf der die Dinge bestimmt, aber für uns unzugänglich sind? Wenn Eigenschaften nicht bestimmbar sind, müssen dann die Gesetze der Veränderung teilweise anarchisch werden – oder könnten sie auf einer grundlegenderen Ebene immer noch exakt gelten? (In der Quantenmechanik ist wahrscheinlich beides der Fall.) Zwar ist die Sache nicht ganz eindeutig, aber die Entwicklung der Quantentheorie deutet stark darauf hin, dass *das physikalische Universum auf mikroskopischer Ebene nicht die endgültige Realität besitzt* wie etwa das Newtonsche physikalische Universum.

Tatsächlich können wir etwas genauer sagen, was vor sich geht. Wir können ganz sicher Beobachtungen durchführen, um bestimmte mikroskopische Eigenschaften der Quantenwelt zu bestimmen, aber diese Beobachtungen sind teilweise nicht miteinander vereinbar. Die Operation des Beobachters – das heißt, eine Operation in der Welt des Großen, die einen bestimmten Kontext definiert – bestimmt, welche Eigenschaften der Welt des Kleinen messbare Werte haben werden. Die physikalische Realität (zumindest soweit wir sie kennen oder soweit sie für uns manifest wird) ist nicht etwa im Kleinen gegeben und lässt sich dann aufs Große übertragen. Diese Art der Realität ergibt sich vielmehr aus dem Zusammenspiel zwischen dem Kontext im Großen und dem System im Kleinen.

Das ändert die Erzählung grundlegend, deshalb müssen wir vorsichtig vorgehen. Viele in der Physik würden bestreiten, dass die Quantenmechanik das klassische Bild untergräbt, und zwar mit der Begründung, dass sich die Quantenmechanik nur mit dem sehr Kleinen befasst, das wir ohnehin nicht wahrnehmen können, und dass sie daher nur eine geringfügige Korrektur des Newtonschen Bildes bewirkt, welches für die meisten Zwecke weitgehend intakt bleibt. An diesem Argument ist tatsächlich etwas dran, deshalb ist es wichtig, dass wir seine Grundlage verstehen. Dies führt uns wieder zu Max Planck. Die Größe seiner Lichtpakete wurde von einer Konstante bestimmt, die bald Plancksche Konstante genannt wurde und deren Wert sehr klein ist. Wie sich zeigte, besteht die eigentliche Bedeutung dieser Konstante darin, dass sie das Ausmaß bestimmt, in dem die verschiedenen Eigenschaften, die wir im Universum bestimmen möchten, nicht konsistent zusammenpassen. Um genau zu sein, gibt es für jede Größe, die ein physikalisches System beschreibt, mindestens eine komplementäre Größe (daher der Name Komplementarität), sodass nie beide zur selben Zeit bestimmt werden können. Bestenfalls können beide näherungsweise bestimmt werden, und das Produkt der Unschärfe beider Größen ist mindestens so groß wie die Plancksche Konstante. (Dies ist die Heisenbergsche Unschärferelation.) Das Entscheidende ist, dass in großen Dimensionen – etwa von der Größe großer biologischer Moleküle – alle physikalischen Größen gleichzeitig *fast* genau bestimmt werden können, da ja diese Konstante sehr klein ist. Das bedeutet, dass ein großer Teil der Physik so weitergehen kann, als ob die klassische Mechanik immer noch gelten würde.

Das bedeutet jedoch nicht, dass Quanteneffekte auf das sehr Kleine beschränkt sind. Dies ist einer der in der Physik häufig vorkommenden Fälle, bei denen eine kleine Konstante große Wirkung haben kann. Ein bekannteres Beispiel ist die Viskosität, die Turbulenzen verursacht. Vergleicht man die Strömungen über dieselben Dimensionen und mit denselben Geschwindigkeiten in einer Flüssigkeit mit hoher Viskosität, wie beispielsweise Sirup, und in einer Flüssigkeit mit geringer Viskosität, wie beispielsweise Wasser, so zeigt die Flüssigkeit mit der *geringeren* Viskosität die *stärkeren* Turbulenzen. Eine Änderung, die numerisch sehr klein ist, kann im Gesamtverhalten des Systems große Veränderungen bewirken. So ist es auch bei der Planckschen Konstante und der Quantentheorie.

Die Implikationen der Nichtlokalität

Die zweite der beiden grundlegenden Entdeckungen der Quantentheorie ist die Nichtlokalität. »Lokal« bedeutet ortsgebunden oder räumlich begrenzt, im Gegensatz zu »nichtlokal«. In der Physik gibt es zwei Begriffe, die diese Unterscheidung verdeutlichen: Felder und Zustände. Ein *Feld* drückt rein lokale Eigenschaften aus.[7]

7 Verwirrend ist in diesem Zusammenhang, dass in der New-Age-»Physik« das Wort »Feld« für etwas Nichtlokales verwendet wird!

An jedem Ort und zu jeder Zeit hat ein Feld einen bestimmten Wert. So gibt beispielsweise das elektrische Feld an einem bestimmten Punkt die Richtung und Intensität der elektrischen Kräfte dort an, und das Gravitationsfeld gibt Richtung und Intensität der Gravitationskräfte an. Felder verändern sich mit der Zeit nach Gesetzen, die ebenfalls lokal sind, und zwar in dem Sinne, dass die Art und Weise, wie sich der Wert eines Feldes an einem bestimmten Punkt im Raum verändert, nur durch die Werte des Feldes an benachbarten Punkten bestimmt wird und nicht durch Werte in der Ferne.

Der *Quantenzustand* (gewöhnlich einfach abgekürzt »Zustand«) eines Systems ist hingegen in hohem Maße nichtlokal. Er ist ein etwas problematischerer Begriff, da er in der Physik auf viele verschiedene Arten verwendet und konzeptuell unterschiedlich gedacht werden kann. Wenn wir ihn in Bezug auf die Vergangenheit betrachten, drückt er die kumulierte Wirkung der Historie des Systems in einem bestimmten Stadium aus; wenn wir ihn in Bezug auf die Zukunft betrachten, drückt er für alle möglichen Eigenschaften des Systems, die als Nächstes beobachtet oder erkennbar werden könnten, die Wahrscheinlichkeit aus. Der Zustand hängt vom gesamten System ab, nicht von lokalen Teilen, und ist daher grundlegend nichtlokal. Normalerweise wird er als der Zustand zu einem bestimmten Zeitpunkt verstanden, aber in der Relativitätstheorie wird der Begriff »Zeit« fragwürdig, daher ist dies wahrscheinlich kein ganz exaktes Verständnis.

Nichtlokalität ist zwar immer ein wesentlicher Aspekt des Zustands, aber es gibt bestimmte physikalische Experimente, die dies explizit nachweisen. Das berühmteste wurde von Alain Aspect durchgeführt und besteht darin, aus einem einzigen »Mutterphoton« zwei Photonen (Lichtquanten) zu erzeugen, sie über eine beträchtliche Distanz auseinanderlaufen zu lassen und dann gleichzeitig ihre Eigenschaften zu untersuchen. Dabei wird eine Korrelation zwischen den Eigenschaften beobachtet, die die beiden Photonen aufweisen. Darüber hinaus sind die beobachteten Korrelationen derart, dass sie nicht durch Eigenschaften der Photonen erreicht werden können, die bei jedem einzelnen Photon lokal sind. Dies (bekannt als Bellsche Ungleichung) hängt praktisch von keinerlei physikalischen Annahmen ab, sondern ergibt sich schlicht aus der logischen Konsequenz der jeweiligen Art der beobachteten Korrelationen. Es ist, als ob die Photonen gemeinsam und koordiniert auf die Beobachtung reagieren, obwohl es keine physikalische Möglichkeit einer Kommunikation zwischen ihnen gibt.[8]

Innerhalb des Formalismus der Quantentheorie wird dies so erklärt, dass die beiden Photonen einen einzigen Quantenzustand teilen (der, wie Sie sich erinnern werden, nichtlokal ist). Die Photonen können nicht als getrennte Systeme gedacht werden, auch wenn sie an zwei verschiedenen Orten erscheinen. Dies ist eine begriffsverändernde Idee. Wir denken »Dinge« mit Bezug auf den Raum: Wenn zwei Klümpchen Stoff im Raum getrennt sind, dann sind sie verschiedene »Dinge«. Aber in der Quantentheorie ignoriert ein »Ding«, das ein Quantenzustand ist, den Raum völlig und umfasst Erscheinungen, die wir als getrennt wahrnehmen, ganz so, als ob die Trennung gar nicht existierte. Dafür gibt es eine hilfreiche Terminologie: Wenn der Quantenzustand von anscheinend zwei Systemen nicht in zwei Quantenzustände getrennt werden kann, also einen für jedes scheinbare System, sprechen wir davon, dass die Systeme (oder ihre Zustände) *verschränkt* sind.

Dieser zweite Aspekt der Quantenmechanik untergräbt den philosophischen Atomismus noch weiter, denn er zeigt, dass selbst auf der Ebene grundlegender Teilchen diese Teilchen nicht, wie im Atomismus angenommen, unabhängig, sondern durch ein zugrunde liegendes Netzwerk nichtlokaler Verschränkungen in größere Systeme integriert sind.

Hinweise aus der Quantentheorie auf das menschliche Erleben

Bisher habe ich die Auswirkungen der Quantentheorie in negativer Form beschrieben und gezeigt, inwiefern sie die alten Gewissheiten über die Natur der physischen Realität unterminiert hat. Das ist wichtig, denn wenn die alten Gewissheiten schwinden, wird der

8 2022 wurde Alain Aspect speziell für seine Experimente zur Bellschen Ungleichung der Nobelpreis für Physik zuerkannt, gemeinsam mit John Clauser und Anton Zeilinger; Anm. d. Ü.

Weg frei für eine neue Erzählung. Aber für viele Denkerinnen und Denker liegt die Bedeutung der Quantentheorie mehr noch in dem, was sie in positiver Form über die Natur des Menschen (ja, über Organismen im Allgemeinen) und ihren Platz in der Welt aussagen könnte. Damit könnte die Quantentheorie nicht nur den Weg für eine neue Erzählung freimachen, sondern diese auch gemeinsam mit anderen Forschungsgebieten zu erzählen beginnen. Diese Möglichkeiten möchte ich hier skizzieren und im Folgenden auf einige näher eingehen. Zunächst muss ich jedoch eine Warnung aussprechen. Alle diese »Hinweise« aus der Quantentheorie hängen davon ab, inwieweit bestimmte Aspekte der Quantentheorie von der mikroskopischen Welt, wo sie überprüft wurden, auf die Welt im Großen übertragbar sind, wo sie im Allgemeinen nicht überprüft worden sind. Es ist sicherlich so, dass einige Eigenschaften (insbesondere der Indeterminismus, eine Lockerung der Herrschaft starrer Gesetze) auf diese Weise übertragbar sind. Ob aber alle Eigenschaften der Quantentheorie übertragbar sind, hängt vom Ausgang der Debatte über ein Phänomen namens *Dekohärenz* ab, auf das ich später zurückkommen werde.

Indeterminismus und menschliche Freiheit

In der klassischen Mechanik sind die Gesetze der Veränderung *deterministisch*: Sie legen genau fest, was als Nächstes passieren wird, und es gibt keinen Spielraum. In der klassischen Mechanik ist das Schicksal unerbittlich. In der Quantenmechanik sind die Gesetze der Veränderung *indeterministisch*: Sie sagen nicht, was definitiv passieren wird, sondern dass Einiges wahrscheinlicher ist als Anderes – sie geben Wahrscheinlichkeiten für verschiedene Folgen an, mehr nicht. Dies ist eine Eigenschaft der Quantentheorie, die sich zweifelsohne auf die Welt im Großen übertragen lässt, denn wir kennen unzählige Mechanismen, natürliche wie künstliche, die eine Unschärfe im sehr Kleinen ohne Weiteres zu einer Unschärfe im sehr Großen erweitern können. Turbulenz, die ich im letzten Abschnitt erwähnt habe, ist ein gutes Beispiel dafür. Hier kann eine mikroskopisch kleine Veränderung in der Art und Weise, wie sich Atome in einem Teil eines Flusses bewegen, so groß werden, dass sich dadurch weiter flussabwärts die Form einer Welle vollkommen verändert.

Als Menschen empfinden wir unser Handeln nicht als von unerbittlichen Gesetzen bestimmt. Auch das meinen wir wohl, wenn wir sagen, dass wir frei sind. Auf den ersten Blick wirkt diese Eigenschaft der Quantentheorie also wichtig für das Verständnis, was es heißt, Mensch zu sein. Dies könnte allerdings in die Irre führen.

Erstens brauchen wir die Quantentheorie eigentlich nicht, um *de facto* Indeterminismus zu erzeugen. Die Wellen in einem Strom können nicht nur durch Quantenmechanik verändert werden, sondern ebenso gut durch die zufälligen Molekülbewegungen, die in der klassischen Mechanik andauernd stattfinden. Zugegeben, im letzteren Fall sind die Gesetze »eigentlich« deterministisch und die Bewegungen der Atome sind nur in dem Sinne »zufällig«, als wir sie unmöglich vorhersagen können. Hier besteht ein prinzipieller Unterschied zur Quantenmechanik, bei der die Unschärfe aus der grundlegenden logischen Struktur des zugrunde liegenden »Stoffes« resultiert. Aber es lässt sich sicherlich darüber streiten, ob dieser Unterschied real oder bloß formal ist.

Zweitens hängt die menschliche Freiheit nicht nur von einem Riss im Determinismus der physikalischen Gesetze ab: Wir müssen innerhalb dieses Risses auch *handeln können*, um den Strom der Ereignisse zu beeinflussen. Wir wissen vielleicht, dass die Bewegung einiger Atome im Oberlauf des Flusses bei seiner Mündung eine Flut auslösen könnte, aber nichts kann uns sagen, welche Atome wir wann und wie weit bewegen müssen.

Drittens könnte es auch sein, dass wir uns über die Natur unserer Freiheit täuschen und uns einbilden, wir seien freie Akteure, wenn wir tatsächlich bei Ereignissen entweder unbewusst getrieben werden oder zufällig handeln, und/oder andere Ereignisse ignorieren, bei denen wir tatsächlich Freiheit ausüben könnten. Tatsächlich ist die Natur des freien Willens bereits eine schwierige philosophische Frage, die einer sorgfältigen Analyse bedarf, bevor wir entscheiden können, was wir uns von der Quantentheorie erhoffen.

Aus all diesen Gründen ist dieser, eigentlich gesichertste, Aspekt der Quantentheorie immer noch umstritten, sobald es darum geht, die Theorie mit menschlichem Erleben zu verbinden.

Quantenlogik und Kreativität

Die Unvereinbarkeit der physikalischen Eigenschaften, die das Kochen-Specker-Theorem impliziert, kann so verstanden werden, dass die Art und Weise, wie diese Eigenschaften zusammengefügt werden, eine andere formale Struktur hat als in der klassischen Mechanik. Mit »formaler Struktur« meine ich das, was in der Mathematik als die Logik der Sätze bezeichnet wird, die diesen Eigenschaften entsprechen. An dieser Stelle benötige ich einige weitere Begriffe aus der mathematischen Logik. Ein Satz (im mathematischen Sinne) ist eine Aussage, die (zumindest in den einfachsten Fällen) wahr oder falsch sein kann, also beispielsweise »dieses Buch wiegt 500g« oder »alle Ahorne tragen Samen mit einem Flügel«. Mit »Zusammenfügen« von Sätzen meine ich, dass sie mit Konjunktionen wie »und« oder »nicht« verbunden werden, sodass sie *zusammengesetzte Sätze* bilden. Die *Logik* ist in solchen Fällen die Gesamtheit der Regeln zur Bestimmung der Wahrheit oder Falschheit zusammengesetzter Sätze in Bezug auf die Wahrheit oder Falschheit ihrer einzelnen Teile, und zur Bestimmung der Äquivalenz beziehungsweise der fehlenden Äquivalenz verschiedener zusammengesetzter Sätze.

Nehmen wir ein Beispiel aus dem Vortrag von Chris Isham im Rahmen des Projekts, das zu diesem Buch geführt hat: Gesetzt den Fall, ich gehe in ein Restaurant und entnehme der Speisekarte, dass ich Würstchen entweder mit Spiegeleiern oder mit pochierten Eiern bekommen kann. Ich bestelle also Würstchen mit Spiegeleiern, nur um dann zu erfahren, dass diese leider nicht erhältlich sind. Daher schwenke ich auf Würstchen mit pochierten Eiern um, bloß um dann mit großem Bedauern zu erfahren, dass auch diese nicht erhältlich sind. Wenn ich dann den Kellner darauf hinweise, was auf der Speisekarte steht, bestätigt er mir, dass das, was dort angeboten wird, trotzdem erhältlich ist. Ich bin verwirrt, denn meine Logik enthält die Regel

> wenn A, B und C Sätze sind, dann ist der zusammengesetzte Satz »A und (B oder C)« äquivalent zu »(A und B) oder (A und C)«.

(Das ist das sogenannte *Distributivgesetz* der formalen Logik.) Für mich standen A, B und C jeweils für »Würstchen«, »Spiegeleier« und »pochierte Eier«, und ich nahm an, dass »erhältlich« wie die logische Bedingung »wahr« funktioniert. Der Kellner hingegen wandte offenbar eine andere Logik an, in der entweder dieses Gesetz nicht galt oder »erhältlich« nicht denselben Regeln gehorchte wie »wahr« in der formalen Logik. Mein Verdacht bestätigte sich, als ich »Würstchen mit entweder Spiegeleiern oder pochierten Eiern« bestellte und mir Würstchen mit Rührei serviert wurden, wobei mir der Kellner versicherte, dass »Spiegeleier oder pochierte Eier« offensichtlich alle anderen Zubereitungsarten von Eiern implizierte – und einige davon waren tatsächlich erhältlich.

Genau genommen hat der Kellner Quantenlogik angewendet, ein System, in dem alle üblichen Gesetze gelten, außer den Distributivgesetzen. Die Besonderheit dieses Systems besteht darin, dass es nicht möglich ist, allen Sätzen auf konsistente Weise die Werte »wahr« oder »falsch« zuzuordnen (wieder das Kochen-Specker-Theorem). Stattdessen bewegt man sich von einer begrenzten Menge von Sätzen zu einer anderen, wobei die Zuordnungen innerhalb jeder Menge konsistent bleiben, es aber kein universelles Konzept von wahr oder falsch gibt. Tatsächlich wenden wir dieses Denken ständig an. Bei einem geselligen Abend in der Kneipe verlaufen unsere Gespräche auf eine Art und Weise, die im klaren Licht des nächsten Morgens anscheinend allen Gesetzen der klassischen Logik zuwiderläuft. Aber wichtiger noch, es ist auch die Logik der Kreativität – wie bei Picasso, der die Skulptur eines Pavians mit einem Spielzeugauto als Kopf gestaltet, das dann frech an dieser Stelle sitzt und die Logik der Betrachtenden herausfordert, weil es sowohl ein Auto als auch der Kopf eines Pavians ist. Es ist eine Logik, die ich verwende, wenn ich mich mit einem wissenschaftlichen Problem auseinandersetze und alle möglichen Analogien zu anderen Problemen einbringe, die ich in der Vergangenheit gelöst habe. Ich würde behaupten, dass unsere eigentliche Freiheit in diesen kreativen Höhenflügen liegt, und nicht in der bloßen Tatsache des Indeterminismus. Wir haben die Fähigkeit, mit verschiedenen *Bedeutungsrahmen* (fachlich gesehen, *booleschen Sublogiken*) zu arbeiten, die miteinander unvereinbar sind, um neue Möglichkeiten zu schaffen, wie wir die Welt betrachten und in ihr handeln können.

Nichtlokalität und die Qualia der Wahrnehmung

Wir werden später sehen, dass sich Bewusstsein gemäß einer bestimmten philosophischen »Schule« charakteristisch dadurch auszeichnet, dass es der »Blick von innen« ist. Dieser Blick bringt qualitative Aspekte mit sich, die nicht in formale Strukturen übersetzt werden können, welche anderen als einfache Informationen mitteilbar sind. Wir können einer von Geburt an blinden Person nicht erklären, was »rot« ist; das vermag nur die gemeinsame subjektive Erfahrung von innen. Dieser Gedanke wurde von David Chalmers (1995) in die Bewusstseinsforschung eingeführt, basierend auf der bahnbrechenden Arbeit von Nagel (1979). Woher kommen diese Aspekte der Erfahrung (die sogenannten *Qualia*)?

Eine attraktive Erklärung findet sich im Zusammenhang mit Nichtlokalität und verschränkten Systemen. Sobald zwei Systeme miteinander interagieren, also wechselwirken, werden sie verschränkt. Allerdings hat diese Verschränkung nur in Ausnahmefällen Konsequenzen, die für die Physik beobachtbar sind. Wenn ich also mit etwas interagiere, indem ich es beobachte, wird der Teil meines Gehirns, der für die bewusste Wahrnehmung zuständig ist, mit einem Aspekt des beobachteten Objekts verschränkt. Mit anderen Worten, obwohl sie als zwei verschiedene Systeme erscheinen, sind sie in Wirklichkeit ein einziges System. So gesehen wird also ein beobachteter Aspekt tatsächlich zu einem Teil meines bewussten Ichs. Dies könnte erklären, wie die qualitativen Eigenschaften des Objekts für mich zugänglich werden und inwiefern der Inhalt der bewussten Wahrnehmung »außen« ist. Wegen der Art und Weise, wie die rein logische Verarbeitung immer mit diesem primitiven Erfassen von Qualia verflochten ist, wäre an dieser Stelle eigentlich noch sehr viel mehr zu sagen (Clarke, 2002). Im vorliegenden Zusammenhang stellt sich folgendes Problem: Ist – da alles mit allem verschränkt ist – die Verschränkung mit unserem Gehirn derart, dass Wahrnehmungsobjekte spezifisch und identifizierbar mit den ihnen entsprechenden Gehirnzuständen verschränkt sind? Dazu müssen wir verstehen, inwieweit sich die quantenmechanische Eigenschaft der Nichtlokalität auf Phänomene im Großen erstreckt.

Top-down-Kausalität und das Agieren des Geistes
Aufgrund der Quantenlogik wird in der Quantenmechanik der Bedeutungsrahmen, in dem sich eine Eigenschaft manifestiert, durch den größeren Kontext bestimmt. Das kann ein menschlicher Beobachter in einem Labor sein oder auch nur ein physikalischer Prozess, der eine dauerhafte Aufzeichnung erzeugt. Dies ist die berühmte Beobachterabhängigkeit der Quantenmechanik. Sie bedeutet, dass der Kontext im Großen ursächlichen Einfluss auf die Manifestation im Kleinen (»Top-Down«-Kausalität, also von oben nach unten verlaufende Ursächlichkeit) und auch auf die Wirkungen im Kleinen hat, die sich zu großen Phänomenen aufbauen (»Bottom-Up«-Kausalität, von unten nach oben verlaufende Ursächlichkeit). Ich habe bereits erörtert, wie dies in unserem Gehirn funktionieren könnte, damit wir beim kreativen Denken den Bedeutungsrahmen wechseln können. Wenn aber unser Gehirn mit der Außenwelt verschränkt ist, dann trägt diese Top-down-Kausalität automatisch die Außenwelt mit sich. Diese besondere Art der Verknüpfung mit der Außenwelt ist gut verstanden und funktioniert zum Beispiel in der Theorie über die Funktionsweise von Teilchendetektoren in einem Labor. Wenn ein Teilchen von einer Anordnung von Detektoren entdeckt wird, ist die Manifestation in allen Komponenten des Labors konsistent. Obwohl der Fokus des Ereignisses ein quantenmechanisches (nichtklassisches) mikroskopisches System ist, ist das Ergebnis unweigerlich ein konsistentes makroskopisches Phänomen. Umstritten ist in dieser Diskussion die Vorstellung, dass der Fokus eines solchen Ereignisses ein vergleichsweise großes Objekt wie ein System im menschlichen Gehirn sein könnte.

Dies gibt uns einen Mechanismus an die Hand, mit dem wir den Indeterminismus der Quantentheorie tatsächlich nutzen können, um unsere Handlungsfreiheit auszuüben. Wir müssen die physikalischen Prozesse, die unsere Gehirnzustände mit der Außenwelt verbinden, weder bewusst noch unbewusst kennen. Vielmehr sorgen diese Prozesse automatisch dafür, dass das Ergebnis in der Welt mit dem Bedeutungsrahmen übereinstimmt, den wir in unserem Gehirn erschaffen. Es muss betont werden, dass ich hier nicht von »direktem geistigen Handeln« spreche, wie es manchmal in Diskussionen über Psychokinese oder Heilung thematisiert wird. Hier wird die Bedeutungsgebung meines Gehirns mit einer größeren Bedeutungsgebung aller Organismen im Universum verknüpft, sowohl derjenigen, die wir normalerweise als belebt betrachten würden, als auch derjenigen, die wir normalerweise als unbelebt betrachten würden.

Hinweise aus dem menschlichen Erleben auf ein Verständnis der Quantentheorie

Die Unvollständigkeit der Physik

Ich habe behauptet, dass das Aufkommen der Quantentheorie die klassische Sicht, die davor eine akzeptierte Grundlage für die Welt war, vollständig untergraben hat und dass infolgedessen die Frage nach der Natur der Welt wieder völlig offen ist. Insbesondere kann die heutige Physik, auch wenn sie dem menschlichen Erleben viele faszinierende Hinweise bietet, derzeit nicht als ausreichende Grundlage für dieses Erleben betrachtet werden – erstens, weil diese Hinweise noch in eine vollständige Theorie übersetzt werden müssen, und zweitens, weil die gängige Physik selbst unvollständig ist und einer Erweiterung oder eines Beitrags von außerhalb der Physik bedarf. Diesen zweiten Aspekt möchte ich nun untersuchen.

Wie wir über die Quantentheorie denken, hängt davon ab, welche Einstellung wir zu den Kategorien Stoff, Veränderung und Ebenen haben. Bei einigen theoretischen Ansätzen ist der Stoff, aus dem das Universum gemacht ist, der Quantenzustand, jene abstrakte, nicht-lokale Einheit, die die Vergangenheit enkodiert und Wahrscheinlichkeiten für die Zukunft liefert. Bei diesen Ansätzen, die ich als *zustandsbasiert* bezeichne, wird der Quantenzustand als etwas Reales betrachtet, das dem, was wir erleben, unmittelbar zugrunde liegt. Auf Zustandsebene wird Veränderung durch eine Gleichung geregelt, die sogenannte Schrödinger-Gleichung, die deterministisch ist. Um jedoch das Auftreten von Zuständen zu vermeiden, die unmöglich mit unserer Erfahrung übereinstimmen können, wird ein zusätzliches dynamisches Prinzip eingeführt, das gelegentlich bewirkt, dass sich der Zustand sehr schnell verändert, ein Phänomen, das als »Zusammenbruch des Zustands« bezeichnet wird. Dies führt den Indeterminismus ein. Ein Beispiel für eine zustandsbasierte Theorie ist die von Roger Penrose. Sie erfordert die Entwicklung einer vereinheitlichten Theorie von Gravitation und Quantentheorie, eine der größten Herausforderungen der heutigen Physik, und ist daher solange unvollständig, bis dies gelungen ist.

Ein zweiter Ansatz leitet seinen »Stoff« nur von den Phänomenen im Großen ab, die wir direkt als real wahrnehmen, und betrachtet den Quantenzustand lediglich als undurchsichtiges Mittel, um auszudrücken, wie diese Phänomene miteinander verbunden sind und sich entwickeln. Diese Ansätze werde ich *makrobasierte* Theorien nennen. Die Notwendigkeit eines zusätzlichen Faktors wird darin manchmal nicht explizit deutlich gemacht. Der Viele-Welten-Ansatz geht zum Beispiel davon aus, dass sich das Universum in Zweige aufspaltet, sobald eine »Beobachtung« stattfindet. Was aber eine Beobachtung genau ausmacht, das wird normalerweise nur vage angegeben. Der Teufel steckt also in den (ausgelassenen) Details.

Erwähnenswert ist auch die von David Bohm vorgeschlagene Version der Quantentheorie (siehe Bohm & Hiley, 1993). Dabei handelt es sich um eine »geschichtete« Kosmologie, die die Welt in eine explizite und eine implizite Ebene unterteilt. In ihrer späteren Entwicklung hat Bohm anscheinend viele verschiedene Ebenen der impliziten Ordnung ins Auge gefasst. In den einfacheren Formen der Theorie besteht der Stoff des Universums aus Teilchen und Feldern, und Veränderung erfolgt durch eine spezielle Reihe von Gleichungen, die deterministische Form haben, auch wenn ihr Ergebnis nicht unbedingt deterministisch ist. Ob diese Version, selbst in dieser einfachsten Form, vollständig ist oder nicht, ist unklar, denn fachlich ist fraglich, ob die Anfangsbedingungen die spätere Entwicklung des Universums eindeutig bestimmen oder nicht.

Hier möchte ich einen bestimmten makrobasierten Ansatz verfolgen, nämlich die *Historien-Interpretation der Quantentheorie*, die meiner Meinung nach zu einem sehr klaren Verständnis führen kann, was erforderlich ist, damit die Quantenmechanik zu einer vollständigen Theorie erweitert werden kann. Denken Sie daran, dass der Zustand, der in der ursprünglichen Form der Quantentheorie ein grundlegendes Objekt ist, so verstanden werden kann, dass die Wirkung der früheren Historie in ihm enkodiert ist. Bei der Historien-Interpretation wird diese Historie als der Stoff der Theorie betrachtet und der Zustand nimmt eine untergeordnete Rolle ein. Eine »Historie« ist hier eine Abfolge von Aussagen über die Welt – etwa: »Zuerst gibt es eine Gaswolke; dann bildet sie Galaxien; dann bringen sie Sterne hervor; dann bringt mindestens einer von ihnen Planeten hervor …« (oder auch etwas detaillierter und unter Bezug auf Laborphysik).

Die Quantenmechanik wird dann als ein Verfahren zur Berechnung der Wahrscheinlichkeit einer gegebenen Historie interpretiert. Wenn zum Beispiel die Wahrscheinlichkeit der obigen Historie ½ beträgt, dann glauben wir, dass die Chancen für ein Universum, das Planeten enthält, 50:50 standen und dass die Entstehung der Erde daher nicht sonderlich bemerkenswert ist. Eine Wahrscheinlichkeit von 0 bedeutet, dass die vorgeschlagene Historie so unwahrscheinlich ist, dass sie im Grunde unmöglich wird, wohingegen eine Wahrscheinlichkeit von 1 bedeutet, dass sie so sicher ist, dass sie im Grunde unvermeidlich ist. Daraus kann man ersehen, dass »Veränderung« eher anarchische Züge trägt. Alles ist möglich, eingeschränkt nur durch das Zusammenspiel der Wahrscheinlichkeiten.

Ich habe mich nur vage dazu geäußert, welche Aussagen zu einer Historie gehören könnten, und tatsächlich verbirgt sich hinter dieser Vagheit die Unvollständigkeit der Theorie. Denn wenn wir schon eine Vorstellung davon haben, was wir in einer Historie unterbringen wollen, dann führen wir bereits implizit eine gewisse Spezifikation des Universums ins Bild ein. In meinem Beispiel über die Entstehung der Planeten gibt es von vornherein viele versteckte Annahmen über die Art der kosmologischen Bilder, die wir für ungefähr richtig halten, und dann erst ziehen wir die Physik heran, um zwischen Modellen zu entscheiden, die wir dadurch bereits ausgewählt haben. Was würde passieren, wenn wir diese Vorauswahl unseres bereits bekannten Wissens über das Universum fallen ließen und in unsere Historien alles aufnähmen, was einem Quantenzustand auf Makroebene entspricht? In diesem Fall würden wir viel zu viele Möglichkeiten eröffnen. Erstens würden wir so viele mögliche Historien einführen, dass sich ihre Wahrscheinlichkeiten auf mehr als 1 addieren würden. (Stellen Sie sich vor,

Sie werfen einen Würfel und bekommen, noch während er rollt, gesagt, dass er auf jeder Seite mit einer Wahrscheinlichkeit von ½ zu liegen kommt.) Zweitens entsprechen fast alle Quantenzustände Situationen, die schlicht nicht beobachtet werden. Es gibt nämlich eine große Anzahl von Zuständen, die sich aus einer rein mathematischen Operation ergeben, bei der eine Superposition (eine Art Durchschnitt; wird später noch besprochen) von zwei akzeptablen physikalischen Zuständen herangezogen wird. Dabei kommt etwas heraus, das mathematisch gut definiert ist, aber keine reale Interpretation hat. Zum Beispiel kann man einen Zustand definieren, der eine Superposition oder Überlagerung davon darstellt, dass ich im Schlafzimmer bin und dass ich im Badezimmer bin. Das bedeutet nicht, dass ich mich im Flur dazwischen befinde. Wenn es überhaupt etwas bedeuten würde, dann dass ich mich bis zu einem gewissen Grad im Schlafzimmer und nirgendwo sonst und bis zu einem gewissen Grad im Badezimmer und nirgendwo sonst befinde – und das ergibt in Bezug auf unser übliches Erleben keinen Sinn. Wir müssen die Physik irgendwie verändern oder ergänzen, damit sie mit dem übereinstimmt, was wir tatsächlich wahrnehmen. (Im Abschnitt über Dekohärenz weiter unten komme ich noch einmal auf dieses Beispiel zurück).

Wir müssen also etwas tun, um die Ereignisse, die in einer Historie auftreten können, einzugrenzen. Bisher hat man einfach die Bedingung gestellt, dass sich die Wahrscheinlichkeiten auf 1 addieren müssen. Eine Zusammenstellung solcher Historien wird als *konsistenter* Historiensatz bezeichnet. Das Problem dabei ist, dass dies erstens willkürlich ist, da man händisch etwas einfügt, das man nicht durch eine physikalische Theorie erklären kann. Und zweitens funktioniert selbst dies nicht, weil es immer noch Historien zulässt, die unmögliche Zustände der eben beschriebenen Art enthalten. Das müssen wir besser machen, und der Schlüssel dazu liegt in einer Anforderung, die ich oben erwähnt habe, nämlich dass wir eine Physik brauchen, die »mit dem übereinstimmt, was wir tatsächlich wahrnehmen«. Dazu müssen wir sicherlich etwas über die Natur der Wahrnehmung in unsere Theorie aufnehmen. Mit anderen Worten, eine vollständige Erklärung der uns bekannten Welt muss eine Erklärung über unser Erkennen, unsere Wahrnehmung, beinhalten.[9] Wir stellen also fest, dass die Quantentheorie nicht nur Hinweise auf das menschliche Erleben bietet, sondern auch, dass sie das menschliche Erleben braucht, um eine wirklich vollständige Theorie zu sein.

Bewusstsein

Dass Bewusstsein zur Vervollständigung der Quantentheorie herangezogen wird, hat eine lange Geschichte, die von Wigner bis Penrose reicht. Diese Ideen fallen meist in die Kategorie der zustandsbasierten Theorien, wobei Bewusstsein die Rolle eines Faktors spielt, der die Entwicklung des Zustands beeinflusst. Penroses Theorie bildet eine Ausnahme, denn hier beeinflusst die Gravitation den Zustand, und der gesamte Prozess manifestiert sich als Bewusstsein. Die anderen Theorien dieser Klasse leiden unter einem Problem, das den meisten Formen des interaktionistischen Dualismus, der Bewusstsein als eine vom Physischen getrennte Realitätsebene betrachtet, gemein ist: Was genau soll Bewusstsein tun, was materielle Entitäten nicht können, und wie genau interagiert ein immaterielles Bewusstsein mit einem materiellen Universum? In den letzten Jahren hat sich jedoch die Notwendigkeit eines neuen Ingrediens herauskristallisiert, das Heinz-Dieter Zeh (vielleicht irreführend) als *Theory of Mind*, als Theorie des Geistes bezeichnet hat. Damit meint er nicht eine eigene Wirklichkeitsebene, die mit dem Physischen interagiert, sondern eine Theorie darüber, welche Arten von Dingen *in der physischen Welt* dem entsprechen, was wir als »Geist« in einem mit Wahrnehmung verbundenen Sinne bezeichnen. Diese Dinge werden dann in unserer Physik als der Punkt ausgewählt, auf

9 Dem kann man entgegenhalten, dass für die Quantentheorie nicht die Tatsache der Wahrnehmung von Bedeutung ist, sondern die Tatsache, dass eine Aufzeichnung der Außenwelt erfolgt. Dagegen lässt sich einwenden, dass (a) in Ermangelung intelligenter Wesen, die die »Aufzeichnung« interpretieren, nicht klar ist, was eine Aufzeichnung ausmacht und was nicht; (b) es seltsam erscheint, Dinge von der Betrachtung auszuschließen, die wir zwar vorübergehend wahrnehmen, dann aber vergessen, ohne dass eine Aufzeichnung bleibt; (c) philosophisch betrachtet, ist die Wahrnehmung von grundlegender Bedeutung, denn alles, was wir uns vorstellen und worüber wir theoretisieren, hat seine Wurzeln in unserer unmittelbaren Wahrnehmung der uns umgebenden Welt.

den wir das Kriterium anwenden, dass die Theorie mit dem übereinstimmen sollte, was wir wahrnehmen. Unsere Physik muss so beschaffen sein, dass sich herausstellt, dass der Geist Erfahrungen macht, die (in gewisser Weise) den unseren gleichen.

Wenn wir über Wahrnehmung oder Erleben sprechen, müssen wir klären, was damit gemeint ist. Wir können Wahrnehmung entweder »von innen heraus« denken, aus der Sicht des geistig begabten Organismus, der das Erlebnis hat (die Ich- oder Erste-Person-Perspektive), oder »von außen«, aus der Sicht eines Beobachters, der feststellt, was sich im Verhalten des Organismus, der das Erlebnis hat, ändert (die Dritte-Person-Perspektive). Ich werde mich hier auf erstere Perspektive konzentrieren, wenn ich über Bewusstsein spreche, und ich übernehme die Ansicht von Max Velmans in seinem Buch *Understanding Consciousness*, in dem er wie folgt erklärt, was er mit dem Begriff meint:

> Wir wissen, wie es ist, bei Bewusstsein zu sein (wenn wir wach sind), und wie es ist, nicht bei Bewusstsein zu sein (im traumlosen Schlaf). Wir wissen auch, wie es ist, sich *einer Sache* bewusst zu sein (wenn wir wach sind oder träumen), im Gegensatz dazu, sich dieser Sache nicht bewusst zu sein.
>
> Dieses Alltagsverständnis bietet einen einfachen Ausgangspunkt. Eine Person oder eine andere Entität ist bewusst, wenn sie etwas erlebt. Umgekehrt ist eine Person oder Entität nicht bewusst, wenn sie nichts erlebt. Etwas verallgemeinert können wir sagen: Wenn Bewusstsein vorhanden ist, sind auch phänomenale Inhalte vorhanden. Umgekehrt gilt: Wenn phänomenale Inhalte fehlen, fehlt auch Bewusstsein.
>
> Die »Bewusstseinsinhalte« umfassen alles, dessen wir uns bewusst sind; alles, was wir wahrnehmen oder erleben. Dazu gehören nicht nur Erlebnisse, die wir normalerweise mit uns selbst in Verbindung bringen, wie Gedanken, Gefühle, Bilder, Träume, Körperempfindungen und so weiter, sondern auch die erlebte dreidimensionale Welt (die phänomenale Welt) jenseits der Körperoberfläche.

Diese grundlegende Idee des Erlebens in der ersten Person kann einem leicht entgehen. Sie ist so einfach, so unmittelbar, dass wir sie gar nicht sehen können, wie der sprichwörtliche Fisch, der das Wasser nicht wahrnimmt. Bewusstsein in diesem Sinne ist weder Selbstbewusstheit, noch das Wahrnehmen von Dingen, noch das Lösen von Problemen, noch Selbstgespräche ... es ist einfach Gewahrsein.

Um also zur Physik zurückzukehren: Vergegenwärtigen Sie sich, dass wir gefragt haben, ob eine Theorie des Geistes, eine Theorie dessen, was gewahr ist oder wahrnimmt, die moderne Physik vervollständigen könnte, indem sie den Geist (einschließlich des menschlichen Geistes, versteht sich) zur Auswahl der möglichen Inhalte von Historien heranzieht. Wenn wir diese Definition verwenden, können wir sagen, dass die Theorie des Geistes eine *Theorie des Bewusstseins* sein muss.

Lässt sich eine Bewusstseinstheorie mit den Begriffen der bestehenden Physik formulieren – oder, falls nicht, wie weit müssen wir über die Physik hinausgehen? Zur Klärung dieser Frage hilft der Blick auf eines der erfolgreicheren Beispiele für eine Theorie des Geistes, nämlich auf die nach Donald (1995). Donalds Ausgangspunkt ist die Tatsache, dass unser Bewusstsein mit unserem Gehirn verbunden ist, das offenbar die Eigenschaften eines Schaltmechanismus hat, und so wird seine Theorie des Geistes zu einer Theorie bestimmter Schaltmechanismen. Aber bei einer solchen Theorie könnte auch eine hochentwickelte Telefonzentrale als Besitzerin von Geist durchgehen, und warum sollte eine Telefonzentrale sich irgendeiner Sache bewusst sein? Verallgemeinernd können wir bei dieser Idee davon ausgehen, dass *jeder* noch so komplexe physikalische Mechanismus, den wir beschreiben, diese Funktionen völlig ohne Bewusstsein ausführt. Bewusstsein in dem hier verwendeten Sinne ist *per definitionem* eine Idee aus der Perspektive der ersten Person, und die Beschreibung einer physikalischen Struktur ist eine Idee aus der Perspektive der dritten Person. Man kann Ersteres nicht von Letzterem ableiten. Dieses Argument ist die Grundlage für die Position von David Chalmers, die ich bereits beschrieben habe, nämlich dass eine Bewusstseinstheorie niemals auf Grundlage der Bestimmung einer Funktion oder einer physikalischen Beschreibung konstruiert werden kann.

Wie Chalmers zeigt, kann man zwar nicht von einer Erzählung aus Sicht der dritten Person (also beispielsweise Physik) zu einer Erzählung aus Sicht der ersten Person (Bewusstsein) gelangen, umgekehrt ist dies aber sehr wohl möglich: Wenn Bewusstsein als primitives Element in der Theorie betrachtet wird (und ein paar primitive Elemente müssen alle Theorien haben), dann können wir objektive Konzepte aus Sicht der dritten Person im Sinne von Konzepten aus Sicht der ersten Person definieren, indem wir aus den Sichtweisen aus der Erste-Person-Perspektive diejenigen Elemente herausfiltern, die die Menschen gemeinsam haben. Durch eine Umkehr der üblichen Argumentationskette eröffnet sich eine Möglichkeit (und zwar eine, die nicht von vornherein fehlerhaft ist) zu bestimmen, was bewusst ist.

Eine auf diese Weise eingeführte Bewusstseinstheorie kann nicht als Physik im üblichen Sinne betrachtet werden, da sie sich im Wesentlichen mit subjektiven Erfahrungen aus Sicht der ersten Person befasst. Ich betrachte dies als ein starkes, wenngleich nicht zwingendes Argument für die Idee, dass die Physik an sich unvollständig ist und durch eine subjektive Darstellung des Bewusstseins ergänzt werden muss. Die Bedeutung dieses Arguments liegt darin, dass es uns sagt, wie die Bewusstseinstheorie sich dann in die Physik einfügt: Sie wählt aus dem Spektrum der Möglichkeiten, die in den von der Physik beschriebenen Historien auftreten können, nur diejenigen aus, die aus Sicht des Bewusstseins sinnvoll sind. Bewusstsein ist also damit befasst, die Bedeutungsmuster festzulegen, innerhalb derer sich die physikalische Wirklichkeit manifestiert. Und die Quantenphysik bietet genau das richtige Maß an Indeterminismus und Flexibilität, damit Bewusstsein das leisten kann.

Die Dekohärenz-Debatte

Was ist Dekohärenz?

Wir haben gesehen, dass die Quantentheorie einerseits viele sinnvolle Hinweise auf das menschliche Erleben enthält und dass andererseits das menschliche Erleben der Quantentheorie eine Möglichkeit bietet, zu einer vollständigen Theorie zu werden. All das hängt jedoch davon ab, ob die besonderen Merkmale der Quantentheorie

(Nichtlokalität und Quantenlogik) auf Längenskalen, die für das Gehirn relevant sind, manifestiert werden können. Aus Sicht der etablierten Physik gibt es ziemlich starke Argumente, wonach dies nicht möglich ist. Diese will ich hier darzulegen versuchen, doch zunächst muss ich ein wenig mehr über den Quantenzustand erklären.

Ich habe gesagt, dass der Zustand sowohl alles Wesentliche vom Einfluss der früheren Historie enthält als auch Wahrscheinlichkeiten für die Zukunft angibt. Allerdings besitzt der Zustand eine umfassendere Struktur als nur Wahrscheinlichkeiten. Letztere werden durch einfache Zahlen ausgedrückt, die zwischen 0 und 1 liegen. Zustände hingegen werden durch *komplexe Zahlen* beschrieben, die sich aus einer einfachen Zahl und einer *Phase* zusammensetzen, einem Winkel auf dem Kreis von 0 Grad bis 360 Grad. Die komplexen Zahlen, die in die Beschreibungen von Zuständen eingehen, werden als *Amplituden* bezeichnet, im Unterschied zu den Wahrscheinlichkeiten, die die klassische Statistik beschreiben.

Amplituden kann man etwa im Wege der anschaulichen Analogie zu einer elektromagnetischen Welle verstehen. Um die Welle an einem beliebigen Punkt zu beschreiben, muss man sowohl ihre Stärke (eine Zahl) als auch die Richtung kennen, in die das elektrische Feld weist (ein Winkel). Bei einer Welle, die sich horizontal bewegt, steht das elektrische Feld beispielsweise immer im rechten Winkel zur Welle, kann dabei aber horizontal, vertikal oder in einem beliebigen Winkel dazwischen ausgerichtet sein.

Die Unterscheidung zwischen Wahrscheinlichkeiten und Amplituden führt zu einer Unterscheidung zwischen einer Mischung und einer Überlagerung oder Superposition. Wenn ich eine Münze werfe und sie verdecke, können die Wahrscheinlichkeiten für Kopf oder Zahl (beide 0,5) durch einen klassischen Zustand ausgedrückt werden, der eine Mischung aus Kopf und Zahl ist. Daran ist überhaupt nichts Quantenmechanisches. Nun denken Sie im Gegensatz dazu an die Lage eines Elektrons, das sich wie ein kleiner Magnet verhält, dessen Nordpol in eine bestimmte Richtung zeigt. Ich könnte einen Zustand darstellen, der eine Mischung aus Zuständen ist, bei denen die Richtung des Pols einmal nach oben und einmal nach unten zeigt, genau wie beim Münzwurf, was einen simplen

Informationsmangel ausdrückt. Stattdessen kann ich aber auch eine Überlagerung der beiden Zustände mit gleichen Wahrscheinlichkeiten darstellen. Dies führt nicht nur zu Wahrscheinlichkeiten dafür, ob der Pol nach oben oder unten weist, sondern korrespondiert auch damit, dass das Elektron in eine bestimmte horizontale Richtung zeigt, je nach den relativen Phasen der beiden Zustände, die kombiniert werden. (Dieses Auftreten einer neuen Eigenschaft ist ein bisschen wie das Rührei in dem kulinarischen Beispiel weiter oben).

Können wir einen Zustand eines Gehirns oder sogar eines Teils eines Gehirns darstellen, das bzw. der sich in einer Überlagerung und nicht in einer Mischung verschiedener Gedanken befindet? Oder können wir eine Überlagerung darstellen, in der ich mich, wie im bereits erwähnten Fall, im Badezimmer oder im Schlafzimmer befinde? Vorstellungen von einem Quantenbewusstsein würden voraussetzen, dass wir in der Lage sind, im Falle von Gedanken im Gehirn Überlagerungen herzustellen, nicht aber im Falle von Positionen materieller Körper. Wo liegt der Unterschied?

Eine Antwort liefert die Dekohärenztheorie. Sie beschreibt die Art und Weise, wie die Umgebung mit einer Superposition wechselwirkt, sodass sich dies auf die Phase der Amplituden ihrer einzelnen Zustände auswirkt. Diese Phase reagiert äußerst empfindlich auf Störungen: Die Einwirkung eines einzigen der schwächsten in der Natur vorkommenden Photonen versetzt die relative Phase einer Superposition in Rotation mit einer Frequenz von 400 Gigahertz (Computergeschwindigkeiten werden in wenigen Gigahertz gemessen). Die beiden überlagerten Zustände müssen dazu lediglich verschieden genug sein, sodass sie mit der Störung auf unterschiedliche Weise wechselwirken. Dieser Effekt wird als *Dekohärenz* bezeichnet, da die Phasen der Zustände bei Abwesenheit der Störung »kohärent« bleiben, also im Gleichschritt. Je größer das System, desto wahrscheinlicher ist es, dass es gestört wird. Im Fall der Ausrichtung des Nordpols eines Elektrons ist ein Elektron mit nach oben weisendem Pol praktisch nicht von einem Elektron mit nach unten weisendem Pol zu unterscheiden, und beide Zustände reagieren auf Störungen in gleicher Weise, sodass die Dekohärenz sehr langsam abläuft. Im anderen Extremfall, wenn wir an einen großen Körper in zwei verschiedenen Positionen denken, wird der kleinste Störfaktor große Auswirkungen hervorrufen, die in beiden Zuständen ganz unterschiedlich sind, was tatsächlich zu sehr schneller Dekohärenz führt.

Selbst wenn wir einen großen Körper in einer Überlagerung von Zuständen darstellen könnten, in denen er verschiedene Positionen einnimmt, würde sich der Zustand fast sofort in eine Überlagerung verwandeln, deren Phase völlig zufällig und unbekannt geworden wäre. Mit anderen Worten, der *eine* Faktor, der eine Quantenüberlagerung von einer klassischen Mischung unterscheidet, hat sich jeglicher Beobachtung entzogen. Eine Überlagerung mit zufälliger Phase ist dasselbe wie eine Mischung. Wie verhält es sich mit der Überlagerung von Gehirnzuständen, die verschiedenen Gedanken entsprechen? Diese beinhalten eine unterschiedliche Verteilung verschiedener Stoffe im Gehirn und sollten daher, so könnte man annehmen, leicht der Dekohärenz zum Opfer fallen.

In der Physik wären hier viele der Meinung, dass damit die gesamte Idee eines Quantenbewusstseins im Keim erstickt wird. Warum, so könnten sie fragen, habe ich nicht mit diesem Abschnitt begonnen und mir so die Mühe erspart, den ganzen Rest zu schreiben? Darauf gibt es zwei Antworten. Erstens, weil im Hinblick auf eine Vereinheitlichung von Psychologie und Physik sehr viel gewonnen wäre, wenn ein Mechanismus zur Umgehung der Dekohärenz gefunden werden könnte, und es sich deshalb also durchaus lohnt, einige Mühen auf sich zu nehmen, um so etwas zu finden. Zweitens, wenn wir die Idee des Quantenbewusstseins nicht zum Laufen bringen können, dann bleibt die Unvollständigkeit der Quantentheorie ein Problem. Das liegt daran, dass Dekohärenz zwar sehr schön erklärt, warum sich diese Systeme, vorausgesetzt die Welt besteht aus verschiedenen makroskopischen Systemen, auf klassische Weise verhalten (sodass es für mich keine Überlagerung zwischen Badezimmer und Schlafzimmer geben kann), nicht aber, warum aus der Bandbreite dessen, was der Formalismus der Quantenmechanik erlaubt, gerade diese verschiedenen Objekte ausgewählt werden sollten. Ich möchte daher zwei mögliche Argumente anführen, die darauf hindeuten, dass die Wirkung der Dekohärenz beim Gehirn ein Quantenbewusstsein nicht unbedingt unterminiert.

Die Theorie von Hameroff und Penrose (1996)
Der Kern dieser Idee besteht darin, Strukturen im Gehirn zu identifizieren, die sowohl sehr gut vor Dekohärenz geschützt als auch geeignet sind, am Denkprozess teilzunehmen. Das sind die Mikrotubuli, ein Netzwerk aus langen dünnen Röhren, das zum inneren »Skelett« jeder lebenden Zelle gehört. Die Wände bestehen aus regelmäßigen Anordnungen eines Proteins. Dieses Protein hat zwei stabile Formen, die sich in der Anordnung der Einheiten, aus denen es besteht, leicht unterscheiden. Überlagerungen entstehen zwischen Zuständen, bei denen unter allen Proteinen, aus denen die Röhre besteht, diese beiden Formen unterschiedlich angeordnet sind. Der Schutz vor Dekohärenz wird durch den sehr geringen Unterschied zwischen den beiden Formen des Proteins und durch die Abschirmung gewährleistet, die dadurch erfolgt, dass außerhalb des Mikrotubulus Wasser und andere Moleküle angeordnet sind.

Es wird vermutet, dass die Mikrotubuli durch die Art und Weise, wie Wellen, die den Tubulus hinauf- und hinunterlaufen, Rechenprozesse koordinieren können, am Denken beteiligt sind, wobei die beiden Proteinformen als die »Bits« in einem Informationssystem verwendet werden. Diese Überlegungen erfolgen im Rahmen der Penrose-Theorie, einer zustandsbasierten Theorie, der gemäß der Zustand in Folge von Quantengravitationsprozessen kollabiert und dieser Kollaps den »Stoff« des Bewusstseins bildet. Die entscheidende Frage ist daher, ob der Penrose-Kollaps vor oder nach dem Punkt stattfindet, an dem der Zustand durch Dekohärenz zu einer Mischung reduziert wird. 2004 argumentierten Faber und Rosa, Dekohärenz finde tatsächlich vor dem Penrose-Prozess statt, ihre Zeitskala sei aber immer noch lang genug, um weiterhin die Idee eines Quantenbewusstseins zuzulassen.

Die Idee der Mikrotubuli ist vielversprechend, aber bis sich zeigt, ob sie für die Fragen, die ich hier aufgeworfen habe, geeignet ist, ist noch sehr viel Arbeit zu leisten. Wie genau sind die Rechenprozesse in den Mikrotubuli mit den viel umfangreicheren neuronalen Prozessen verknüpft, die normalerweise als alleinige Grundlage des Denkens gelten? Kann diese Verknüpfung stark genug gelingen, dass die Mikrotubuli-Prozesse eine wichtige Rolle beim Denken spielen, aber wiederum nicht so stark, dass die Dekohärenz zu schnell wird? Wenn die Theorie von Hameroff und Penrose richtig ist, dann findet die Quantenrechnungsseite des Gehirns *vor* dem Zusammenbruch und damit vor dem Eingreifen des Bewusstseins statt. Dies steht im Widerspruch zu meinem auf subjektiver Erfahrung beruhenden Vorschlag, dass Quantenlogik tatsächlich ein charakteristisches Merkmal *bewusster* mentaler Operationen ist, und zwar auf Zeitskalen, die viel länger sind als die mit Mikrotubuli-Prozessen verbundenen. In dem frühen Stadium, in dem sich diese Theorie befindet, haben diese Fragen jedoch eher den Charakter von Forschungsvorschlägen als von Einwänden.

Kohärenz, Leben und Bewusstsein

Wenn wir Penroses Bewusstseinstheorie übernehmen, dann ist eine »Theorie des Geistes« im Sinne des vorherigen Abschnitts nicht erforderlich. Bewusstsein entsteht nicht durch den Geist im Sinne der Funktion einer bestimmten biologischen Struktur, sondern durch einen physikalischen Effekt, der im Universum sehr weit verbreitet ist. Allerdings hängt es von einer künftigen Quantengravitationstheorie ab, die viele als spekulativ betrachten. Wenn diese Theorie scheitert, können wir immer noch die Mikrotubuli als dekohärenzfreien Raum nutzen, dann aber im Rahmen des soeben beschriebenen Ansatzes unter Verwendung von Historien und einer Theorie des Geistes. Aber wie tragfähig ist das?

In einer früheren Arbeit (Clarke, 2002) habe ich mich auf die Idee von Mae-Wan Ho (1998) gestützt, wonach alle lebenden Organismen »kohärent« sind. Diese habe ich mit der Philosophie des Panpsychismus verknüpft und vorgeschlagen, dass alle Lebewesen, möglicherweise rudimentär, bewusst sind. Das Problem dabei ist, dass Ho den Begriff »kohärent« in einem recht weiten Sinn verwendet – mit der verwirrenden Folge, dass »kohärent« nicht das Gegenteil von »dekohärent« ist! Dies zeigt sich deutlich in dem durch Ian Marshall und Danah Zohar (1990) bekannt gewordenen Beispiel, bei dem ein (zuerst von Fröhlich erwogener) quantenmechanischer Mechanismus vorgeschlagen wird, der schwingende Moleküle im gesamten Gehirn zu einer einzigen Schwingung verbinden könnte, die wiederum das Substrat für Bewusstsein bildet. Dies (ein Beispiel für einen allgemeinen Mechanismus, der als Bose-Einstein-Kondensation bezeichnet wird) ist sicherlich prinzipiell möglich, auch wenn es keinen direkten Beweis dafür gibt, dass Neuronen tatsächlich über die Mechanismen verfügen, um dies in der ursprünglich vorgeschlagenen Weise umzusetzen (siehe Clarke, 1994). Nehmen wir jedoch einmal an, durch irgendeinen Mechanismus könnte eine globale Synchronisation dieser Form erreicht werden. Sie wäre kohärent in dem Sinne, dass alle beteiligten Moleküle in Phase miteinander schwingen würden. Aber sie muss nicht kohärent im Sinne der Dekohärenztheorie sein: Wo eine Bose-Kondensation durch aktive physiologische Prozesse in der von Fröhlich diskutierten Form aufrechterhalten wird, wirkt immer noch die Umgebung auf sie ein, sodass sich Überlagerungen in Mischungen verwandeln.[10] Dies könnte ein Hindernis für jeglichen Versuch darstellen, den Zusammenbruch der Mikrotubuli zu einem Phänomen zu koordinieren, das im gesamten Gehirn auftritt.

Ich glaube, dass wir hier nur dann weiterkommen, wenn wir die Lehren aus der Philosophie der vorangegangenen Abschnitte ernst nehmen. Ich habe argumentiert, dass die Einführung der Quantentheorie die gesamte klassische Vorstellung, wonach die ultimative Realität im Atomismus liegt, infrage gestellt hat, und den Argumenten von Chalmers habe ich die Idee entnommen, dass Bewusstsein (in dem Sinne wie Chalmers und Velmans das Wort verwenden) als ein außerhalb der Physik liegender, primitiver Bestandteil unserer Theorie betrachtet werden muss. Dies spiegelt sich jedoch nicht in den Argumenten wider, die ich für die Berechnung von Dekohärenzeffekten angeführt habe. Sie basieren alle auf atomistischen Prinzipien, die unverbundene Teilchen als grundlegend betrachten und daher davon ausgehen, dass es Korrelationen nur dann geben kann, wenn sie bottom-up, also von unten nach oben, aus Teilchen abgeleitet werden können. Die Rolle des Kontexts wird ignoriert, und alle Argumente werden wie im absolut klassischen Kontext eines ganzen Universums voller Teilchen vorgetragen. Die Alternative, die sich in der Philosophie allmählich durchsetzt, ist ein *partizipatives* Weltbild (Heron & Reason 1997; Ferrer 2003),

---

10 Die Situation unterscheidet sich von der der Niedertemperatur-Bose-Kondensationen, die heute im Labor untersucht werden, wo die Bedingungen für Kohärenz und fehlende Dekohärenz zusammenfallen.

demzufolge die »objektive« Welt aus den gegenseitigen Überschneidungen der subjektiven Welten unzähliger bewusster Wesen abgeleitet wird sowie Kohärenz vom Bewusstsein übernommen und nicht Bewusstsein von Kohärenz abgeleitet wird. Es erübrigt sich zu erwähnen, dass die Artikulierung dieses Gedankens innerhalb der Physik ein schwieriges und radikales Programm für die Zukunft darstellen würde.

Eine alternative Erzählung von Welt und Ich

Wir haben uns nun aus dem Würgegriff des kartesianischen Dualismus befreit, der zu der Erzählung von einem sinnlosen Universum geführt hatte. Descartes erklärte die Trennung von und Wechselwirkung zwischen Geist (»denkender Stoff«) und Materie (»ausgedehnter Stoff«) damit, dass sie unterschiedliche Funktionen haben und unterschiedliche Substanzen sind. Eine solche Trennung ist, wie wir gesehen haben, nicht tragfähig. Wir haben die möglichen Grundlagen einer vereinheitlichten Darstellung vorgestellt, die auf Bewusstsein basiert, aus dem objektive physikalische Entitäten abgeleitet werden. Dabei wird die Unterscheidung zwischen der Rolle des Bewusstseins im Allgemeinen und den aus ihm erwachsenden konkreten physikalischen Strukturen nicht im Hinblick auf dynamische Funktion, sondern im Hinblick auf Sinn aus Sicht der ersten Person beziehungsweise Dynamik aus Sicht der dritten Person getroffen.

Die Antwort auf die Frage »Wie ist die Welt wirklich?« ist eine Erzählung, die ebenso viel über unser Ich wie über die Welt aussagt, denn in diesem Bild spielen wir – in Abstimmung mit allen anderen bewussten Wesen und unter dem Einfluss des Kontextes des gesamten Universums – eine Rolle bei der Gestaltung dessen, was die Welt ist. Wir sind Mitschöpfer im Universum – Mitschöpfer mit Gott, wenn man die theistische Terminologie verwenden möchte.

Das bewusste »Ich«, das sich aus diesem Bild ergibt, ist im physischen Körper verankert, aber nicht mit ihm identisch. Einerseits ist mein Bewusstsein nur mit einem Teilsystem der vielen wechselwirkenden und sich vollständig überschneidenden Teilsysteme verbunden, die zusammen meinen gesamten Körper bilden. Andererseits schließt dieses Teilsystem durch die Quanten-Nichtlokalität auch Aspekte aller anderen Wesen, die ich wahrnehme, sowie von Menschen, mit denen ich eine empathische Verbindung habe, ein.[11] Wir sind nicht voneinander und von der Welt getrennt wie die Atome im Newtonschen System, sondern integral miteinander verbunden.

Wir haben eine tief verwurzelte Intuition, dass Freiheit integraler Bestandteil unseres Wesens ist. Im Lichte dieses Bildes erscheint dies bis zu einem gewissen Grad illusorisch. Wenn ich die Wahl habe zwischen bestimmten, im Voraus festgelegten Alternativen, entscheide ich mich wahrscheinlich zum einen Teil für die Anwendung vergleichsweise mechanistischer Problemlösungstechniken und zum anderen für den Zufall. Es ist immer noch meine Wahl, in dem Sinne, dass sie sich aus der Gesamtheit dessen ergibt, was ich bin und was sich im Laufe meines Lebens herausgebildet hat, aber es ist nicht ganz das, was ich annehmen möchte, wenn ich von meinem »freien Willen« spreche. Wenn ich mich andererseits kreativ auf eine neue Sichtweise, einen neuen Bedeutungsrahmen einlasse, dann verändere ich die Art und Weise, wie mein Bewusstsein innerhalb der Historien, an denen ich beteiligt bin, auswählt. Dies liegt außerhalb der mechanistischen Dynamik der Physik und geht bis an den Kern des Ichs. Aus dieser Quelle der Kreativität entspringen Vorstellungen von Wert und Verantwortung.

Dies ist ganz klar ein Bild, das unser Menschsein bejaht, anstatt es zu leugnen. Zugleich ist es ein Bild, das mit der bestehenden Wissenschaft im Einklang steht und nicht versucht, eine alternative New-Age-Wissenschaft zu erfinden. Auf der Grundlage eines solchen Ansatzes ist es uns möglich, die Werte unserer Humanität und unserer Verbundenheit mit der Welt um uns zu bejahen und gleichzeitig auf all dem aufzubauen, was wir durch die rigorose Anwendung der Naturwissenschaften gelernt haben. Ich glaube, dass wir nur mit dieser Kombination aus subjektiver Dimension und fundierten wissenschaftlichen Erkenntnissen eine Zukunft auf diesem Planeten finden werden.

---

11 Siehe auch Sheldrake (2003). Die hier vorgeschlagene Theorie bleibt jedoch innerhalb einer vergleichsweise konventionellen Physik und Psychologie und ohne den kartesianischen Dualismus von Sheldrakes Geistbegriff.

Quellen

Bohm, David und Hiley, Basil J.; *The Undivided Universe*, Routledge 1993.

Chalmers, David J.; »Facing up to the problem of consciousness«, *Journal of Consciousness Studies* 2 (3) 195, S. 200–219.

Clarke, C. J. S.; »Distributed pumped dipole systems do not admit true Bose condensations«, *Jornal of Physics A* 27, 1994, S. 5495–5500.

Clarke, C. J. S.; *Living in Connection,* Creation Spirituality Books 2002.

Cleve, Felix M.; *The Giants of Pre-Sophistic Greek Philosophy: An Attempt to Reconstruct Their Thoughts* (2 Bände), Martinus Nijhoff Publishers 1965.

Donald, Matthew J.; »A mathematical characterisation of the physical structure of observers«, *Foundations of Physics* 25, 1995, S. 529–571.

Faber, Jean und Rosa, Luiz Pinguelli; »Quantum models of mind: Are they compatible with environment decoherence?« *Quantum Physics*, Cornell University, eingereicht am 5. März 2004, https://arxiv.org/abs/quant-ph/0403051.

Ferrer, Jorge; *Revisioning Transpersonal Theory*, SUNY 2003.

Hameroff, S. R. und Penrose, R.; »Orchestrated reduction of quantum coherence in brain microtubules: a model for consciousness?« in Hameroff, Kaszniak, Scott (Hrsg.), *Toward a Science of Consciousness: The First Tucson Discussions and Debates*, MIT Press 1996, S. 507-540.

Heron, John und Reason, Peter; »A participatory inquiry paradigm«, *Qualitative Inquiry* 3, 1997, S. 274-294.

Ho, Mae-Wan; *The Rainbow and the Worm: the Physics of Organisms*, World Scientific, 2. Auflage 1998.

Kochen, Simon und Specker, Ernst; »The problem of hidden variables in quantum mechanics«, *Journal of Mathematics and Mechanics* 17, 1967, S. 59-87.

Murphy, Nancey und Ellis, George; *On the Moral Nature of the Universe: Theology, Cosmology and Ethics*, Fortress Press 1996.

Nagel, Thomas; »What is it like to be a bat?« in Thomas Nagel, *Mortal Questions,* Cambridge University Press 1979; dt.: *Letzte Fragen*, aus dem Amerikanischen von Karl-Ernst Prankel und Ralf Stoecker, erweiterte deutsche Neuausgabe, überarbeitet und mit einem Schriftenverzeichnis hrsg. von Michael Gebauer, Philo 1996.

Sheldrake, Rupert; *The Sense of Being Stared at and Other Aspects of the Extended Mind*, Hutchinson 2003; dt.: *Der siebte Sinn des Menschen: Gedankenübertragung, Vorahnungen und andere unerklärliche Fähigkeiten*, aus dem Englischen von Michael Schmidt, Scherz 2003.

Zohar, Danah; *The Quantum Self*, Bloomsbury 1990.

Ravi Ravindra

Yoga, Physik und Bewusstsein

Einführung

Entgegen unserem Wunsch, Wissenschaft und spirituelle Erkenntnis miteinander zu versöhnen, sind wir weit davon entfernt, zu diesen beiden Herangehensweisen an die Wirklichkeit klare Fragen stellen zu können. Wir wünschen uns eine Versöhnung dieser Disziplinen, weil uns beide als bedeutende und tiefgreifende Manifestationen der menschlichen Psyche erscheinen, und wir bilden uns ein, in der modernen Zeit irgendwie eine Versöhnung gefunden zu haben. Sowohl Yoga, das ein Ausdruck spiritueller Erkenntnis ist, als auch die Physik sind an objektivem Wissen interessiert. Allerdings unterscheidet sich beides »Wissen« voneinander. Dieser Unterschiede müssen wir uns bewusst sein, wenn wir uns nicht mit einer einfachen Integration oder einer oberflächlichen Versöhnung zufriedengeben wollen. Nichts ist irreführender als die Vorstellung, dass Frieden herrscht, wenn es keinen Frieden gibt. Die Illusion, dass wir bereits gefunden haben, was wir brauchen, verhindert, dass wir weitersuchen.

Die Wissenschaft geht davon aus, dass der wahrgenommenen Realität ein abstraktes und rein rationales Konstrukt zugrunde liegt. Was erlebt wird, wird daher als »Erscheinung« bezeichnet und das mentale Konstrukt als »Realität«. Wissenschaftliches Streben spekuliert über die imaginierte Realität und unterzieht diese Spekulationen experimentellen Überprüfungen, die lediglich bestimmte begrenzte Wahrnehmungen einbeziehen. Die sogenannte objektive Realität von wissenschaftlicher Bedeutung ist in Wirklichkeit eine Vermutung – vielleicht eine von vielen möglichen. Allerdings – und darin liegen Bedeutung und Glanz der Wissenschaft – werden diese subjektiven Projektionen des Geistes durch intersubjektive experimentelle Verfahren bestätigt oder falsifiziert.

Dennoch sind die Testverfahren nicht völlig unabhängig von dem theoretischen Rahmen, in dem die Beobachtungen stattfinden. Da wissenschaftliche Experimente immer ausgefeilter werden, ist die Frage, ob eine Beobachtung als Bestätigung einer bestimmten Vermutung gewertet wird, zunehmend Auslegungssache. Es ist nicht möglich, eine wissenschaftliche Beobachtung ohne vorausgehendes theoretisches System zu machen. In der Wissenschaft ist jede Theorie besser als keine Theorie. Das Theoretisieren ist für die wissenschaftliche Tätigkeit von grundlegender Bedeutung. Gegenstand der experimentellen Beobachtungen der Wissenschaft ist nicht die Natur, sondern es sind ihre Mutmaßungen über die Natur.

In einer Auseinandersetzung mit Albert Einstein sagte Niels Bohr: »Es ist falsch zu meinen, die Aufgabe der Physik bestünde darin, herauszufinden, wie die Natur ist. Die Physik befasst sich damit, was wir über die Natur sagen können.« (Moore 1966, S. 406.) Die wissenschaftliche Revolution markiert nicht nur eine Verlagerung von der Erfahrung zum Experiment,[12] sondern auch von der Suche nach einer gesicherten Wahrheit zur Theoriebildung über wahrscheinliche Wahrheiten. In der Wissenschaft ist die Realität Theorie.

Die durch die Wissenschaft entdeckte Realität ist nicht unbedingt etwas Gegebenes, das wir immer klarer und vollständiger wahrzunehmen versuchen, indem wir unsere Wahrnehmungen vertiefen oder reinigen, wie man es zum Beispiel im Yoga versucht. Vielmehr handelt es sich um etwas, das auf der Grundlage von Daten postuliert wird, die wir durch unsere gewöhnlichen Wahrnehmungen oder durch Wahrnehmungen gewonnen haben, die durch wissenschaftliche Instrumente quantitativ erweitert, aber nicht qualitativ transformiert worden sind.

Die wissenschaftliche These über den Menschen lautet, dass er wesenhaft ein rational Erkennender ist sowie dass alles andere an ihm zweitrangig ist und sich durch seine grundlegende rationale Natur erklären lässt. Diese Sicht des Menschen als primär leidenschaftsloser, körperloser Verstand, die als streng intellektuelle Sichtweise gelten könnte, wird von allen geteilt, die in ihrer professionellen Arbeit den Anspruch auf Wissenschaftlichkeit erheben,

12 Siehe Ravindra (2002).

von Descartes bis zu den modernen analytischen Philosophen. Andere menschliche Fähigkeiten – Gefühle und Empfindungen – gelten als unfähig, echtes Wissen hervorzubringen oder aufzunehmen. Es ist zweifellos richtig, dass unsere gewöhnlichen Sinnes- und Gefühlserfahrungen, so wie wir sind, begrenzt und subjektiv sind. In der Wissenschaft wird versucht, die Abhängigkeit von solchen Wahrnehmungen zu minimieren, indem man sich darauf einigt, die entsprechenden Aspekte der Realität nicht als objektiv real zu betrachten und sich nur mit den Aspekten zu befassen, auf die rationale Konstrukte angewendet werden können.

Die Aufgabe des Yoga und aller spirituellen Disziplinen ist nicht dieselbe wie die Aufgabe der wissenschaftlichen Forschung. Während die Wissenschaft sich bemüht, die Vorgänge in der Welt zu verstehen und zu steuern und dabei den rationalen Verstand als Werkzeug zur Erforschung und Erklärung einsetzt, sucht Yoga den Menschen so zu transformieren, dass die Wirklichkeit hinter der Welt erfahrbar wird.

Laut Patañjali, dem Verfasser der klassischen Schrift über Yoga, ist Yoga »die Beruhigung der *Vrittis* (Projektionen, Drehungen, Bewegungen, Schwankungen) des Geistes. Dann bildet sich die wahre oder wesentliche Form des Sehers heraus. Andernfalls kommt es zur Identifikation mit den Projektionen« (*Yogasutra* 1, 2-4). *Vrittis* des Geistes sind, wie Platons Schatten in der Höhle, Schimären, die für real gehalten werden. Für Patañjali muss der Geist völlig ruhig sein, um die Wahrheit über etwas zu erkennen. Der ruhige Geist ist der ursprüngliche Zustand. Es gibt jedoch Hindernisse (*kleshas*), die einen davon abhalten, die Wahrheit zu erkennen. Das *Yogasutra* spricht darüber, was diese *kleshas* sind und wie man sie beseitigt. Patañjalis Yoga ist eine Lehre, um den stillen Geist zu erreichen – die wahre Natur des Menschen. Nur dann kann man wahres Wissen über etwas erlangen.

Gleich zu Beginn sollte betont werden, dass die der Theorie und Praxis des Yoga zugrunde liegende Sichtweise von oben kommt, das heißt aus der Schau des höchstmöglichen Bewusstseinszustandes. Es handelt sich nicht um etwas, das von unten aufgebaut oder erdacht wurde oder das vom menschlichen Verstand überhaupt verstanden werden kann, so intelligent dieser auch sei. Yoga ist eine übermenschliche (*apaurusheya*) Offenbarung, sie kommt aus der Welt der Götter. In der Mythologie heißt es, der große Gott Shiva habe seiner geliebten Parvati zum Wohle der Menschheit Yoga gelehrt. Es ist durch menschliche Vernunft weder zu bestätigen noch zu widerlegen; im Gegenteil, die relative Gesundheit eines Geistes wird daran gemessen, inwieweit er mit dem übereinstimmt, was die vollendeten Weisen sagen, die durch die Praxis des Yoga transformiert wurden. Es ist eine Schau des *dritten Auges*, im Vergleich zu dessen Realität die beiden gewöhnlichen Augen nur Schatten sehen.

Zu betonen ist jedoch, dass Yoga keinen bloßen Glauben und auch ganz gewiss nichts erfordert, was dem Wissen entgegensteht. Vielmehr bedarf es der äußersten Anstrengung des gesamten menschlichen Wesens – Geist, Herz und Körper – für die Praxis, was zu einer vollständigen Transformation des Wesens führt, zu einer Veränderung, die nicht geringer ist als bei einer Speziesmutation. Yoga führt uns dahin, die Schau des Dritten Auges zu empfangen, wie Shiva und die Weisen sie besitzen, und will uns helfen, das Dritte Auge in uns zu entwickeln und zu öffnen, damit wir mit der spirituellen Schau Shivas und der Weisen sehen können. Die Etymologie des Wortes Yoga – abgeleitet von der Wurzel *yuj*, was so viel bedeutet wie »anjochen, vereinen, anschirren« – vermittelt das Ziel des Yoga, nämlich die Vereinigung mit der höchsten Ebene. Wenn der menschliche Körper-Verstand mit dem Geist (*Purusha, Atman, Brahman*) verbunden ist, der sich sowohl im Inneren des Menschen als auch im Äußeren befindet, ist die Person im Yoga. In diesem Zustand ist der Mensch frei von allen *kleshas* (Anhaftungen, Leidenschaften) und sieht, wie es ist.

Die Erfüllung des Ziels des Yoga erfordert die Transformation eines Menschen von der natürlichen und tatsächlichen Form in eine vollkommene und wirkliche Form. Der *Prakrita*-Zustand (wörtlich: natürlich, gewöhnlich, ungeschliffen) ist ein Zustand, in dem der Mensch zwingend in Reaktion auf die Kräfte der *Prakriti* (Natur, Kausalität, Materialität) handelt, die sowohl außerhalb als auch innerhalb des Menschen aktiv sind. Normalerweise ist der Mensch ein Sklave der mechanischen Kräfte der Natur, und alles Handeln wird durch das Gesetz des Karma, das Gesetz von Aktion und Reaktion, bestimmt. Durch Yoga kann man *samskrita* (wörtlich: wohlgeformt, kultiviert, verfeinert) werden und ist damit nicht mehr gänzlich den natürlichen Kräften und Neigungen ausgeliefert. Die Vorgehensweise des Yoga entspricht dem Erziehungsprozess. Sie hilft, das hervorzuholen, was eigentlich schon vorhanden, aber nicht verfügbar ist. Das allmähliche Hervorbringen der wirklichen Person (*Purusha*) in einem Aspiranten ist vergleichbar mit dem Herauslösen einer Figur aus einem ungeformten Stein. Wie in einer Bemerkung von Michelangelo: »Ich habe einen Engel in dem Marmorblock gesehen und so lange gemeißelt, bis ich ihn befreit habe«.

Die Unternehmung Yoga betrifft den ganzen Menschen und führt zu einer Umformung von Verstand, Körper und Gefühlen, kurzum zu einer Neugeburt. Der Yogi – der Mensch, der Yoga praktiziert und durch diese Praxis transformiert wird – ist der Künstler, der Stein und die Werkzeuge. Aber anders als bei der Bildhauerei erfolgt die Umformung beim Yoga im Wesentlichen von innen nach außen. Damit diese Analogie nicht dahingehend missverstanden wird, dass Yoga zu einem schroffen Individualismus führt, bei dem der Einzelne sein Schicksal selbst in die Hand nimmt, sei angemerkt, dass die Freiheit, die ein Yogi anstrebt, weniger eine Freiheit *für* das Ich als vielmehr eine Freiheit *vom* Ich ist. Aus streng metaphysischer Sicht kann man nicht sagen, dass Yogis die Künstler ihres eigenen Lebens sind; die wirkliche Initiative gehört allein Brahman, der im Herzen eines jeden Menschen wohnt. Ein Mensch erschafft keinen Zustand der Freiheit, aber mit der richtigen Vorbereitung kann ein Individuum die Anhaftung an die Oberfläche und das Beharren darauf, alles zu besitzen und zu kontrollieren, loslassen, um von dem besessen zu werden, was tief im Inneren ist. Yoga strebt nach *Moksha*, der bedingungslosen und unverursachten Freiheit. Dieser Freiheitszustand liegt naturgemäß jenseits der Dualitäten Sein-Nichtsein, Wissen-Unwissen und Aktivität-Passivität. Der Weg zu *Moksha* ist Yoga, das als Pfad oder Disziplin zur Integration dient. Yoga ist ebenso sehr Religion wie Wissenschaft wie Kunst, da es sich mit Sein (*sat*), Wissen (*jñana*) und Tun (*karma*) beschäftigt. Das Ziel von Yoga liegt jedoch jenseits dieser drei sowie auch jenseits aller Gegensätze, die sie implizieren.[13]

13 Siehe hierzu Ravindra (1978).

Der Körper und das Verkörperte

Yoga beginnt mit der Erkenntnis der menschlichen Situation. Der Mensch ist an die Gesetze des Prozesses gebunden, und infolge dieser Bindung leidet er. Yoga geht durch die Fokussierung auf Selbsterkenntnis vonstatten. Selbsterkenntnis kann sowohl als die wesentliche Methode als auch als das essenzielle Ziel des Yoga bezeichnet werden. Allerdings ist Selbsterkenntnis eine relative Angelegenheit. Sie hängt nicht nur von Tiefe und Klarheit der Erkenntnis ab, sondern auch davon, was als das zu erkennende Selbst betrachtet wird. Ein schrittweiser Wandel von der Identifizierung des Selbst als Körper (einschließlich Herz und Verstand) zur Identifizierung des Selbst als Bewohner des Körpers ist die wichtigste Entwicklung im Yoga. Die alten und modernen indischen Sprachen spiegeln diese Sicht in den Formulierungen wider, mit denen der Tod eines Menschen beschrieben wird: Im Gegensatz zu dem im Englischen (und Deutschen, Anm. d. Ü.) gebräuchlichen Ausdruck, »den Geist aufgeben«, sagt man »*den Körper aufgeben*«. Nicht der Körper hat den Geist, sondern der Geist hat den Körper. Der Yogi identifiziert die Person weniger mit dem Körper und mehr mit dem *Verkörperten.*

Die Identifikation der Person mit etwas anderem als dem Körper-Verstand und die damit einhergehende Freiheit vom Körper-Verstand wird nur durch ein angemessenes Funktionieren und Umstrukturieren von Körper und Verstand möglich. Hier ist es sinnvoll, das Sanskrit-Wort *Sharira* beizubehalten, um das moderne westliche philosophische Dilemma, das sogenannte Body-Mind-Problem (auch Leib-Seele-Problem, d. Ü.), zu umgehen. Obwohl *Sharira* für gewöhnlich mit Körper übersetzt wird, meint es den gesamten psychosomatischen Komplex aus Körper, Verstand und Herz.[14] *Sharira*

14 *Sharira* hat hier die gleiche Bedeutung wie *Fleisch* im Johannesevangelium, zum Beispiel in Johannes 1, 14, wo es heißt: »Und das Wort ward Fleisch und wohnte unter uns.« Siehe in diesem Zusammenhang Ravindra (1990). Das Wichtige, sowohl im indischen Kontext als auch bei Johannes, ist, dass das spirituelle Element, das *Purusha*, *Atman* oder *Logos (Wort)* genannt wird, über dem gesamten psychosomatischen Komplex eines Menschen steht und nicht mit dem Verstand gleichzusetzen ist.

ist sowohl das Instrument der Transformation als auch der Spiegel, der sie anzeigt. Die Art und Weise, wie jemand sitzt, geht, fühlt und denkt, kann helfen, das relativ »wirklichere« Selbst zu erkennen. Das Wissen um dieses Selbst spiegelt sich dann in der Art und Weise wider, wie diese Person sitzt, geht, fühlt und denkt. *Sharira* ist individualisiertes *Prakriti* und das notwendige Medium für die Vollendung und Manifestation des inneren spirituellen Wesens, das wiederum als individualisiertes *Brahman* (wörtlich: die Weite) verstanden werden kann, dessen Körper der gesamte Kosmos ist, sowohl feinstofflich als auch grobstofflich. Es gibt eine Entsprechung zwischen dem Mikrokosmos, also dem Menschen, und dem Makrokosmos. Je weiter ein Mensch entwickelt ist, desto mehr entspricht er den tieferen und feinstofflicheren Aspekten des Kosmos – nur ein voll entwickelter Mensch (*Mahapurusha*) spiegelt die gesamte Schöpfung wider. *Sharira* oder die Welt als Hindernis und nicht als Chance zu betrachten, ist so, als würde man den rohen Stein als Hindernis für die fertige Figur ansehen. *Sharira* ist die Substanz, aus der wir alle ein Kunstwerk machen, je nachdem, wie sehr wir auf den inneren Drang und die Initiative in uns anzusprechen vermögen. Diese Substanz gehört zu *Prakriti* und umfasst das, was man gemeinhin als psychische, organische und anorganische Prozesse bezeichnet. Dass Geist und Körper als denselben Gesetzen folgend betrachtet oder die psychischen, organischen und anorganischen Substanzen gleich behandelt werden, führt nicht zu dem Reduktionismus, wie er mit der modernen wissenschaftlichen Mentalität verbunden ist, in der das Ideal darin besteht, die gesamte Natur letztlich als tote Materie in Bewegung zu beschreiben, die auf planlose Kräfte reagiert. *Prakriti* folgt zwar einer strengen Kausalität, ist aber lebendig und zielgerichtet, und jede Daseinsform, selbst ein Stein, hat eine Psyche und einen Zweck.

Sehen durch die Wahrnehmungsorgane

Auch wenn es viele Arten von Yoga gibt, wie etwa *Karma Yoga* (Integration durch Handeln), *Bhakti Yoga* (Vereinigung durch Liebe), *Jñana Yoga* (Anjochen durch Wissen) und weitere, bleibt die indische Tradition im Allgemeinen dabei, dass es nur einen zentralen Yoga gibt, mit dem zentralen Ziel, den gesamten Körper-Verstand für die Zwecke des Geistes einzuspannen. Die verschiedenen Yogas entstehen durch unterschiedliche Schwerpunkte bei Methodik und Verfahren, die von verschiedenen Lehrern und Schulen angewandt werden. Als maßgeblichste Schrift über Yoga gilt das *Yogasutra*. Es besteht aus Aphorismen über Yoga, die Patañjali irgendwann zwischen dem 2. Jahrhundert v.u.Z. und dem 4. Jahrhundert u.Z. aus Material zusammengetragen hat, das den *Gurus* (Lehrern) der indischen Spiritualität bereits bekannt war. Patañjali stellt klar, dass klares Sehen und Wissen Funktionen des *Purusha* (der inneren Person) und nicht des Verstandes sind. Der Verstand ist auf die Modi des Urteilens, des Vergleichens, des diskursiven Wissens, des Assoziierens, des Imaginierens, des Träumens und des Erinnerns beschränkt, durch die er an den vergangenen und zukünftigen Dimensionen der Zeit festhält. Der Verstand mit diesen Funktionen und Eigenschaften ist in seiner Reichweite begrenzt und kann über nichts die objektive Wahrheit wissen. Der Verstand ist nicht der wahre Wissende: Er kann Berechnungen anstellen, zeitliche Vorhersagen treffen, Implikationen ableiten, Autoritäten zitieren, Hypothesen aufstellen oder über die Natur der Wirklichkeit spekulieren, aber er kann die Dinge nicht direkt, von innen heraus, so sehen, wie sie wirklich an sich sind.

Damit direktes Sehen möglich wird, muss der Verstand, der von Natur aus zwischen dem Objekt und dem Subjekt zu vermitteln versucht, zur Ruhe gebracht werden. Wenn der Verstand völlig still und hellwach ist, sind ihm gleichzeitig sowohl das wirkliche Subjekt (*Purusha*) als auch das wirkliche Objekt (*Prakriti*) präsent. Wenn der Sehende da ist und das zu Sehende da ist, findet Sehen ohne Verzerrung statt. Dann gibt es kein Vergleichen oder Urteilen, kein Missverstehen, kein Fantasieren über Dinge, die in Raum und Zeit verschoben sind, kein Wegdämmern in Achtlosigkeit und kein Festhalten an früherem Wissen oder früheren Erfahrungen, kurz gesagt, es gibt keine Verzerrungen durch die Wahrnehmungsorgane, nämlich den Verstand, die Gefühle und die Sinne. Es gibt schlicht das Sehen in der Gegenwart, im lebendigen Moment im ewigen Jetzt. Das ist der Zustand vollkommener und freier Aufmerksamkeit, *Kaivalya*, die Losgelöstheit des Sehens, und nicht der Zustand des vom Gesehenen getrennten Sehenden, wie es von Yoga-Kommentatoren oft missverstanden wird. In diesem Zustand sieht der Sehende *durch* die Wahrnehmungsorgane und nicht *mit* ihnen.

Aus Sicht des Yoga ist es von größter Wichtigkeit, klar zwischen dem Verstand (*Chitta*) und dem wahren Sehenden (*Purusha*) zu unterscheiden. *Chitta* gibt vor zu wissen, ist aber von der Natur des Gewussten und des Gesehenen, das heißt, eher ein Objekt als ein Subjekt. Dennoch kann *Chitta* ein Instrument des Wissens sein. Diese falsche Identifizierung des Sehenden mit dem Gesehenen, des Menschen mit seinen Wahrnehmungsorganen, ist der grundlegende Fehler, aus dem alle anderen Probleme und Leiden entstehen (*Yogasutra* 2, 3-17). Aus dieser grundlegenden Unwissenheit entsteht *Asmita* (Ich-bin-dies-heit, Egoismus), das eine Begrenzung durch Partikularisierung schafft. *Purusha* sagt »ICH BIN«; *Asmita* sagt »Ich bin dies« oder »Ich bin das«. Aus diesem Egoismus und dieser Selbstherrlichkeit entsteht der starke Wunsch, die eigene Spezialisierung und die daraus resultierende Trennung von allem anderen aufrechtzuerhalten. Wissen, das auf dieser grundlegenden Fehleinschätzung beruht, ist immer von Stolz, einer Neigung zur Kontrolle oder Angst geprägt.

Das Mittel zur Befreiung von der grundlegenden Unwissenheit, die die Ursache allen Leidens ist, ist eine unablässige unterscheidende Schau (*Viveka khyati*); nur durch eine solche Schau kann transzendentale Einsicht (*Prajña*) entstehen. Das Eintreten dieser Erkenntnis ist durch nichts zu erzwingen; man kann ihr nur den Boden bereiten. Zu einer solchen Erkenntnis zu führen, ist der eigentliche Zweck von *Prakriti*, so wie es der Zweck eines Samenkorns ist, Früchte hervorzubringen. Bei der Bereitung des Gartens muss der Aspirant das Unkraut entfernen, das die vollständige Entwicklung der Pflanze erstickt. Der Boden, der bereitet werden muss, ist der gesamte psychosomatische Organismus, denn durch diesen Organismus sieht *Purusha* und entsteht *Prajña*, nicht allein durch den Verstand, die Emotionen oder den physischen Körper. Ein Mensch mit abgestumpften Sinnen hat ebenso wenig die Möglichkeit, zu *Prajña* zu gelangen wie jemand mit unvernünftigem Verstand oder verhärteten Gefühlen. Unruhe in irgendeinem Teil des gesamten Organismus verursacht Schwankungen in der Aufmerksamkeit und trübt das Sehen. Das ist der Grund, warum im Yoga so viel Wert auf die Vorbereitung des Körpers auf das Erlangen wahren Wissens gelegt wird. Durch eine Umkehrung der üblichen Neigungen des Organismus kann dessen Unruhe zur Ruhe gebracht werden, und der Verstand kann gegenüber *Purusha* seinen wahren und angemessenen Platz erkennen: den des Gewussten und nicht des Wissenden. (Yogasutra 2, 10; 4, 18-20.)[15]

Samyama – Aufmerksamkeit als Instrument der Erkenntnis

Im klassischen Yoga gibt es acht Glieder: Die ersten fünf befassen sich mit der Reinigung und Vorbereitung des Körpers, der Emotionen und der Atmung sowie mit dem Erlangen der richtigen Einstellung; die letzten drei Glieder werden als innere Glieder bezeichnet, im Vergleich zu den ersten fünf, die relativ äußerlich sind. Die letzten drei sind *Dharana*, *Dhyana* und *Samadhi*. *Dharana* ist die Konzentration, bei der das Bewusstsein an einen einzigen Punkt gebunden ist. *Dhyana* (von diesem Wort leitet sich – über das chinesische *Ch'an* und das koreanische *Sôn* – das japanische *Zen* ab) ist die Kontemplation oder meditative Absorption, bei der ein ununterbrochener Fluss der Aufmerksamkeit vom Beobachtenden zum Beobachteten besteht. In *Dhyana* agiert der Beobachtende als das Zentrum des Bewusstseins, das sieht. Wenn dieses Zentrum entfernt wird, das heißt wenn die Beobachtung durch *Purusha* erfolgt, durch den seiner selbst entleerten Verstand, bezeichnet man diesen Zustand als *Samadhi* – ein Zustand der Stille, der ruhigen Intelligenz und des entleerten Verstandes, in dem der Verstand zu dem Objekt wird, auf das er sich richtet, und es wahrhaftig widerspiegelt, so wie es ist.

Die im Zustand des *Samadhi* erlangte Erkenntnis ist wahrheitstragend (*ritambhara*); Umfang und Natur dieser Erkenntnis unterscheiden sich von der Erkenntnis, die durch den Verstand oder die Sinne gewonnen wird. Die Erkenntnis von *Prajña* offenbart die

15 Siehe hierzu Ravindra (1989).

einzigartige Besonderheit und nicht die abstrakte Allgemeinheit eines Objekts. Im Gegensatz zu mentalem Wissen, bei dem es einen Gegensatz zwischen Objekt und subjektivem Verstand gibt, einen Gegensatz, der unweigerlich zu Leid führt, wird die Erkenntnis von *Prajña*, die aus der ununterbrochenen unterscheidenden Schau geboren wird, als Erlöser bezeichnet. Diese Erkenntnis kann sich auf jedes Objekt beziehen, ob groß oder klein, nah oder fern, und auf jede Zeit, ob Vergangenheit, Gegenwart oder Zukunft, denn sie ist ohne zeitliche Abfolge und überall gleichzeitig gegenwärtig, wie ein Photon in der Physik in seinem eigenen Bezugsrahmen.

Die Naturwissenschaft Yoga

Es ist falsch zu behaupten, Yoga sei nicht an der Erkenntnis der Natur interessiert und beschäftige sich lediglich mit Selbsterkenntnis. Aus Sicht des Yoga ist diese Unterscheidung schon deshalb falsch, weil jedes noch so feinstoffliche Selbst, das erkannt werden kann, ein Teil der Natur ist und sich nicht von ihr unterscheidet. Das tiefste Selbst, dem allein wahres Sehen und Wissen angehören, kann nicht erkannt werden; aber man kann sich mit ihm identifizieren. Man kann zu diesem Selbst (*Atman, Purusha*) werden und mit ihm erkennen, von seiner Ebene aus, mit seiner Klarheit. *Prakriti* wird keineswegs als unwirklich oder als bloße mentale Projektion betrachtet; sie ist sehr real, und obwohl sie den Verstand mit ihrer Dynamik und ihrem Charme überwältigen und die Wahrheit vor ihm verbergen kann, existiert sie an ihrem richtigen Platz und in ihrer richtigen Funktion doch, um der wirklichen Person (*Purusha*) zu dienen.

Es ist jedoch sicherlich richtig, dass sich die Verfahren, Methoden, Einstellungen und Wahrnehmungen im Yoga radikal von denen der modernen Wissenschaft unterscheiden, ebenso wie die Ziele der beiden Arten der Erkenntnis.[16] Zusammenfassend kann man sagen, dass das Erkenntnis im Yoga – im Unterschied zur modernen Wissenschaft –, eine Erkenntnis des Dritten Auges ist, die transformatorischen Charakter hat. Es ist eine Erkenntnis, die dem

16 Siehe hierzu Ravindra (1980).

Gegenstand ihrer Untersuchung keine Gewalt antut; es ist eine Erkenntnis durch Teilhabe und nicht durch Abgrenzung vom Objekt oder Widerstand gegen das Objekt. Erkenntnis im Yoga dient in erster Linie dem wahren Sehen und der damit verbundenen Freiheit.

Die grundlegende Forschungsmethode der yogagemäßen Naturwissenschaft besteht darin, einen völlig ruhigen Verstand einzubringen und ohne Unruhe oder Projektion abzuwarten, damit sich das Objekt in seiner eigenen wahren Natur offenbaren kann, indem es den durchsichtigen Verstand in seiner Farbe einfärbt. Diese Wissenschaft wird durch das Prinzip der Analogie und der Isomorphie zwischen Makrokosmos und Mikrokosmos, also dem menschlichen Organismus, noch erweitert. Daher das Verständnis, dass Selbsterkenntnis zur Erkenntnis des Kosmos führt. Ein Beispiel für diesen Isomorphismus findet sich in der *Yoga Darshana Upanishad* (4, 48-53), wo die äußeren *Tirtha* (heilige Furt, Wallfahrtsorte, heiliges Wasser) mit den verschiedenen Teilen des Organismus gleichgesetzt werden: »Der Berg Meru ist im Kopf und Kedara in deiner Stirn; zwischen deinen Augenbrauen, nahe deiner Nase, wisse, werter Schüler, dass Varanasi besteht; in deinem Herzen ist der Zusammenfluss von Ganga und Yamuna.«

Zahlreiche Aphorismen im *Yogasutra* (3, 16-53) beschreiben die Erkenntnis und die Kräfte, die durch die Beschäftigung mit verschiedenen Objekten im Zustand des *Samyama* gewonnen werden. Die drei inneren Glieder des Yoga, nämlich *Dharana*, *Dhyana* und *Samadhi*, ergeben zusammen das, was als *Samyama* (Disziplin, Beschränkung, Sammlung) bezeichnet wird. Die Anwendung von *Samyama* auf ein beliebiges Objekt führt zu dessen direkter Wahrnehmung, denn in diesem Zustand ist der Geist wie ein durchsichtiger Edelstein, der die wahre Farbe des Objekts annimmt, mit dem er verschmilzt (*Yogasutra* 1, 41). Die besondere Aufmerksamkeit, die im Zustand des *Samyama* vorherrscht, kann auf jedes noch so subtile Objekt der Wahrnehmung gelenkt werden, also auf jeden Aspekt von *Prakriti*. So heißt es zum Beispiel, dass man durch *Samyama* auf die Sonne Erkenntnisse über das Sonnensystem gewinnt und durch *Samyama* auf den Mond Wissen über die Anordnung der Sterne (*Yogasutra* 3, 26-27). In ähnlicher Weise erwachsen dem Yogi viele okkulte und außergewöhnliche Kräfte (*Siddhis*), wenn er den Zustand des *Samyama* auf verschiedene Aspekte seiner selbst anwendet: Durch *Samyama* auf die Beziehung zwischen Ohr und Raum erwirbt man zum Beispiel das göttliche Ohr, mit dem man in die Ferne hören oder äußerst feine und normalerweise unhörbare Klänge wahrnehmen kann. Patañjali nennt noch viele weitere Kräfte, doch keine ist sein eigentliches Anliegen. Es wird nicht behauptet, an diesen Kräften sei irgendetwas verkehrt; ebenso wenig wird behauptet, am Verstand sei irgendetwas verkehrt. Entscheidend ist vielmehr, dass der Verstand, so wie er ist, ein unzureichendes Instrument darstellt, um wahre Erkenntnis zu erlangen; ebenso sind diese Kräfte, so weitreichend und faszinierend sie auch sein mögen, als Ziel wahrer Erkenntnis ungeeignet.

Die Notwendigkeit der Transformation

Es kann nicht oft genug gesagt werden, dass höhere Ebenen nicht durch eine niedrigere Ebene oder von einer niedrigeren Ebene aus untersucht werden können. Der Verstand im modernen wissenschaftlichen Modus kann nur das untersuchen, was in gewisser Weise von ihm beeinflusst und kontrolliert werden kann und somit unterhalb seiner Ebene liegt. In der Gegenwart von etwas, das höher ist als er selbst, muss der Verstand lernen, still zu sein und zuzuhören.

Auch zu den verschiedenen Yoga-Praktiken ist noch etwas anzumerken: Was unten ist, kann das, was oben ist, nicht erzwingen. Man kann ein höheres Bewusstsein oder einen höheren Geist nicht durch Manipulation von Körper, Verstand oder Atem forcieren. Eine richtige Körperhaltung oder moralisches Verhalten kann die innere Entwicklung unterstützen, sie aber nicht bestimmen oder gewährleisten. Häufiger spiegelt äußeres Verhalten eine innere Entwicklung wider. Zum Beispiel wird ein Mensch nicht unbedingt weise, indem er auf eine bestimmte Art und Weise atmet oder denkt; aber ein Mensch atmet und denkt so, weil er oder sie weise ist. Handlungen spiegeln das Sein eher wider, als dass sie es beeinflussen.

Ein sehr wichtiges heuristisches Prinzip in der modernen Wissenschaft greift störend in die Erkenntnis auf einer radikal anderen und höheren Ebene ein. Dieses Prinzip taucht in der Astronomie und Kosmologie als *Kopernikanisches Prinzip* und in der Geologie und Biologie als Uniformitarianismus oder Aktualitätsprinzip auf, wobei das eine mit dem Raum und das andere mit der Zeit zu tun hat. Nach dem erstgenannten Prinzip kann jeder beliebige Punkt im Universum als Zentrum betrachtet werden, da das Universum im Großen in jeder Richtung homogen und isotrop ist. Das zweite Prinzip besagt im Wesentlichen, dass in der Vergangenheit dieselben Gesetze und Kräfte gewirkt haben wie in der Gegenwart. Keines dieser Prinzipien hat irgendetwas über Bewusstseinsebenen zu sagen. In der Praxis aber hatten sie unter anderem zur Folge, dass ein radikaler Unterschied nicht nur in Bezug auf die Regionen von Raum und Zeit, sondern auch in Bezug auf Seinsebenen unter Menschen geleugnet wurde. Ein wichtiger Aspekt der modernen Wissenschaft, beginnend mit der großen wissenschaftlichen Revolution im 16. und 17. Jahrhundert, ist die wissenschaftlich sehr erfolgreiche Vorstellung, dass die Materialien und Gesetze auf anderen Planeten und Galaxien sowie in Vergangenheit und Zukunft anhand der Gesetze, Materialien und Kräfte untersucht werden können, die uns heute auf der Erde zur Verfügung stehen. Aber fast implizit und ganz subtil hat diese Vorstellung die analogen und symbolischen Denkweisen außer Kraft gesetzt, wonach ein voll entwickelter Mensch die verschiedenen Ebenen des äußeren Kosmos im Inneren widerspiegeln kann.

Eine Wissenschaft vom Bewusstsein erfordert transformierte Wissenschaftlerinnen und Wissenschaftler

Wenn die antiken und selbst die mittelalterlichen Denkerinnern und Denker in Europa, China oder Indien in ihren Wissenschaften Alchemie, Astronomie und Kosmologie davon sprachen, dass verschiedene Planeten unterschiedliche Materialien und Gesetze haben, dann bedeutete dies zumindest teilweise, dass auch verschiedene Seins- oder Bewusstseinsebenen unterschiedliche Gesetze haben. Aus dieser Sicht ist ein höheres Bewusstsein nicht in Begriffen eines niedrigeren Bewusstseins oder von einem niedrigeren Bewusstsein zu verstehen. Die feinstofflicheren und höheren Aspekte des Kosmos können nur von den feinstofflicheren und höheren Ebenen im Menschen verstanden werden. Wahre Erkenntnis wird durch Teilhabe und Verschmelzung des Erkennenden mit dem Gegenstand der Untersuchung erlangt, und der Wissenschaftler oder die Wissenschaftlerin muss von höherer Ordnung werden, um höhere Dinge zu verstehen. Wie Paulus sagte, können die Dinge des Verstandes durch den Verstand verstanden werden, die Dinge des Geistes durch den Geist. Die alten indischen Schriften sagen, dass man Brahman nur erkennen kann, wenn man Brahman wird. Das *Gandharva Tantra sagt*, »niemand, der nicht selbst göttlich ist, kann die Göttlichkeit in gelingender Weise verehren«. Für Parmenides und Plotin sind »Sein und Wissen ein und dasselbe«.[17]

Dies hat Konsequenzen für jede zukünftige Wissenschaft von einem höheren Bewusstsein, die hofft, einen Bezug zum Wirklichen zu haben. Eine solche Wissenschaft müsste esoterisch sein, nicht im Sinne eines exklusiven Besitzes einer privilegierten Gruppe, sondern weil sie von Eigenschaften sprechen würde, die subtiler und weniger offensichtlich sind, würde eine solche Wissenschaft die Vorbereitung, Integration und Einstimmung von Körper, Verstand und Herz der Wissenschaftlerinnen und Wissenschaftler erfordern und unterstützen, damit sie an der Schau teilhaben können, die das höhere Bewusstsein offenbart. In der treffenden Formulierung von Meister Eckhart muss man »verwoben und nicht verwirrt sein«. *Tatra prajña ritambhara* (dort ist die Erkenntnis natürliche Trägerin der Wahrheit), sagt Patañjali im *Yogasutra* (1, 48-49; 2, 15; 3, 54). Diese Vorbereitung ist notwendig, um das Dritte Auge zu öffnen; denn die beiden gewöhnlichen Augen passen nicht zur höheren Schau. Nur das Dritte Auge kann die verborgene Sonne sehen, denn, wie Plotin sagt, »ein dem zu sehenden Gegenstande verwandt und ähnlich gemachtes Auge muss man zum Sehen mitbringen. Nie hätte das Auge jemals die Sonne gesehen, wenn es

---

17 Parmenides, *Diels*, Fr. 185; dt. Diels-Kranz, Fragment. 3; Plotin, Enneaden VI, 9.

nicht selber sonnenhaft wäre; so kann auch eine Seele das Schöne nicht sehen, wenn sie nicht selbst schön ist.« (Enneaden I, 6.9.)

Die wichtige Lektion aus Sicht einer zukünftigen Wissenschaft des Bewusstseins ist hier die Bedeutung von Erkenntnis durch Identität. Wenn wir verstehen wollen, können wir nicht getrennt und distanziert bleiben. Wir müssen an dem, was wir verstehen wollen, teilhaben und damit eins sein. So sagt Meister Eckhart:

> Warum erkennt mein Auge den Himmel und nicht meine Füße? Das kommt daher, weil mein Auge dem Himmel mehr gleicht als meine Füße. Soll nun meine Seele Gott erkennen, so muss sie himmlisch sein.[18]

Ähnlich Goethe:

> Wär nicht das Auge sonnenhaft,
> Die Sonne könnt es nie erblicken.
> Läg nicht in uns des Gottes eigne Kraft,
> Wie könnt uns Göttliches entzücken?

Bei der nahezu universellen traditionellen Vorstellung einer Entsprechung zwischen dem Menschen und dem Kosmos, der Mikrokosmos-Makrokosmos-Homologie, wird leicht vergessen, dass diese Vorstellung nicht auf jeden Menschen zutrifft. Nur der voll entwickelte Mensch (*Mahapurusha*) gilt als Spiegel des gesamten Kosmos. Derart weitentwickelte Menschen sind recht selten. Die Idee von inneren Seins- (oder Bewusstseins-) Ebenen ist absolut zentral, ebenso wie die Frage »Was ist ein Mensch?« Man kann sich schwerlich weismachen, dass die verschiedenen spirituellen Disziplinen zum Zweck der Transformation des menschlichen Bewusstseins dadurch verzichtbar werden, dass man Konzepte oder Instrumente von relativ niedrigeren Bewusstseinsebenen aus entwickelt. Aber der Unwille, die Notwendigkeit einer radikalen Transformation zu akzeptieren und sich einer spirituellen Disziplin zu

---

18 Meister Eckehart, *Deutsche Predigten und Traktate*, hrsg. und übersetzt von Josef Quint, Predigt 36, Diogenes 1979, S. 324-325. Ravindra zitiert die englische Übersetzung aus: K. Klostermeier (1994), Fußnote 20, S. 533.

unterwerfen, ist allgegenwärtig. Selbst wenn die Idee der Transformation durchaus attraktiv ist, möchte man transformiert werden, ohne sich zu verändern – ohne Verzicht auf das, was man jetzt ist, mit einer Haltung nach der Devise: »Herr, erlöse mich, während ich bleibe, wie ich bin.«

Hier ist unbedingt anzumerken, dass ein höherer Bewusstseinszustand nicht ohne einen höheren Gewissenszustand zu erreichen ist. Die gelehrte Welt neigt generell eher zu einer Untersuchung verschiedener Bewusstseinsebenen – von denen in den indischen Traditionen viel öfter die Rede ist – und weniger zu der Beschäftigung mit verschiedenen Gewissensebenen, auf die in den biblischen Traditionen häufiger eingegangen wird. Dantes *Göttliche Komödie* wäre ohne einen Sinn für die Gewissensebenen kaum zu verstehen. In vielen Sprachen, wie etwa im Spanischen, im Französischen und im Sanskrit, ist das Wort für Gewissen und Bewusstsein dasselbe. Allein dies sollte uns darauf aufmerksam machen, dass zwischen beiden eine enge Verbindung bestehen könnte. Die Erweckung des Gewissens ist die gefühlsmäßige Vorbereitung für eine Bewusstseinserweiterung. Ohne einen höheren Gewissenszustand ist ein höherer Bewusstseinszustand nicht zu erreichen. Andererseits zeigen Menschen, die mit höheren Bewusstseinsebenen in Kontakt sind, ganz von selbst Herzensgröße. Offenheit und Mitgefühl lassen einen weisen Menschen erkennen, so wie ein bestimmter Duft auf die Gegenwart einer Rose hinweist.

Die Suche nach der Wahrheit führt – wenn sie immer mentaler wird und sich von tieferen und höheren Gefühlen wie Mitgefühl, einem Gefühl der Einheit von allem und ähnlichem abkoppelt – zu Empfindungen des Isoliertseins und einer damit einhergehenden Beklemmung. In dieses Gefühl der Isoliertheit von allem anderen – sowohl von anderen Menschen als auch von der übrigen Natur – mischen sich Angst und Selbstgefälligkeit. Die Stille der weiten Räume erschreckt uns, wenn wir nicht zutiefst spüren, dass wir zum gesamten Kosmos dazugehören. Dann will man andere kontrollieren und die Natur erobern. Ein Großteil unseres modernen Dilemmas rührt daher, dass wir uns der Wahrheit auf ausschließlich mentale Weise widmen. Das Gefühl der Entfremdung von uns selbst als isolierte Ichs ist die natürliche Folge.

Erste Person Universal

Bei unseren Versuchen, objektives Wissen zu erlangen, was das große Bestreben der Wissenschaft ist, können wir die Person nicht eliminieren. Wir brauchen vielmehr eine Erweiterung der Person – befreit vom rein Persönlichen und Subjektiven – damit sie umfassend wird. Um zu begreifen, muss man übergreifend sein – nicht als horizontale Ausdehnung von immer mehr Wissen, sondern als vertikale Transformation, um am universellen Denken teilzuhaben.

Der bekannte Physiker John Wheeler hat in einer seiner klassischen markanten Formulierungen eine profunde Sichtweise auf den Punkt gebracht: »It from bit«. Sie gilt der Frage, ob die uns bekannte Wirklichkeit aus Information abgeleitet ist. Damit wird eine Betrachtung des Bewusstseins und seiner verschiedenen Ebenen unmittelbar relevant, und zwar direkt an der Grundlage jeder Erkenntnistheorie und auch der Physik. Es ist nicht verwunderlich, dass dies sehr an die eingangs zitierte Bemerkung von Bohr erinnert.

Wahr ist, dass wir Menschen wissen und denken, die Frage lautet, wer oder was denkt. In einem Gespräch mit dem Verfasser sagte J. Krishnamurti schlicht: »Wissen Sie, Sir, ich habe den Eindruck, dass K überhaupt nicht *denkt*. Das ist seltsam. Er *schaut* nur.« (Siehe Ravindra, 2003.) Wir wissen aus dem Zusammenhang, dass *K* eine Kurzform für *Krishnamurti* ist. Aber wofür ist *Krishnamurti* eine Kurzform? Für den gesamten Kosmos? Nicht nur für ihn, sondern potenziell für jeden Menschen. Wenn das stimmt, was sieht und weiß dann eher durch Denken als mit Denken?

Das Ziel spiritueller Disziplinen wie Yoga ist die Verwirklichung der Ersten Person Universal, und nicht der Ersten Person Singular: Das Eine manifestiert sich in unzähligen und ganz einzigartigen Formen. Nur ein solcher Mensch kann ohne Widerstand und Trennung wissen, frei von jeglichem Wunsch nach Kontrolle oder Manipulation. Dann liebt man, was man weiß.

Quellen

Klostermaier, Klaus K.; *A Survey of Hinduism*, State University of New York Press, 2. Auflage 1994.

Moore, Ruth; *Niels Bohr*, Knopf 1966; dt.: *Niels Bohr: Ein Mann und sein Werk verändern die Welt*, aus dem Amerikanischen von F. A. Thorn, List 1970.

Ravindra, R.; »Is religion psychotherapy? An Indian view«, *Religious Studies* 14, 1978, S. 389–397; Nachdruck in Ravindra, R.; *Yoga and the Teaching of Krishna*, Theosophical Publishing House 1998.

Ravindra, R.; »Perception in physics and yoga«, *Re-Vision: Journal of Knowledge and Consciousness* 3, 1980, S. 36–42. Nachdruck in Ravindra, R; *Science and the Sacred: Eternal Wisdom in a Changing World*, Quest Books 2002.

Ravindra, R.; »Yoga: The royal path to freedom«, in Sivaraman, K. (Hrsg.); *Hindu Spirituality: Vedas Through Vedanta*, Band 6 von *World Spirituality: An Encyclopedic History of the Religious Quest*, Crossroad 1989, S. 177–191. Nachdruck in *Yoga and the Teaching of Krishna*.

Ravindra, R.; *The Yoga of the Christ*, Element Books 1990, Neuausgabe unter dem Titel *Christ the Yogi*, Inner Traditions International 1998; dt.: *Mystisches Christentum: Das Johannesevangelium im Licht östlicher Weisheit*, aus dem Englischen von Hans-Georg Türstig, Fischer 1996.

Ravindra, R.; »Experience and Experiment: A Critique of Modern Scientific Knowing« in Ravindra, R.; *Science and the Sacred: Eternal Wisdom in a Changing World*.

Ravindra, R.; *Centred Self without Being Self-centred: Remembering Krishnamurti*, Morning Light Press 2003.

Peter Fenwick

Neurophysiologie, Bewusstsein & ultimative Realität

Die Natur westlicher Wissenschaft

Die westliche Wissenschaft gründet auf dem Rationalismus von Descartes, Galileo, Locke, Bacon und Newton. Galilei beschrieb ein Universum aus zwei Stoffen: Materie und Energie. Diese Stoffe, so sagte er, hätten primäre und sekundäre Eigenschaften. Primäre Eigenschaften seien die Aspekte der Natur, die gemessen werden können, wie Geschwindigkeit, Beschleunigung, Gewicht, Masse und so weiter. Sekundäre Eigenschaften seien die Eigenschaften des subjektiven Erlebens wie Geruch, Anblick, Wahrheit, Schönheit, Liebe und so weiter. Galilei war der Ansicht, die Domäne der Wissenschaft sei der Bereich der primären Eigenschaften. Die sekundären Eigenschaften seien nichtwissenschaftlich. »Um in uns Geschmäcker, Gerüche und Klänge zu erregen, bedarf es meiner Meinung nach keiner äußeren Körper außer Formen, Zahlen und langsamen oder schnellen Bewegungen. Ich glaube, wenn man Ohren, Zungen und Nasen entfernen würde, blieben Formen, Zahlen und Bewegungen übrig, aber keine Gerüche, Geschmäcker oder Klänge.«

Bei der Untersuchung und Quantifizierung der Welt um uns sowie bei der Entwicklung unserer heutigen Technik war die westliche Wissenschaft von den primären Eigenschaften außerordentlich erfolgreich, aber wenn sich die Frage nach dem Bewusstsein stellt, legt sie, wie Sherrington sagt, »den Finger an die Lippen und schweigt«. Der Grund dafür ist, dass Bewusstsein, die Sicht des Beobachters, eine sekundäre Eigenschaft ist und somit nicht in die Domäne der Wissenschaft fällt. Das macht unsere Wissenschaft sehr einseitig, da mit der wissenschaftlichen Methode nur die physischen Aspekte eines jeden Phänomens untersucht werden können

– ein »Blick aus dem Nichts«, wie es einmal hieß. Doch wenn man einen kurzen Moment darüber nachdenkt, zeigt sich, wie Max Velmans in seinem Buch *Understanding Consciousness* dargelegt hat, dass alle beschriebenen Phänomene im Grunde psychische Entitäten sind. Der Unterschied zwischen »objektiven« und »subjektiven« Eigenschaften wird dadurch bestimmt, *wie* die Belege gewonnen werden. Objektive Eigenschaften werden überprüft, indem man viele verschiedene Personen fragt, ob ihre psychischen Konzepte oder der subjektive Zustand dessen, »was da draußen ist«, übereinstimmen, also etwa, ob wir alle dieselben Zeigerwerte sehen, wenn wir dasselbe Experiment durchführen. Subjektive Eigenschaften werden überprüft, indem man eine Gruppe von Menschen unter denselben Bedingungen nach ihrem inneren Erleben befragt. Im Westen entwickelt sich allmählich eine solche Wissenschaft der sekundären Eigenschaften. Diese Wissenschaftsform beinhaltet östliche Sichtweisen und wird zur direkten Erforschung des Verstandes eingesetzt, indem die Forschenden untersuchen, wie sich ihre mentalen Zustände bei verschiedenen Aufmerksamkeits-Praktiken verändern. Ein hervorragendes Beispiel ist das *Zen-Sesshin*, das im Laufe der Jahre so verfeinert wurde, dass es bei den Praktizierenden eine Bewusstseinserweiterung bewirkt.

Zwei große philosophische Schulen versuchen derzeit, die Natur des Bewusstseins zu erklären und den Hebel bei Hirnfunktionen anzusetzen. Dennetts Neurophilosophie (1991) behauptet, Bewusstsein und subjektive Erfahrung seien lediglich Funktionen neuronaler Netze – die Gehirn-Identitätstheorie – und darüber hinaus gebe es nichts, alles sei nur Gehirn. Das andere Extrem ist die Philosophie von Nagel (1974), der geltend macht, dass man vom objektiven Standpunkt eines unbeteiligten Dritten aus niemals herausfinden kann, wie es ist, eine Erfahrung aus der Ichperspektive zu machen. Ganz gleich, wie viel wir über die Neurophysiologie der Hirnfunktionen einer Fledermaus wissen, so Nagel, wir werden nie erfahren, wie es ist, eine Fledermaus zu sein. Searle (1992) argumentiert von einer Position in der Mitte aus. Er betrachtet subjektives Erleben als eine Eigenschaft neuronaler Netze, stimmt aber Dennett nicht zu, dass subjektives Erleben bei einem umfassenden Verständnis der Funktionsweise neuronaler Netze ausreichend zu erklären sei. Er glaubt, wir brauchen einen Newton der Neurophysiologie, mit dem wir ein völlig neues Prinzip entwickeln können. Bewusstsein bleibt also vorerst noch unerklärt. Selbst mit der Ausweitung der bildgebenden Verfahren, die zu vielen Korrelationen geführt haben, gibt es noch keine Erklärungen.

Absteigende Kausalität

Eine weitere große Schwierigkeit betrifft die Frage der Steuerung und Kontrolle innerhalb des zentralen Nervensystems. Als erlebender Mensch habe ich das Gefühl, dass ich innerhalb gewisser Grenzen meine Bewegungen kontrollieren, mich konkreten Sinneseindrücken zuwenden und bis zu einem gewissen Grad mein Denken steuern kann. Die Stoßrichtung der reduktionistischen Wissenschaft lautet jedoch, dass eine von unten nach oben aufsteigende Kausalität (neuronale Funktionsweise) die Hauptursache für die Kontrolle des Erlebens ist. Wenn das so wäre, müssten wir den Menschen mechanistisch betrachten, und es gäbe keine Frage nach dem freien Willen oder nach wahrer Kreativität, die nicht schlichtweg mechanistisch wäre.

Die Wissenschaft befasst sich schon so lange mit aufsteigender Kausalität, dass sie erst jetzt akzeptiert, dass makroskopische Ereignisse innerhalb eines biologischen Systems (in diesem Fall Geist und Sinn) eine wichtige Rolle bei der Organisation von Systemen niedrigerer Ordnung spielen und deren Physik, Chemie und Biologie steuern könnten.

Diese Kontrolle von Systemen höherer Ordnung über Systeme niedrigerer Ordnung im Körper wird als absteigende Kausalität bezeichnet. Man geht davon aus, dass die Steuerung vom Geist (einschließlich sozialer und kultureller Bedeutung) über das zentrale Nervensystem bis zu den Körperfunktionen erfolgt. Roger Sperry wies darauf hin, dass absteigende Kausalität innerhalb des Zentralnervensystems eine allgemeine Eigenschaft ist: »Die Dinge werden nicht nur von unten nach oben gesteuert, sondern auch von oben nach unten durch mentale … und andere Makroeigenschaften. (Außerdem) wird der Steuerung von höchster Ebene Vorrang eingeräumt und nicht der von niedrigster Ebene.« (Sperry 1987.)

Diese Sichtweise, welche die absteigende Kausalität in den Vordergrund rückt, stellt das Gleichgewicht wieder her und lässt zu, dass der Treiber des Gehirns in bestimmten Bereichen das bewusste Individuum ist. Aber auch hier gilt: Ohne eine Bewusstseinstheorie, die das Gehirn direkt mit den Möglichkeiten bewussten Erlebens verbindet, bleiben wir in einer reduktionistischen Falle gefangen.

Die Rolle von Anomalien

Die derzeitige wissenschaftliche Auffassung lautet, dass psychische Prozesse ausschließlich im Gehirn erzeugt werden sowie auf das Gehirn und den Organismus beschränkt sind. In den letzten 50 Jahren wurden zahlreiche parapsychologische Experimente durchgeführt, die darauf hindeuten, dass der Geist nicht auf das Gehirn beschränkt ist und ein Einwirken des Geistes auf andere Geiste (Telepathie) sowie ein Einwirken des Geistes auf Materie (Psychokinese) direkt nachgewiesen werden kann. Alle, die sich für einen umfassenderen Überblick über dieses Thema interessieren, finden in Dean Radins Buch *The Conscious Universe* zahlreiche Verweise auf die Studien sowie Untersuchungen einiger Meta-Analysen, die diese Effekte nachgewiesen haben.

Die aktuelle Haltung

Als praktizierender Neuropsychiater glaube ich, dass die Situation heute in mancher Hinsicht sehr viel besser ist als in den 1950er Jahren, als mein Interesse am Bewusstsein geweckt wurde. Die heutigen funktionalen Bildgebungsverfahren für das zentrale Nervensystem haben zu einem viel besseren Verständnis der Funktionsweise des aktiven Gehirns geführt und eine neue Phrenologie des Geistes offenbart. Das Gehirn arbeitet offenbar in Gestalt einer Reihe ineinandergreifender Module, die jeweils einen bestimmten Sitz in der Hirnrinde haben und eine spezifische Funktion erfüllen. Sie alle sind auf »magische« Weise miteinander verbunden (das Bindungsproblem), und erzeugen so das einheitliche Weltbild bewussten Erlebens. Doch selbst mit dieser Erweiterung des Verständnisses gibt es immer noch keine eindeutige Hypothese über die Natur subjektiven Erlebens oder des Bewusstseins.

Jedes weitere Vorgehen muss jedoch eine Analyse der metaphysischen Grundlagen der Wissenschaft beinhalten. Nach Auffassung von Professor Willis Harman wird aus Sicht der westlichen Wissenschaft

> der Mensch von der Natur, der Geist von der Materie und die Wissenschaft von der Religion getrennt. Wissenschaftlerinnen und Wissenschaftler gehen zu schnell davon aus, dass die philosophischen Prämissen der Naturwissenschaft nicht infrage stehen. Tatsache ist jedoch, dass sich viele Debatten über die Natur der ultimativen Realität um grundlegende ontologische und epistemologische Fragen drehen.

Die heutigen Thesen des wissenschaftlichen Materialismus, die in der Regel verdeckt sind und bei der Formulierung von Theorien über die Natur der ultimativen Realität nicht diskutiert werden, führen zu einer Realität, die sich allein auf Galileis primäre Eigenschaften stützen muss, mit all den sich daraus ergebenden Einschränkungen. Diese materialistischen wissenschaftlichen Thesen lauten:

- Objektivismus – Wissen ist »da draußen«
- Monismus – es gibt nur einen »Stoff« (und das ist die Materie)
- Universalismus – es ist überall dasselbe
- Reduktionismus – liefert den einzig verlässlichen Weg zur Erkenntnis
- Prinzip der kausalen Geschlossenheit (die physische Welt ist kausal geschlossen)
- Physikalismus – nur physische Objekte existieren
- Moralische Neutralität

Diese Kriterien können, sind sie erst einmal klar erkannt, nur zu einer verzerrten Sicht der Welt führen. Erstens wird Bewusstsein ausgeschlossen und kann lediglich als ein irgendwie entstehender Zusatz hinzugefügt werden. Da aber die gesamte Grundlage der Wahrnehmung des Lebens und unseres Verständnisses der Welt im

Bewusstsein liegt, ist es höchst unwahrscheinlich, dass es eine Formel gibt, nach der es entstehen könnte, wenn dem Bewusstsein in unseren Theorien nicht in irgendeiner Weise ein Platz eingeräumt wird. Die heutige Neurowissenschaft, die die Hirnfunktionen im Detail untersucht, ist mit der Abwesenheit von Bewusstsein im Gehirn, ja sogar in allen Theorien, die sich auf die Bildgebung des Gehirns beziehen, konfrontiert. Festgestellt werden können bestenfalls Korrelationen, *aber Korrelation ist nicht Kausalität.*

Der wissenschaftliche Materialismus ist nur in Bereichen angemessen, die keine Subjektivität beinhalten. Was wir jetzt brauchen, ist eine neue Bewusstseinswissenschaft, die dem subjektiven Erleben gerecht wird. Meiner Ansicht nach muss diese neue Bewusstseinswissenschaft eine detaillierte Rolle für Hirnmechanismen, eine Erklärung für das Wirken des Geistes außerhalb des Gehirns und eine Erklärung für freien Willen, Sinn und Zweck beinhalten. Sie sollte auch eine Erklärung für erweiterte mentale Zustände bieten, einschließlich mystischer Erfahrungen und Nahtod-Erfahrungen, bei denen die Erlebenden in die Struktur des Universums hineinschauen. Schließlich sollte sie eine klare Erklärung für die offenbar absteigende Kausalität (Zweck) im gesamten Universum und im Gehirn liefern sowie eine Lösung für die insbesondere in östlichen Kulturen aufgeworfene Frage nach dem Fortleben von Aspekten des Bewusstseins nach dem Tod.

Wie Chris Clarke in seinem Aufsatz bemerkt, legt die Untersuchung quantenmechanischer Effekte nahe, dass das Universum in hohem Maße vernetzt ist und Teilchen aus der Ferne miteinander wechselwirken. Daher ist die Vorstellung, dass der Geist auch außerhalb des Schädels interaktiv sein könnte, theoretisch möglich. Die quantenmechanischen Theorien von Chris Clarke und Michael Lockwood sowie die Quantengravitationstheorien von Roger Penrose und Stuart Hameroff sind allesamt Möglichkeiten. Meiner Meinung nach ist jedoch die Theorie von Amit Goswami (1993) derzeit der wahrscheinlichste Kandidat für eine Verbindung zwischen Bewusstsein und Gehirnfunktion, da sie größere Erklärungskraft hat und zu mehreren überprüfbaren Vorhersagen führt. Er behauptet, Bewusstsein sei ein Grundstoff des Universums und existiere wie Energie. Wenn eine Wahl getroffen, eine Beobachtung gemacht wird, kollabiert die Wellenfunktion im Bewusstsein und es entsteht Materie, die Standardtheorie der Welle-Teilchen-Dualität. Sein wichtigster Beitrag zu dieser Debatte ist, dass es nur *einen* Beobachter gibt, und zwar ein universelles, ungeteiltes Bewusstsein. Er behauptet, das Gehirn habe einen speziellen Mechanismus zum »Einfangen« von Bewusstsein entwickelt, sodass bei der Wechselwirkung von Bewusstsein mit Gehirnprozessen die Wahrscheinlichkeitswelle zusammenbricht und einerseits das äußere Objekt und andererseits das subjektive Erleben dieses Objekts entsteht.

Diese Theorie hat erhebliche Erklärungskraft, da sie das Bindungsproblem im Gehirn, parapsychologische Phänomene und, insbesondere für die Neuropsychiatrie, eine mögliche Erklärung für erweiterte mentale Zustände miteinander verknüpft, also Zustände, in denen das Individuum universelle Liebe, Licht und Bewusstsein erlebt – die transzendente Erfahrung. Menschen, die solche Zustände erleben, sagen, dass jedes Teilchen der Welt mit dieser Energie pulsiert und sie erkennen, dass dies der zeitlose Hintergrund ist, aus dem alles entstanden ist und zu dem alles zurückkehrt, vollendet in seiner Vollkommenheit und für immer existierend, da Zeit keine Bedeutung hat. Außerdem ist interessant, dass die Theorie einen Mechanismus für Kreativität vorschlägt – das Bewusstseinsfeld, das alle Möglichkeiten enthält und unendlich kreativ ist sowie direkt durch Gehirnprozesse angezapft werden kann. Diese Theorie verdrängt die aktuelle Neurowissenschaft nicht, sondern fügt ihr eine neue Dimension hinzu, indem sie einen möglichen Mechanismus für die Grundlage vorschlägt, auf der Bewusstsein durch das Gehirn wirkt. Erforderlich sind also sowohl universelles Bewusstsein, wie es sich durch Quantenprozesse manifestiert, als auch Neurowissenschaft. Noch wichtiger ist jedoch, dass diese Sichtweise die Wissenschaft heilt, dem Leben wieder Sinn und Zweck verleiht und uns mit der ursprünglichen schöpferischen Kraft des Universums verbindet.

Erweiterte Erfahrungen

Aus den obigen Ausführungen wird deutlich, dass wir niemals auf Bewusstsein stoßen können, egal wie intensiv wir uns mit der Materie, wie sie von der Physik verstanden wird, und mit Gehirnprozessen, wie sie von Neuroanatomie und Neurophysiologie gegliedert werden, beschäftigen. Es ist bereits durch unsere Methode ausgeschlossen. Der Prozess, Materie wieder bewusst zu machen, kann einzig und allein dadurch in Gang kommen, dass wir uns mit jenen besonderen Erfahrungen befassen, bei denen Bewusstsein im Vordergrund steht und die Erlebenden sich einem umfassenderen Bewusstseinszustand annähern, also beispielsweise mystischen Erfahrungen und Erfahrungen im Umfeld des Todes.

Spirituelle Erfahrungen, wie etwa das Gefühl, in der Gegenwart einer Macht zu sein, die größer ist als man selbst, sind in der Bevölkerung weit verbreitet. Es gibt viele Studien zur Häufigkeit mystischer oder religiöser Erfahrungen. Glock und Starck (1965) haben gezeigt, dass etwas mehr als 45% der protestantischen und 43% der römisch-katholischen Christen das Gefühl hatten, »dass man sich irgendwie in der Gegenwart Gottes befindet«. Gallup-Umfragen im Auftrag von Back und Bourque in den Jahren 1963, 1966 und 1967 in den Vereinigten Staaten ergaben, dass 20,5% beziehungsweise 32% und schließlich 44% der Befragten angaben religiöse oder mystische Erfahrungen gemacht zu haben, wobei der Prozentsatz im Verlauf des Jahrzehnts anstieg. (Back und Bourque 1970). 1978 stellte das Princeton Religious Research Centre bei einer ähnlichen Frage jedoch fest, dass der Anteil der bejahenden Antworten auf 35% gesunken war, was möglicherweise auf das nachlassende Interesse der Bevölkerung am Mystischen zurückzuführen ist. In Großbritannien organisierte David Hay 1976 eine NOP-Umfrage mit ähnlicher Fragestellung und erzielte eine vergleichbare Antwortquote: etwa 36% gaben eine bejahende Antwort. Laut einer neueren britischen Studie von Hay und Heald scheinen solche Erfahrungen jetzt jedoch wieder zuzunehmen. Die Häufigkeit stieg von 46% im Jahr 1987 auf 76% im Jahr 2000. Der Dichter William Butler Yeats hat diese Erfahrung gut beschrieben:

Ich, der grad seinen Fünfzigsten hatte,
Ich saß, ein Mann, der einsam war,
In einer überfüllten Londoner Bar,
Vor mir ein offenes Buch und eine leere Tasse
Auf einem Tisch mit einer Marmorplatte.

Als meine Augen durch die Bar
dann auf die Straße schwammen,
Da schien mein Körper plötzlich aufzuflammen;
Zwanzig Minuten ungefähr
Schien's, dass mein Glück so überschwer,
Als ob zum Segnen ich bestellt und selbst gesegnet wär.[19]

Das mit diesen Erfahrungen verbundene Realitätsgefühl scheint tatsächlich vorhanden zu sein und darauf hinzudeuten, dass die Befragten eine Dimension jenseits des Physischen erlebten. Das Erleben lässt sich nicht einfach auf das lokale Feuern von Neuronen reduzieren.

Ekstatische mystische Zustände, bei denen die Betroffenen von einem Gefühl universeller Liebe berichten oder sich mit einem Aspekt des Kosmos identifizieren, kommen viel seltener vor. Diese Zustände können spontan, ganz oder teilweise aber auch unter anderen Umständen auftreten, zum Beispiel bei Nahtod-Erfahrungen. Derartige Veränderungen des mentalen Zustands können auch durch eine Reihe recht verbreiteter Meditationstechniken hervorgerufen werden, wobei auch manche halluzinogenen Drogen ähnliche mentale Zustände auslösen können. Sie können gelegentlich bei Schläfenlappenepilepsie auftreten und auch bei Psychosen, wo sie in der Regel mit einer Stimmungsaufhellung verbunden sind.

Es erscheint daher wahrscheinlich, dass die Fähigkeit, diese erweiterten mystischen Zustände zu erleben, zu den normalen Hirnfunktionen gehört, und tatsächlich gibt es in vielen östlichen Religionen Techniken, die darauf abzielen, diese erweiterten Gefühle universeller Liebe willentlich hervorzurufen. Der bedeutende kanadische Psychiater Richard Maurice Bucke war im 19. Jahrhundert einer der ersten westlichen Wissenschaftler, der versucht hat, mystische Erfahrungen zu definieren. In seinem Buch *Cosmic Consciousness* hat er viele sehr tiefe Erfahrungen untersucht:

Jetzt kam eine Phase der Verzückung, die so intensiv war,

19 W. B. Yeats, »Unschlüssigkeit«, aus dem Englischen von Herhard Falkner und Nora Mantocza, in *William Butler Yeats. Die Gedichte,* hrsg. von Norbert Hummelt, Luchterhand, 2. Auflage 2005 (Anm. d. Ü.)

> dass das Universum stillstand, als ob es über die unaussprechliche Erhabenheit des Anblicks staunte: nur einer im ganzen unendlichen Universum. Der allwissende, vollkommene Eine, vollkommene Weisheit, Wahrheit, Liebe und Reinheit: Und mit der Verzückung kam die Erkenntnis. In demselben wunderbaren Moment, den man als himmlische Glückseligkeit bezeichnen könnte, kam die Erleuchtung … Welche Freude, als ich sah, dass es keinen Bruch in der Kette gab – kein Glied fehlte – alles an seinem Platz und in seiner Zeit, Welten, Systeme, alles verschmolzen in *einer* harmonischen Welt, universell, gleichbedeutend mit universeller Liebe.

Bucke und andere haben neun Merkmale aufgelistet, die die wichtigsten Elemente mystischen Erlebens kennzeichnen. Diese sind:

- Gefühl der Einheit
- Eindruck von Objektivität und Realität
- Transzendenz von Raum und Zeit
- Gefühl der Heiligkeit
- Tief empfundene positive Stimmung – Freude, Gesegnetsein, Frieden und Glückseligkeit
- enthält ein paradox-mystisches Bewusstsein, das oft als wahr empfunden wird, obwohl es gegen die aristotelische Logik verstößt
- Unaussprechlichkeit – Sprache ist ungeeignet, um die Erfahrungen zum Ausdruck zu bringen
- Vergänglichkeit
- positive Veränderung in Einstellung oder Verhalten nach der Erfahrung

Alle diese Merkmale werden zwar in der mystischen Literatur häufig zitiert, sind aber keineswegs auf seltene spontane mystische Zustände beschränkt, sondern gehören zum normalen menschlichen Erleben. Sie sind auch ein Merkmal pathologischer Erfahrungen wie beispielsweise Psychosen.

Wenn mystische Erfahrungen so weit verbreitet sind, kann man logischerweise annehmen, dass es einen Mechanismus im Gehirn geben muss, der den Ausdruck dieser Erfahrungen ermöglicht. Die Frage lautet also welcher Mechanismus? Ein Großteil der Hinweise, die wir zu den Gehirnmechanismen haben, die diesen Zustand vermitteln, wurde durch die Untersuchung pathologisch induzierter mystischer Erfahrungen gewonnen. Epileptische Zustände und Zustände unter Drogen, insbesondere solche, die durch Ketamin, einen NMDA-Rezeptor-Agonisten, hervorgerufen werden, sind Beispiele dafür. Zudem gibt es umfangreiche Literatur über die neurowissenschaftlichen Aspekte der Meditation sowie über die Wirksamkeit und mögliche Mechanismen des Gebets. Schließlich gibt es Ansätze einer Literatur über eine Reihe ungewöhnlicher Phänomene, die in den letzten 24 Stunden vor dem Tod auftreten und eine umfassendere Sicht von Bewusstseins nahelegen. Auch die Nahtod-Erfahrung wurde als Möglichkeit zur Beantwortung der Frage vorgeschlagen, ob Gehirnprozesse vollumfänglich für Bewusstsein verantwortlich sind. Ist die Theorie der Identität von Geist und Gehirn richtig oder gibt es Situationen, in denen Geist und Gehirn getrennt werden können?

In den letzten 20 Jahren hat sich ein großer Wandel im wissenschaftlichen Denken vollzogen, verbunden mit einer Anerkennung spiritueller Werte. Einer der ersten Indikatoren für diesen Wandel ist vielleicht die Erkenntnis, dass unsere Gedanken und geistigen Aktivitäten mit unserer geistigen und körperlichen Gesundheit verbunden sind und starken Einfluss auf sie haben. Studien zur Meditation zeigen dies sehr deutlich. Die wichtigste Veränderung, die durch Meditation eintritt, ist die Entspannungsreaktion. Sie ist verbunden mit einem Rückgang des Cortisols, einer Senkung des Blutdrucks und einer Verringerung der galvanischen Hautreaktion. Zudem wurden Veränderungen im EEG beschrieben, die bei Menschen, die seit Langem meditieren, zwischen den Meditationssitzungen zu beobachten sind. Newburg et al. (2001) haben eine SPECT-Untersuchungsstudie an einer Gruppe von acht Meditierenden veröffentlicht, bei der Veränderungen im frontalen und parietalen Kortex gefunden wurden, die eng mit den in der Meditation beschriebenen positiven mentalen Zuständen und Veränderungen des Körperbilds zusammenhängen.

Eine Studie von Aftanas und Golocheikine (2001) hat das EEG

während der Sahaja-Yoga-Meditation untersucht. Sie interessierten sich insbesondere für die Korrelation zwischen elektrischer Aktivität und Glückseligkeitsgefühlen sowie den Unterschied zwischen Personen, die schon lange und anderen, die erst seit Kurzem meditieren. Bei seit Langem Meditierenden fanden sie eine Korrelation zwischen Gehirnzuständen und Glückseligkeitsgefühlen sowie eine negative Korrelation zum Auftreten von Gedanken. Meditation wird seit einigen Jahren in der klinischen Praxis eingesetzt und hat sich bei klinischen Zuständen, zu deren Pathologie hohe Erregung und Angst gehören, allgemein als hilfreich erwiesen. Kabat Zinn (1992) stellte bei Patientinnen und Patienten mit allgemeinen Angstzuständen und Panikstörungen, die mit Psychotherapie und Achtsamkeitsmeditation behandelt wurden, eine signifikante Verbesserung fest.

Noch interessanter ist die Kraft von Mitgefühl und positivem Denken. McClellan (1998) maß bei einer Gruppe von Studierenden den Spiegel des sekretorischen Immunglobulins A im Speichel. 70 Personen schauten einen Film über Mutter Teresa beim Heilen, während 62, die Kontrollgruppe, einen Film über den Sieg der Achsenmächte im Zweiten Weltkrieg ansahen. Er fand einen im Vergleich zur Kontrollgruppe signifikanten Anstieg (p=0,025) des Speichel-IgA nach dem Anschauen des Films über Mutter Teresa und ihr Heilen durch Mitgefühl, was seiner Meinung nach auf eine Hochregulierung des Immunsystems hinweist. In einer zweiten Studie wurden die Auswirkungen des Visualisierens von Mutter Teresa bei ihrer Heiltätigkeit gemessen. Auch dies führte zu einem Anstieg der Immunglobuline und einer Hochregulierung des Immunsystems.

Zu den ersten Hinweisen auf eine allgemein anerkannte Relevanz von Spiritualität gehörte eine Arbeit über Gebete (Byrd et al. 1983), die zeigte, dass Patienten auf einer kardiologischen Intensivstation, für die gebetet wurde, kürzere stationäre Aufenthalte, weniger Komplikationen und einen geringeren Medikamentenbedarf hatten.

In unserer jüdisch-christlichen Gesellschaft ist das Gebet seit jeher als Mittel zur Linderung von Notlagen anerkannt. Schauen wir uns zunächst an, wie man die Macht des Gebets vor über 100 Jahren gesehen hat. Die folgende Geschichte erzählt ein Anwalt aus dem ländlichen Raum im Mittleren Westen der USA um 1880. In der Gegend herrschte eine anhaltende Dürre, die so lange und so heftig war, dass die kleine landwirtschaftliche Gemeinde, in der er lebte, in große Schwierigkeiten geriet. Ohne baldigen Regen wäre die Ernte ruiniert. Alle Geistlichen der verschiedenen Kirchen in der Gemeinde setzten sich zusammen und beschlossen, dass die ganze Gemeinde an einem bestimmten Tag um die Mittagszeit für Regen beten sollte. An dem fraglichen Tag kam die Arbeit in der Ortschaft um die Mittagszeit zum Erliegen, und die Stadt betete geschlossen um Regen. Nach einigen Stunden bewölkte sich der Himmel, und Regen setzte ein. Es schüttete wie aus Kübeln, verbunden mit Donner und Blitz. Bedauerlicherweise schlug der Blitz ein und zerstörte eine Scheune, die leider nicht versichert war. Der Besitzer der Scheune, ein skeptischer Großkotz, beschloss, den Prediger zu verklagen, der diese Idee gehabt hatte, und der Priester bat den Anwalt, ihn zu vertreten. Der Fall erlangte traurige Berühmtheit und ging sogar bis vor den Obersten Gerichtshof der USA. Glaubte der Kläger an das Gebet?, fragte der Richter. Der Kläger wollte bereits sagen, er glaube nicht daran, besann sich dann aber, als er merkte, dass er damit seinen eigenen Fall untergraben würde und murmelte schließlich: Ja, er glaube daran. Hat er um Regen gebetet? Ja. Hat er auch für den Blitz gebetet? Aber nein. Dann, so der Richter, ist der Blitz eine Fügung Gottes, und die Klage wird abgewiesen!

Das Gebet ist in den USA weit verbreitete Praxis: *Newsweek* stellte 1992 in einer Umfrage fest, dass neun von zehn Amerikanerinnen und Amerikanern mindestens einmal pro Woche beten. Die Zeitschrift *Life* fand 1994 heraus, dass ein ebenso großer Prozentsatz glaubt, dass Gott ihre Gebete erhört, während *Time* 1996 feststellte, dass 82% der Amerikanerinnen und Amerikaner glauben, dass Gebet heilt. Vielleicht haben sie sogar Recht. In den letzten Jahren gab es eine Reihe hochwertiger randomisierter kontrollierter Doppelblindstudien zum Fürbittgebet, die mehrheitlich positiv ausfielen und gute Belege für die Wirksamkeit des Gebets erbrachten; zahlreiche weitere Studien belegen den Erfolg spiritueller Medizin im Allgemeinen. Diese Studien stammen aus zahlreichen unterschiedlichen Forschungsgebieten und befassen sich mit vielen Aspekten religiöser und spiritueller Praxis. Eine Studie von

Koenig et al. (1999) an Menschen über 65 Jahren konnte beispielsweise belegen, dass Kirchgänger nach sechs Jahren mit größerer Wahrscheinlichkeit noch am Leben sind. Eine weitere Studie zeigte, dass bei über 65-Jährigen, die mindestens einmal pro Woche in die Kirche gingen, Krebs und Herzerkrankungen seltener auftraten, was auf eine Hochregulierung des Immunsystems schließen lässt. Koenig et al. (*Handbook of Religion and Health*, 2001) zeigten den positiven Einfluss eines religiösen oder spirituellen Glaubens auf die Gesundheit. Ein starker Glaube, ein unterstützendes soziales Netzwerk, positive Beziehungen und positives Denken stärken das Immunsystem, verringern das Risiko von Krebs und Herzerkrankungen und verbessern die allgemeine Gesundheit.

Die erste gute randomisierte kontrollierte Doppelblindstudie zum Gebet ist die bereits erwähnte Studie von Byrd et al. (1988), die auf einer kardiologischen Intensivstation durchgeführt wurde. Die Namen der aktiven Probandengruppe wurden an eine Gebetsgruppe geschickt; diese wurde angewiesen, dafür zu beten, dass die Genannten schneller gesund werden, weniger Komplikationen haben und so weiter. Die Ergebnisse waren signifikant. In der Gruppe, für die gebetet wurde, war der Einsatz von Antibiotika um das Fünffache geringer, das Auftreten von Lungenödemen um das Dreifache geringer, weniger Patienten mussten intubiert werden und weniger Patienten (wenn auch nicht signifikant weniger) starben als in der Kontrollgruppe. Diese Arbeit wurde zum Vorbild für eine Reihe weiterer Studien. Eine bemerkenswerte Studie ist auch die von Cha et al. (2001) aus der Abteilung für Geburtshilfe und Gynäkologie am Columbia Hospital in New York. Sie führten eine prospektive randomisierte kontrollierte Doppelblindstudie über die Auswirkungen des Fürbittgebets auf die In-vitro-Fertilisation und den Embryotransfer bei einer Gruppe von Patientinnen in Seoul, Südkorea, durch. Es gab drei betende Gruppen, eine in Australien, eine in den USA und eine in Kanada. Die Ergebnisse waren verblüffend. Die Gruppe, für die gebetet wurde, wies eine höhere Einnistungsrate (16,3% gegenüber 8% bei der Kontrollgruppe) ($p=0{,}0005$) und eine höhere Schwangerschaftsrate (50% gegenüber 26%) ($p=0{,}0013$) auf. Die hohen Signifikanzen deuten erneut darauf hin, dass das Gebet wirksam ist. Und die Tatsache, dass die Betenden weit von denen entfernt waren, für die sie beteten, legt nahe, dass eine Fernwirkung postuliert werden muss und dass eine Art Heilungsabsicht seitens der Betenden den Raum durchquert, um auf die Zielgruppe einzuwirken. Diese Studie ist somit eine parapsychologische Studie über Heilung und deutet auf die Möglichkeit direkter, über das Gehirn hinausgehender Wirkungen des Geistes hin. In der Wissenschaft setzt sich zunehmend die Erkenntnis durch, dass der Geist nichtlokal sein und jede aktuelle Bewusstseinstheorie über das Gehirn hinausreichende Wirkungen berücksichtigen muss.

Sterben und Erfahrungen am Sterbebett

Ein zentrales Kernelement des wissenschaftlichen Materialismus lautet, dass mit dem Tod des Gehirns auch das Bewusstsein endet. Deshalb möchte ich mich jetzt mit den Phänomenen befassen, die auftreten, wenn sich Menschen in Todesnähe befinden, und auch mit den Nahtod-Erfahrungen, von denen Menschen auf kardiologischen Intensivstationen bei einem Herzstillstand berichten. Diese Phänomene sind für die Menschen, die sie erleben, so bedeutungsvoll, so weit verbreitet und ein so starker Hinweis auf ein Weiterleben des Bewusstseins nach dem Tod, dass sie eine eingehendere Untersuchung verdienen als bisher, da sie zu einer Klärung der Frage beitragen können, ob Bewusstsein über das Gehirn hinaus existiert.

Pflegekräfte und Angehörige von Sterbenden berichten häufig von verschiedenen Phänomenen in den letzten 24 Stunden vor dem Tod. Bei diesen »Erfahrungen angesichts des herannahenden Todes« berichten die Sterbenden von Visionen, in der Regel von verstorbenen Verwandten oder Freunden, die anscheinend gekommen sind, um sie »abzuholen« – um ihnen durch den Sterbeprozess hindurchzuhelfen. Viele Menschen, die von solchen Visionen berichten, werden zum Zeitpunkt des Erlebens luzide (oder sind es bereits) und sterben bald danach. In den Visionen gibt es eindeutig eine kulturelle Komponente. Osis und Haraldsson (1997) stellten fest, dass es sich in einer westlichen Kultur bei den Gestalten, die gesehen wurden, weitaus überwiegend, nämlich zu 70%, um Erscheinungen von Toten handelte, 17% betrafen noch lebende Personen und 13% religiöse Figuren. Eine ähnliche Studie in Indien ergab einen sehr hohen Anteil religiöser Figuren aus der Religion der Person, die die Vision hatte. (*In the Hour of Death*, Avon 2. Auflage 1997; dt.: *Der Tod, ein neuer Anfang: Visionen und Erfahrungen an der Schwelle des Seins*, mit einer Einführung von Elisabeth Kübler-Ross, aus dem Amerikanischen von Wolfgang Harlacher, Bauer 1979). Andere Studien zeigen, dass 30% der Menschen, die anscheinend Visionen auf dem Sterbebett haben, im Sterben aus dem Bett aufstehen, als ob sie irgendwohin gehen wollten. Eine italienische Zeitung (Giovetti, 1999) zitiert folgenden Fall einer Vision eines sterbenden Mannes. Seine Frau berichtete: »Die Gaze über seinem Gesicht bewegte sich. Ich lief zu ihm. ›Adriana, meine Liebe, deine Mutter‹ (die vor drei Jahren verstorben war) ›hilft mir, aus diesem ekelhaften Körper auszubrechen. Es gibt hier so viel Licht, so viel Frieden.‹« Giovetti stellte fest, dass 40% der von ihm untersuchten Visionen zu diesem »Abholungstypus« gehörten.

Manchmal erlebt die sterbende Person Licht und scheint in eine andere Welt hinein- und wieder herauszugleiten. Tatsächlich ist Licht ein Phänomen, von dem Menschen, die Sterbende begleiten, recht häufig berichten.

> Plötzlich leuchtete aus der Brust meines Mannes das strahlendste Licht, und als dieses Licht nach oben schwebte, ertönten die schönste Musik und singende Stimmen. Unendliche Freude erfüllte meine Brust, und mir war, als würde mein Herz sich heben, um sich diesem Licht und der Musik anzuschließen. Plötzlich lag eine Hand auf meiner Schulter und eine Krankenschwester sagte: »Es tut mir leid, meine Liebe. Er ist gerade gegangen.« Licht und Musik schwanden aus meinem Blick. Ich verspürte einen sehr großen Verlust, weil ich zurückgelassen wurde.

Interessant ist, dass Licht zu den wiederkehrenden Motiven bei mystischen Erlebnissen gehört. Meist ist es strahlend weiß oder golden, wird als umhüllend und warm empfunden und zugleich als Liebe erlebt. Liebe ist mit Licht verflochten und wird als universell und alles durchdringend erfahren.

Auch von einer anderen Art von Erlebnissen wird zuweilen berichtet, von den sogenannten »Koinzidenzen« am Sterbebett. Dabei sagen Menschen, die mit der sterbenden Person eng befreundet oder verwandt sind, dass sie sie zum Zeitpunkt ihres Todes gesehen haben oder an sie denken mussten. Oft wissen sie nicht einmal, dass ihre Freundin oder ihr Verwandter krank ist. Diese Erlebnisse wurden bereits 1886 in der zweibändigen Studie *Phantasms of the Living* von Gurney, Podmore und Myers gut dokumentiert.

Der folgende Bericht wurde mir nach einem Radio-Interview über Nahtod-Erfahrungen zugesandt:

> Als ich ins Bett ging, war ich sehr unruhig. Ich wälzte mich hin und her, bis plötzlich in den frühen Morgenstunden mein Vater neben meinem Bett stand. Er war seit Langem krank, aber nun stand er da, in der Blüte seines Lebens. Er sprach kein Wort. Meine Unruhe legte sich und ich schlief ein. Am Morgen wusste ich … mein Vater war am späten Abend des Vortages verstorben und hatte mich auf seinem Weg ins nächste Leben besuchen dürfen.

Visionen am Sterbebett enthalten sicherlich eine starke kulturelle Komponente, was zu der wissenschaftlichen Auslegung führen kann, dass sie vollständig kulturell bedingt sind und kulturelle Effekte im Umfeld des Todes zum Auftreten der Visionen führen. Im Gegensatz dazu stehen die Phänomene, die auf Intensivstationen zu beobachten sind, Psychosen bei Menschen unter intensivmedizinischer Behandlung, wenn sich die Patienten in einem Zustand des Reizentzugs, der Hilflosigkeit und Verwirrung befinden, wie er mit einer schweren Erkrankung verbunden ist. Die Studien zu Psychosen auf Intensivstationen deuten darauf hin, dass die Phänomene hauptsächlich paranoiden und beschuldigenden Charakter haben. Sie sind tendenziell verwirrend und sicherlich ganz anders als die klaren Visionen am Sterbebett. Der Unterschied in der Phänomenologie dieser beiden Gruppen von Erfahrungen deutet darauf hin, dass sie möglicherweise auch eine andere Ursache haben.

Weitere Belege dafür, dass Visionen am Sterbebett Hinweise auf ein Fortbestehen des Bewusstseins enthalten können, sind jene seltenen Fälle, in denen die Sterbenden Verwandte »sehen«, von denen sie nicht wissen, dass sie tot sind. Oft wurde ihnen ihr Tod von der Familie verheimlicht. So erschien zum Beispiel ein Sohn, der kurz zuvor bei einem Verkehrsunfall ums Leben gekommen war, in der Sterbebett-Vision seiner Mutter, obwohl sie nicht wusste, dass er tot war. Es ist jedoch zu bedenken, dass manche Visionen am Sterbebett Lebende betreffen, sodass nur eine größere Studie klären kann, ob die bereits tote Person bloß zufällig gesehen wurde. Diese Frage kann nur durch weitere und detailliertere Untersuchungen der Phänomene angegangen werden, wobei diese zum geistigen Zustand der Person in Bezug zu setzen sind.

Koinzidenzen am Sterbebett sind ein starker Hinweis auf die Nichtlokalität des Geistes und die Verschränkung des Sterbenden mit der Person, die besucht wird. Auch wenn diese Verschränkung aus der Ferne stattfindet, deutet sie nicht unbedingt auf ein Fortbestehen des Bewusstseins hin, da eine Form des telepathischen Kontakts das Phänomen erklären könnte, aber sie wäre vereinbar mit einer Trennung von Gehirn und Bewusstsein zum Zeitpunkt des Todes.

Nahtod-Erfahrungen

Die Nahtod-Erfahrung ist inzwischen gut dokumentiert. Sie unterscheidet sich von den Visionen am Sterbebett, da sie häufig bei Menschen auftritt, die tief bewusstlos sind. Die wichtigsten Merkmale sind ein Gefühl des Friedens, wovon 82% berichten, eine Lichterfahrung (72%) oder eine außerkörperliche Erfahrung (66%) erlebt zu haben, 49% gehen durch einen Tunnel und 33% begegnen einem Lichtwesen, 76% berichten von idyllischen Landschaften, 38% treffen verstorbene Freunde oder Verwandte, 12% erhalten einen Lebensrückblick, 24% kommen an eine Grenze und können nicht weitergehen, und 72% entscheiden sich dafür zurückzukehren oder lassen andere eine solche Entscheidung für sie treffen. Darüber hinaus berichten 72%, dass sie sich durch die Erfahrung verändert haben. Diese Phänomene können allerdings auch bei gesunden Menschen auftreten, häufig ausgelöst durch Angst, Drogen, Schmerzen und so weiter – in randomisierten Umfragen berichten tatsächlich etwa 10% der Allgemeinbevölkerung, dass sie solche

Erlebnisse hatten. Diese Erfahrungen sind schwierig zu untersuchen, da man sich nie sicher sein kann, in welchem mentalen Zustand sich die Betroffenen zum Zeitpunkt des Erlebens befinden, und weil sie nicht vorhersehbar sind.

Das beste »Nahtod«-Modell ist der Herzstillstand, bei dem 10% der Patientinnen und Patienten diese Erfahrung machen. In diesem Fall hat das Herz aufgehört zu schlagen und der Patient ist klinisch tot, das heißt, er hat keine nachweisbare Herzleistung, keinen Atemantrieb und keine Hirnstammreflexe mehr, keinen Würgereflex sowie erweiterte, nicht reagierende Pupillen. Einige Menschen geben an, dass sie während einer Nahtod-Erfahrung ihren Körper verlassen haben. Möglicherweise könnte man testen, ob sie neue Informationen erhalten, während sie außerhalb ihres Körpers sind, angeblich, wenn das Herz aufgehört hat zu schlagen.

Für die wissenschaftliche Forschung lautet die interessante Frage: Wann tritt die Nahtod-Erfahrung auf? Tritt sie vor oder während der durch den Herzinfarkt verursachten Bewusstlosigkeit auf, während oder nach der Wiederbelebung? Die Bewusstlosigkeit setzt sehr schnell ein, wie bei einer Ohnmacht, sodass die Erfahrung zu diesem Zeitpunkt nicht eintreten kann. Während der Bewusstlosigkeit setzen alle Hirnfunktionen aus, sodass die Erfahrung nach neurowissenschaftlichen Erkenntnissen auch dann nicht eintreten kann. Während der Wiederbelebung nach einem Herzstillstand sind die Betroffenen verwirrt, sodass die klare, luzide Nahtod-Erfahrung auch in diesem Verwirrtheitszustand nicht auftreten kann. Wenn wissenschaftlich nachgewiesen werden könnte, dass die Nahtod-Erfahrung während der Bewusstlosigkeit auftritt, wie von Überlebenden eines Herzstillstandes behauptet, also zu einem Zeitpunkt, an dem alle Gehirnfunktionen zum Erliegen gekommen sind und es anscheinend keinen Mechanismus gibt, der sie vermittelt, wäre dies hoch signifikant, denn es würde darauf hindeuten, dass Bewusstsein tatsächlich unabhängig von einem funktionierenden Gehirn existieren kann.

Deshalb haben Dr. Sam Parnia und ich eine Studie auf der kardiologischen Intensivstation des Southampton Hospital durchgeführt. Im Verlauf eines Jahres wurden 63 Überlebende eines Herzstillstands befragt. 56 hatten keine Erinnerungen an die Zeit des Herzstillstands und bildeten die Kontrollgruppe, und sieben, also 11%, hatten Erinnerungen, von denen sechs eindeutig Nahtod-Erfahrungen waren. Diese Erlebnisse waren die gleichen, wie sie in der Literatur beschrieben werden und beinhalteten die oben beschriebenen Phänomene, die typisch für Nahtod-Erfahrungen sind, beispielsweise den Tunnel, das Licht, dann das Ankommen an einer Grenze und die Rückkehr. In unserer Studie gab es keine außerkörperlichen Erfahrungen. Es gab keine physiologischen Unterschiede zwischen der Nahtod-Erfahrungsgruppe und der Kontrollgruppe, außer dass die Erlebenden ein sehr hohes Sauerstoffniveau hatten.

Alle Erlebenden berichteten, dass ihre Erlebnisse stattgefunden hatten, während sie bewusstlos waren. Dies lässt sich jedoch nur überprüfen, wenn man untersucht, ob die Patientinnen und Patienten neue Informationen erhalten können, wenn sie sich nicht in ihrem Körper befinden. Es gibt viele anekdotische Berichte, wonach auf diese Weise Informationen gewonnen wurden, und manche sind sehr überzeugend, aber keiner liefert Beweise von der Art, wie die Wissenschaft sie benötigt. Bei unserer eigenen Methode haben wir Bilder an der Decke angebracht, in der Hoffnung, die Erlebenden würden sie sehen. Doch bei dieser Studie verließ keiner der Nahtod-Erfahrenden seinen Körper. Bei einer anderen Studie, die von Penny Sartori in Wales durchgeführt wurde, verließen zwar etwa acht Personen ihren Körper, aber keiner von ihnen schaute sich die Karten auf einem Monitor neben dem Bett an. Wir wissen es also immer noch nicht!

Inzwischen gibt es weitere gut durchgeführte Studien über Nahtod-Erfahrungen während eines Herzstillstands, die bestätigen, dass Berichte über Nahtod-Erfahrungen mit dem akzeptierten Bild der Hirnfunktionen während eines Herzstillstands kaum in Einklang zu bringen sind. Die Studie »Near death experience in survivors of cardiac arrest: a prospective study in the Netherlands« von van Lommel et al. wurde im Dezember 2001 im *Lancet* veröffentlicht. Es handelte sich um eine große Studie, die in zehn Krankenhäusern durchgeführt wurde und mehr als 340 Fälle von Nahtod-Erfahrungen sowie eine Nachbeobachtungszeit von acht Jahren umfasste. Eine US-amerikanische Studie von Schwamninger et al. über »The NDE in cardiac arrest« erschien 2002 im *Journal of Near Death Studies*.

Bruce Greyson, der eine ähnliche Studie veröffentlicht hat, bemerkte dazu:

> »Das paradoxe Auftreten von erhöhtem Bewusstsein und logischen Denkprozessen ohne anschließende Amnesie während einer Periode eingeschränkter zerebraler Durchblutung wirft für unser derzeitiges Verständnis des Bewusstseins und dessen Bezug zur Hirnfunktion besonders verwirrende Fragen auf.«

Die Frage, wann die Nahtod-Erfahrung auftritt, sollte sich beantworten lassen, wenn ausreichend finanzielle Mittel zur Verfügung stehen, um ein relativ kostengünstiges Forschungsprojekt durchzuführen, das jedoch enormes Potenzial für die Gesellschaft birgt. Bestätigt die Nahtod-Erfahrung in irgendeiner Weise das Fortbestehen des persönlichen Bewusstseins nach dem Tod? Menschen, die diese Erfahrung gemacht haben, sagen, dies sei der Fall. Aber um dies zu akzeptieren, müssen wir die Grenzen der Wissenschaft überschreiten, die subjektive Erfahrungen nicht als Beleg akzeptiert. Nur wenn wir versuchen, eine neue Wissenschaft zu etablieren, die es unternimmt, das subjektive Erleben des Menschen zu erforschen und zu validieren, können wir entscheiden, ob sich hinter dem Mechanismus der Nahtod-Erfahrung tatsächlich ein Sinn verbirgt und vielleicht sogar ein Fortbestehen des persönlichen Bewusstseins möglich ist.

Die Auffassung, dass es ein Fortbestehen des persönlichen Bewusstseins gibt, hat die Stärke, dass sie persönliche Verantwortung zulässt. Eine rein mechanistische und deterministische Weltsicht schließt jede Möglichkeit persönlicher transzendenter Werte aus. Wir brauchen eine umfassendere Sichtweise, die den instinktiven Glauben vieler Menschen einbezieht, dass wir nicht einfach nur mechanische Wesen sind, verantwortlich allein unserer Biologie und unserer Kultur, sondern dass es in unserer Natur einen spirituellen Aspekt gibt, dass wir Teil eines größeren Ganzen sind und für unser Handeln persönliche Verantwortung tragen.

Dies führt zu Überlegungen über die Ethik der Nahtod-Erfahrung. Wenn sich herausstellt, dass Bewusstsein auch nach dem

Ende der normalen elektrischen Aktivität im Gehirn fortbesteht, deutet dies darauf hin, dass wir möglicherweise grundsätzlich spirituelle Wesen sind. Eine Untersuchung der Phänomene rund um Tod und Sterbeprozess legt nahe, dass das Sterben prozesshaft ist, und auch dies muss weiter erforscht werden.

Es gibt inzwischen starke wissenschaftliche Belege dafür, dass der Geist als verteilt betrachtet werden muss. In vielen Studien sind nichtlokale Effekte nachgewiesen worden. Fernkommunikation von Gehirn zu Gehirn wurde durch EEG-Messungen bestätigt. Telepathie wurde durch die Ganzfeld-Experimente von Professor Robert Morris in Edinburgh bestätigt und tritt nachweislich in signifikantem Umfang im Alltag auf (Siehe beispielsweise zu Rupert Sheldrakes jüngsten Experimenten zur Telefon- und E-Mail-Telepathie: www.sheldrake.org). Gebet und Heilung deuten auf geistige Fernwirkung hin. Phänomene in Todesnähe und bei Nahtod-Erfahrungen lassen ebenfalls auf die Möglichkeit eines über das Gehirn hinausreichenden Geistes schließen.

Die Wissenschaft selbst legt nahe, dass wir jetzt eine andere Sicht auf Gehirn und Bewusstsein brauchen – eine Wissenschaft der Spiritualität. Die westliche Wissenschaft hat die positiven Auswirkungen eines spirituellen Lebens auf die Gesundheit nachgewiesen. Sie hat den hohen Vernetzungsgrad zwischen Individuen aufgezeigt und vorgeschlagen, dass jede Bewusstseinstheorie einen über das Gehirn hinausreichenden Geist einschließen muss. Die westliche Wissenschaft hat sogar die Frage nach einem Fortbestehen des Bewusstseins über den Tod hinaus aufgeworfen.

Sowohl transzendente Erfahrungen als auch Nahtod-Erfahrungen vermitteln anscheinend eine subjektive Sicht auf das, was jenseits des Physischen liegt. Sie legen nahe, dass die Welt ihrer Struktur nach spirituell ist, dass Bewusstsein primär und einheitlich ist sowie dass das individuelle Bewusstsein Teil des Ganzen ist und nach dem Tod weiterlebt. Diesen Erfahrungen zufolge gibt es offenbar eine moralische Ordnung im Universum mit persönlicher Verantwortung für alle unsere Handlungen und sogar Gedanken. Dies deutet auf eine zugrunde liegende Einheit des Bewusstseins hin, auf eine Ebene, auf der wir nicht voneinander getrennt sind, und bietet meiner Ansicht nach eine ontologische Grundlage für die

Goldene Regel: Liebe deinen Nächsten wie dich selbst und erwarte keine Gegenleistung. Die zugrunde liegende innere Struktur des Universums besteht aus Licht und Liebe, die traditionell zentrale Attribute des Göttlichen sind, wie es in der Auffassung des persischen Dichters Hafiz von der Liebe zum Ausdruck kommt:

> Ich habe den Einfluss der Vernunft auf die Liebe abgeschätzt und festgestellt, dass er wie ein Tropfen auf dem Ozean ist, der einen kleinen Fleck auf dem Wasser hinterlässt und dann verschwindet.

Quellen

Aftanas, L. I. & Golocheikine, S. A.; »Human anterior and frontal midline theta and lower alpha reflect emotionally positive state and internalised attention: high resolution EEG investigation of meditation«, *Neuroscience Letters* 310 (1) 2001, S. 57–60.

Back, K. W. & Bourque, L.B.; »Can feelings be enumerated?«, *Behav. Sci.* 15 (6) 1970, S. 487–496.

Byrd, R. C.; »Positive therapeutic effects of intercessory prayer in a coronary care unit population«, *Southern Medical Journal* 81, 1988, S. 826–9.

Cha, K. Y.; Wirth, D. P.; Lobo, R. A.; »Does prayer influence the success of in vitro fertilisation-embryo transfer? Report of a masked randomised trial«, *J. Reprod. Med.* 49 (9) 2001, S. 781-787.

Dennett, D. C.; *Consciousness Explained*, Penguin 1991; dt.: *Philosophie des menschlichen Bewusstseins*, aus dem Amerikanischen von Franz Wuketits, Hoffmann und Campe 1994.

Giovetti, P.; »Visions of the dead: Death-bed visions and near-death experiences in Italy«, *Human Nature* 1 (1) 1999 – Psychical Research.

Glock, C. Y. und Starck, R.; *Religion and Society in Tension*, Rand McNally 1965.

Goswami, A.; *The Self-Aware Universe*, Simon & Schuster 1993; dt.: *Das bewusste Universum: Wie Bewusstsein die materielle Welt erschafft*, in Zusammenarbeit mit Richard E. Reed und Maggie Goswami, aus dem Amerikanischen von Thomas Niehaus, Lüchow 1995.

Greyson, B.; »Incidence and correlates of near-death experiences in a cardiac care unit«, *General Hospital Psychiatry* 25, 2003, S. 269–276.

Hameroff, S.; Nip, A.; Porter, M.; Tuszynski, J.; »Conduction pathways in microtubules, biological quantum computation, and consciousness«, *Biosystems* 64, 2002, S. 149-168.

Hay, D. und Hunt, K.; »Understanding the spirituality of people who dont go to church: A report on the findings of the adults' spirituality«, Projekt an der University of Nottingham 2000.

Kabat-Zinn, J.; Massion A. O.; Kristeller, J. et al.; »Effectiveness of a meditation-based stress reduction programme in the treatment of anxiety disorders« *American Journal of Psychiatry* 149, 1992, S. 936–943.

Koenig, H. et al.; *Handbook of Religion and Health*, Oxford University Press 2001.

Koenig, H. et al.; »Does religious attendance prolong survival? A six year follow up study of 3968 older adults«, *Journal of Gerontology* (Medical Sciences), 54a, 1999, S. m370–377.

McClelland, D. C. und Kershnit, C.; »The effect of motivational arousal through films on salivary immunoglobulin A«, *Psychology and Health* 2, 1998, S. 31-52.

Nagel, T.; »What is it like to be a bat?«, *Philosophical Review* 83, 1974), S. 435-450.

Newburg, A. et al.; »The measurement of regional cerebral blood flow during the complex cognitive task of meditation: a preliminary SPECT study« *Psychiatry Research* 106 (2) 2001, S. 113–122.

Osis, K. und Haraldsson, E.; *At the Hour of Death*, Avon, 2nd edition 1997; dt.: *Der Tod, ein neuer Anfang: Visionen und Erfahrungen an der Schwelle des Seins*, mit einer Einführung von Elisabeth Kübler-Ross, aus dem Amerikanischen von Wolfgang Harlacher, Bauer 1978.

Parnia, S.; Waller, D.; Yeates, R.; Fenwick, P.; »A qualitative and quantitative study of the incidence, features and aetiology of near death experiences in cardiac arrest survivors«, *Resuscitation* 48, 2002, S. 149-156.

Radin, D.; *The Conscious Universe*, Harper: San Francisco 1997.

Schwamninger, J.; »A prospective study of near death experiences in cardiac arrest patients«, *Journal of Near Death Studies* 20 (4) 2002.

Searle, J.; »The problem of consciousness« in CIBA Foundation symposium no 174 *Experimental and Theoretical Studies of Consciousness*, John Wiley 1992, S 61-80.

Sperry R. W.; »Structure and significance of the consciousness revolution«, *The Journal of Mind and Behaviour* 8, 1987, S.12.

van Lommel, P.; van Wees, R; Meyers, V.; Elferrich, I.; »Near-death experience in survivors of cardiac arrest: a prospective study in the Netherlands«, *Lancet* 358, 2001, S. 2039–2045.

Velmans, M.; *Understanding Consciousness*, Routledge, Psychology Press 2000.

Guy Claxton

Proximale Spiritualität

Warum das Gehirn von Engeln sich von unserem unterscheidet

»Glücklichsein, ist einfach. Nur Einfachsein ist schwierig.«

Möchten Sie, dass es Engel gibt? Und wenn ja, in welchem Sinne sollen Sie Ihrer Meinung nach real sein? Ist es für Sie unvorstellbar, dass die Welt von Newton, Lavoisier und Darwin, ja sogar von Bohr und Einstein und Feynman, die einzige ist, die es gibt, und zugleich völlig offensichtlich, dass es eine andere parallele Welt oder vielleicht viele parallele Welten geben muss, die die weltlichen Gesetze von Materie und Biologie übersteigen: Welten, die die übernatürlichen Geister, Kräfte und Wesenheiten enthalten – Engel und Astralkörper, Götter und morphische Felder, Außerirdische und »die Macht des Bösen« – die notwendig sind, um Ihre tiefsten Überzeugungen und profundesten Erfahrungen zu untermauern? Ist »das Böse« so real wie »die Schwerkraft«; ist der Himmel fast so substanzhaft wie Harrogate? Oder sind der Teufel und »Telepathie« lediglich in dem Sinne real, wie der Böse Mann, Aschenputtel und der Heilige Gral, nämlich als mächtige mythische Figuren und numinose Symbole, die auf lebenswichtige, geheimnisvolle Aspekte des menschlichen Daseins hinweisen oder diese verkörpern, ohne dass man jedoch befürchten müsste, dass dadurch die Relativitätstheorie verletzt wird?

»Das Herz hat seine Gründe, die die Vernunft nicht kennt«[20], sagte Pascal, und unsere vorrationalen Hoffnungen und Überzeugun-

20 Pensees, Fragment 277, Ü: Ewald Wasmuth, Lambert und Schneider, 7. Auflage 1972, S. 141

gen bringen die Oberfläche unserer Rationalität zum Kippen, sodass wir unmerklich partiell unsere Leichtgläubigkeit und unseren Skeptizismus einfließen lassen. Wenn wir wollen, dass das Übernatürliche real ist, sind wir eher bereit, das Wort eines Professors zu akzeptieren, dass die Studie, die die Macht des Gebets belegt, gut durchgeführt wurde, und wir sind eher bereit, dem Skeptiker vorzuwerfen, er weigere sich absichtlich, »die Fakten« zu akzeptieren. Wenn wir wollen, dass das *Book of Common Prayer*, das Gebetbuch der anglikanischen Kirche, Dichtung ist und die Stimme Gottes eine kraftvolle, bedeutungsvolle, wunderschöne Halluzination, dann werden wir die Behauptung des Professors schärfer anfechten und uns größere Mühe geben, die psychologische Erklärung durchzusetzen. Selbst tibetisch-buddhistische Lamas streiten sich darüber, ob Reinkarnation wörtlich oder bildlich zu verstehen ist. Wenn wir also glauben, dass wir fair kämpfen, wenn es ums Übernatürliche geht, machen wir uns etwas vor. »Möge der Beste gewinnen«, sagen wir lächelnd und lassen zugleich die winzige Kapsel Rohypnol in den Tee des Gegners gleiten.

Peter Fenwick und ich stellen die Waage so ein, dass sie sich bei Belegen von gleichem Gewicht in unterschiedliche Richtungen neigt. Hinter seiner scheinbaren Ausgewogenheit verbirgt sich der Wunsch, dass der Mensch bei einer außerkörperlichen Erfahrung wirklich zur Decke schwebt und so die geheime Botschaft sehen kann, die in den Staub auf dem hohen Schrank gekritzelt ist. Ich möchte, dass es nicht so ist, und werde den Fehler in dem Experiment aufspüren, sodass ich mit dem davonkomme, worauf ich mich vortheoretisch festgelegt habe. Wir sind beide nicht unschuldig und sollten lieber darüber nachdenken, was für uns jeweils wahr sein muss und warum, als zu versuchen, die unpersönliche Wahrheit festzustellen, denn darauf, was ein ausreichender Beweis ist, werden wir uns wohl nie einigen.

Eine solche Selbstbeobachtung ist allerdings eine langwierige und private Angelegenheit, und dieses Kapitel hier muss geschrieben werden. Ich werde Sie also mit dem Raunen der süßen Vernunft von meinen Taschenspielertricks ablenken und Ihnen sagen, dass ich nicht versuche, Sie zu dem *Glauben* zu verleiten, dass Engel ein Gehirn und keine Flügel haben, sondern dass Sie einfach mit mir *erkunden* sollen, wie weit man die Welt der Kognitions- und Neurowissenschaften in Richtung einer Erklärung für zumindest einige der etwas rätselhafteren Aspekte des mystischen und spirituellen Erlebens des Menschen biegen kann, ohne dass sie bricht. Menschen, die ans Übernatürliche glauben, werden mit einem traurigen oder zynischen Lächeln dasitzen, in dem Wissen, dass meine Bemühungen zum Scheitern verurteilt sind – dass die Wissenschaft einknicken wird, bevor es an die wirklich interessanten Dinge geht. Sie wissen, dass die Nachricht auf dem Schrank gelesen werden und mir dies die Sprache verschlagen wird. Materialisten hingegen werden mich anfeuern. Im Endeffekt gibt es keinen offenen Geist. So ist der Geist einfach nicht. Ein »offener Geist« ist letztlich ein Oxymoron (aber vermutlich immer noch besser als ein »geschlossener Geist«, der nämlich schlicht ein Idiot ist). So sei es denn!

Für Skeptikerinnen und Skeptiker ist übrigens auch die »ultimative Realität« eine umfassende Fiktion: eine hypothetische Welt, eine Schöpfung menschlicher Vorstellungskraft, nicht mehr oder weniger schön und tiefgründig als die »ewigen Jagdgründe« für amerikanische Ureinwohner oder das Nimmerland für Generationen von Kindern. Wenn Kinder größer werden, ist der Nikolaus irgendwann nicht mehr im wörtlichen, kindlichen Sinne real, sondern wird zu einem gütigen und schönen Symbol für gerechte Belohnung und Großzügigkeit. Und wenn wir erwachsen werden, dann ist die ultimative Realität keine verborgene Welt mehr, sondern wird zu einem Sinnbild für die Tiefe und das Geheimnisvolle, die allen sorgfältig beobachteten menschlichen Erfahrungen zugrunde liegen. Platons »Höhle« ist eine irreführende Metapher, denn es ist nicht nur praktisch ungewöhnlich, sondern prinzipiell unmöglich, dass wir uns von dem Schattenspiel an der Wand vor uns abwenden und »unmittelbar«, »wahrhaftig« sehen, was sich »wirklich« hinter unserem Rücken abspielt. Unsere Physiologie ist nur für einen Bruchteil des elektromagnetischen Summens und Brummens der Welt empfänglich, und daran kann auch keine noch so große Gnade oder Meditation etwas ändern. Unsere Augen sind so gebaut, dass sie Diskontinuitäten übertreiben und sogar – wie viele optische Täuschungen zeigen – Kanten und Konturen erfinden, die im physikalischen Sinne gar nicht »da« sind. Ich bin blind für meinen eigenen »blinden Fleck«, nicht aus Faulheit, sondern von Natur aus. Unser Gehirn ist mit gutem Grund so konzipiert, dass es Veränderungen in der Welt wahrnimmt, die in einem bestimmten Tempo ablaufen, und andere, die deutlich schneller oder langsamer sind, nicht bemerkt: den Gezeitenwechsel oder das Flackern einer Leuchtstoffröhre. Es gibt so vieles, was wir schlicht nicht wahrnehmen können – und was uns zum Verhängnis würde, wenn wir es wahrnähmen –, dass Ultimative Realität unweigerlich immer eine Idee bleiben muss.

Und wenn schon mein »Fleisch« meine organismische Sensibilität für alles Äußere unvermeidlich einschränkt und verzerrt, um wie viel unvollständiger und unzuverlässiger ist dann erst mein Bewusstsein? In mir geht so viel mehr vor sich, als mir jemals bewusst ist, und wenn plötzlich der Vorhang beiseite gezogen würde und ich mitbekäme, wie meine Insulinrezeptoren in ihrer ganzen Komplexität das Blut sondieren, und welches detaillierte Druckmuster der Boden an meinen Fußsohlen hinterlässt, dazu die tausend Gedanken, die normalerweise unhörbar in meinem Hinterkopf summen, und, und, und … ich würde in Daten ertrinken. »Zu viel Information« ist ein Fluch, und das gilt nicht nur für E-Mails, sondern auch für die »Realität« meines eigenen Körpers und Gehirns in jedem einzelnen Moment. Selbst die Ultimative Realität meines eigenen Prozesses ist nicht beobachtbar, und auch das aus gutem Grund.

Die Erfahrungen und Überzeugungen, die ich – meist unbewusst – von meiner Familie und Kultur übernommen habe, verzerren unweigerlich meine Wahrnehmung und geben ihr einen entsprechenden Anstrich. Von den Menschen in meinem Umfeld habe ich gelernt, was ich beachten, was ich wertschätzen, was ich fürchten und was ich verehren soll, und wenn ich diese kulturellen Gewohnheiten ablegen würde, könnte ich nicht als Mitglied meiner Gesellschaft funktionieren. Tiefer als ich es jemals in Worte fassen könnte, weiß ich, was es heißt, ein Mann zu sein, Engländer zu sein, sich zur Welt auf »männliche, englische« Art zu verhalten. Ich habe Vorlieben und Erwartungen, Hoffnungen und Ängste, und anders könnte es auch gar nicht sein. Selbst nach ihrer Erleuchtung mögen alle Buddhas immer noch lieber Tee als Kaffee (oder umgekehrt), verspüren beim Gedanken an einen Bungee-Sprung immer noch einen Anflug von Übelkeit, pflegen immer noch landestypische Gewohnheiten, wenn sie einkaufen, essen und den Futon verstauen oder die Bettdecke ausschütteln. Religiöse Erfahrung bedeutet nicht, dass man alle Konditionierungen ablegt und nackt und bloß in einer Art generischer Menschlichkeit dasteht. Die Persönlichkeit verschwindet nicht, man steht nur in einer anderen Beziehung zu ihr.

Deshalb ist es kindisch, das eigene bewusste Erleben für bare Münze zu nehmen, zu behaupten, weil ich es gesehen, gehört, gerochen oder geträumt habe, muss es »real« sein. »Weil ich meinen Namen gehört habe, muss ihn jemand ausgesprochen haben«, ist ein Irrglaube, denn mir ist sehr wohl bewusst, wie oft jemand auf einer lauten Straße einem Freund »Bye« zugerufen, und ich »Guy« gehört habe. Ich erinnere mich, dass ich einmal hätte schwören können, dass ich der Kassiererin einen Zwanzig-Pfund-Schein gegeben habe, sie mir aber nur auf zehn Pfund herausgab und ich dann den Schein hinten in meinem Portemonnaie fand – ich weiß also, dass der Satz »Weil ich mich daran erinnere, muss es passiert sein« eher ein Credo als eine verlässliche Tatsache darstellt. Wie oft war ich mir sicher, dass »du angefangen hast«, und musste dann kleinlaut zugeben, dass dieses »Du« nur eine Projektion meines eigenen miesen Tages war. »Er macht mich rasend« – als ob es einen direkten Kausalzusammenhang zwischen dem gäbe, was er tut und wie es mir geht – ist häufig eine Lüge und immer diskutabel.

Die Belege aus der kognitiven Neurowissenschaft untergraben jede anmaßende Tendenz, für die Dinge, die wir erleben, selbstständige physische Realität zu beanspruchen, und sie zeigen, wie viel von unserer Wahrnehmung eher unterstellt als gewonnen wird. Hungrige Menschen nehmen Münzen größer wahr als satte Menschen. Menschen mit Autismus sehen die Welt detailgetreuer als alle anderen. Wir wissen, wie leicht man falsche Erinnerungen einpflanzen kann. Wir wissen, dass die visuelle Welt, in der wir zu leben glauben und die uns vermeintlich geschlossen umgibt, in Wirklichkeit äußerst lückenhaft und ungleichmäßig ist und wir die meisten »Löcher«, die sie enthält, einfach nicht wahrnehmen. Es ist eine Emmentaler-Welt, und wir glauben, sie sei aus Cheddar. Wir können uns sogar im Unklaren darüber sein, ob ein Erlebnis eine neue Wahrnehmung oder eine abgerufene Erinnerung ist. (Wenn man in einem Erkennungstest einige der infrage kommenden Stimuli etwas unscharf macht, sagen die Probanden bei den klaren Stimuli, auch wenn sie »neu« sind, dass es sich um Erinnerungen handelt, vermutlich weil sie aus der etwas schnelleren Verarbeitung, die die scharfen Stimuli ermöglichen, schließen, dass sie »bekannter« sein müssen.) Aktivität im rechten anterioren cingulären Hirnareal bestimmt, ob wir etwas als Wahrnehmung oder als Vorstellung erleben. »Wir sehen die Dinge nicht, wie sie sind, sondern wie wir sind«, sagte Kurt Koffka. Für Halluzinationen und Fehlinterpretationen sind nicht nur Psychotiker und Magier zuständig; das können wir alle. Wie der Buddhismus-Experte Alan Wallace sagt, belegen die Indizien, so unwillkommen sie auch sein mögen, dass wir meinen, wir würden die Welt durch ein Teleskop betrachten – und dann entpuppt es sich als Kaleidoskop.

Umso mehr, sagt der Skeptiker, müssen wir auf dem Gebiet ungewöhnlicher oder mystischer Erfahrungen besonders vorsichtig, zurückhaltend und demütig sein und uns vor der Tendenz hüten, für das, was wir nicht sofort verstehen, nach einer übernatürlichen Erklärung zu greifen – und dann darauf zu schwören. Das Erlebnis, von Außerirdischen entführt zu werden, ist real genug, aber es ist kein Beweis dafür, dass Außerirdische im wörtlichen, kindlichen Sinne »real« sind. Das Erlebnis, über dem eigenen Körper zu schweben, ist eindrucksvoll und seltsam, aber das bedeutet nicht, dass man es »wirklich« getan hat. Vielleicht haben Sie es getan – aber die Skeptikerin denkt daran, wie oft sie sich schon in anderen Dingen getäuscht hat, und hält sich mit ihrem Urteil zurück. Wenn die Geschichtsvergessenen dazu verdammt sind, die Geschichte zu wiederholen, dann sind die, die keine Ahnung von Psychologie haben und nicht gewohnt sind, ihren eigenen Prozess zu hinterfragen, höchstwahrscheinlich dazu verdammt, die ungewöhnlichen Produkte ihres Gehirns mit tatsächlichen Ereignissen in der Außenwelt zu verwechseln. Die meisten Menschen würden heute wohl kaum behaupten, dass sie letzte Nacht im Traum wirklich geflogen sind, und sie würden akzeptieren, dass die scheinbar so felsenfeste Realität ein Hirngespinst war – und doch schwören sie womöglich Stein und Bein, dass ihre Gänsehaut im Flur der Burg an einer »Präsenz« gelegen haben muss, deren Realität außer Zweifel steht.

Der vielleicht allgegenwärtigste »Kategorienfehler« dieser Art, sagt der eingefleischte Skeptiker, ist der Glaube, dass hinter ihrem Denken ein Denkender steckt, hinter ihrem Handeln ein Handelnder, hinter ihrer Erfahrung ein Erfahrender, hinter ihrer Entscheidung ein Entscheidender – dass es einen Geist in ihrer Maschine gibt, der realer und unwiderlegbarer ist als der im Flur der mittelalterlichen Burg. Descartes' *cogito ergo sum* ist keine bahnbrechende Entdeckung, sondern eine äußerst zweifelhafte Unterstellung. Tatsache ist, dass wir uns bewusst sind, dass ein Denken, Wahrnehmen, Entscheiden vor sich geht, und dann als Gesellschaft eine Theorie über einen schemenhaften inneren Akteur aufstellen, der die Fäden zieht. Die Theorie sickert in unsere Köpfe, sodass der gespensterhafte Lenker geradezu greifbar wird – doch wenn wir konsequent sein wollen, dürfen wir dieses Gefühl nicht als Anscheinsbeweis für die tatsächliche Existenz oder die tatsächliche Wirksamkeit des Gespenstes werten. Dass so viele Menschen diese Interpretation teilen – was Charles Tart als »einvernehmliche Trance« bezeichnet – macht Zweifel an ihr schwieriger, aber ihre Wahrheit nicht wahrscheinlicher.

Die Frage skeptischer Menschen lautet also: Welche und wie viele unserer Unterstellungen, Interpretationen und Projektionen sind harmlos oder sogar nützlich, und welche bringen uns in Schwierigkeiten; welche sind verfestigt, und welche lassen sich ändern? Die Spiritualität skeptischer Menschen ist eher langweilig und schlicht. Sie kann keine Begegnung mit der Ultimativen Realität beinhalten, denn sie wissen, dass das eine Unmöglichkeit ist. Und sie hat nicht viel übrig für die knallbunten Fantasien von »Visionen«, denn diese sind prächtige Träume, die vor Bedeutung strotzen, aber eben Träume. Sie wie Wildblumen zu sammeln und im Gedächtnis zu trocknen, geht an der Sache vorbei. Im Zen-Buddhismus werden solche farbenfrohen Erlebnisse als *makyo*, als Ablenkung, behandelt, die man leidenschaftslos zur Kenntnis nimmt und dann ziehen lässt. Als eine aufgeregte Meditierende Maharishi Mahesh Yogi erzählte, sie habe gerade eine dramatische Vision von Jesus gehabt, riet Maharishi ihr, wenn es nochmal vorkomme, solle sie »ihm die Hand geben, Guten Tag sagen … und zur Mantra-Meditation zurückkehren«.

Für manche Menschen geht es bei Spiritualität um tiefe Überzeugungen und die Suche nach bewussten Antworten auf die großen Fragen des Lebens, des Todes und des Sinns. Für andere geht es darum, die seltenen, exotischen Blüten des Erlebens zu suchen und zu sammeln und sie als zwingenden Beweis für eine Andere Welt zu interpretieren – vorzugsweise eine Welt, »die die Wissenschaft nicht erklären kann«. Aber für unsere arme, unaufgeregte Skeptikerin geht es bei Spiritualität nur darum, das Gerät, durch das sie die Welt erlebt, zu reinigen, damit sie erkennen kann, was echte Sterne sind, was Schmutzflecken, die sich auf der Linse festgesetzt haben, und was intrinsische Beschränkungen des Instruments – schlicht Reflexionen der Art von »Teleskop«, die sie nun einmal ist. Relative Reinigung ist die einzige Möglichkeit, und eine schrittweise Verbesserung der Lebensqualität der einzige Lohn. Es kommt weniger auf dramatische Episoden an, als vielmehr auf eine nachhaltige Veränderung der Bildqualität – völlig ungeachtet der Handlung. So schrieb eine 93-jährige Dame, eine meiner unaufgeregten Skeptikerinnen:

> Wenn ich mein Leben noch einmal leben könnte, würde ich versuchen, beim nächsten Mal mehr Fehler zu machen. Ich wäre gelassener. Ich wäre alberner als ich es in dieser Runde war. Mir fallen nur sehr wenige Dinge ein, die ich ernst nehmen würde. Ich würde mehr Risiken eingehen. Ich würde mehr reisen. Ich würde mehr Berge besteigen, in mehr Flüssen schwimmen und mehr Sonnenuntergänge beobachten. Ich würde mehr Eiscreme und weniger Bohnen essen. Ich würde mehr echte Probleme haben und weniger eingebildete. Wissen Sie, ich gehöre zu den Menschen, die … vernünftig und gesund leben, Stunde um Stunde, Tag um Tag. Ja doch, ich hatte auch gute Momente, und wenn ich es noch einmal machen müsste, hätte ich sie noch öfter. Ich würde sogar versuchen, nichts anderes zu haben. Nur Momente, einen nach dem anderen. Wenn ich mein Leben noch einmal leben könnte, würde ich im Frühjahr zeitiger und im Herbst länger barfuß gehen. Ich würde öfter die Schule schwänzen. Ich würde mehr Karussell fahren. Ich würde mehr Gänseblümchen pflücken.

Sie will keine philosophischen Antworten auf die Frage, »was das alles soll«, oder gar Visionen der Jungfrau Maria. Sie will sich in jedem Moment deutlicher darüber im Klaren sein, was wichtig ist und was nicht. Sie möchte etwas von der Verwirrung darüber loswerden, was sie wertschätzen und was sie ernst nehmen soll. Sie bedauert, dass sie ihre Lebendigkeit dem Schicklichen geopfert hat. Sie möchte mehr fühlen, mehr vertrauen und sich weniger Sorgen machen. Sie wünscht sich ein lebendigeres Bild auf dem Bildschirm ihres Bewusstseins. Sie möchte ein qualitativ besseres Gerät in High Fidelity, durch das sie das Leben erleben kann. Man könnte ihre Spiritualität als »proximale«, also körpernahe Spiritualität bezeichnen, das heißt, sie beschäftigt sich mit dem, was sie persönlich berührt, und nicht als »distale« oder körperferne Spiritualität, die größer, sicherer und weiter weg ist. Für sie, wie auch für den Buddha, hat der schöne, makellose Lotos seine Wurzeln im Schlamm des täglichen Lebens. Er schwebt nicht unbefleckt im Raum. In der proximalen Spiritualität manifestiert sich Gott eher in Ihrer Einstellung zu Eiscreme (und ob Sie lachen, wenn Ihnen Ihr Eis herunterfällt, oder welchem Unbekannten Sie spontan ein Eis spendieren) als in Ihren Grübeleien über das Leben nach dem Tod oder Ihren Erzählungen darüber, wie Sie einmal das Aufsteigen der *Kundalini* gespürt haben oder eine unerklärliche Vorahnung darüber hatten, was Ihrer Tante Sue passieren würde.

Da die unaufgeregte Skeptikerin nun einmal akzeptiert, dass sie nie wissen kann, was wirklich vor sich geht, inwiefern ließe sich die Qualität der bewussten Wahrnehmung dennoch verbessern? Hier ein paar Möglichkeiten: Sie könnte heller und lebendiger werden. Farben könnten satter erscheinen, vielleicht leuchtender, Geräusche und Gerüche stärker. Das Erleben könnte detailreicher werden: Sie könnten die feinen, flüchtigen Zwischentöne eines kurzen Vogelgesangs hören, die Adern auf einem Blatt oder auf den Wangen des alten Mannes bemerken, der Ihnen im Zug gegenübersitzt. Vielleicht spüren Sie das Kribbeln in Ihren Zehen, das Pochen in Ihrem Rücken, die Wärme in Ihrem Mund intensiver – und das ganz ohne Grund. Die Wahrnehmung könnte breiter und umfassender werden, vielleicht hören Sie Geräusche als eine Symphonie, die für Wind, Vögel, Keyboard und Lastwagen komponiert wurde, und nicht als ein Hintergrundrauschen oder eine Abfolge einzelner Soli. Vielleicht sehen Sie die einzigartigen *Muster*, die unverbundene Objekte bilden, und erfreuen sich am plötzlichen Schattenwurf, wenn die Sonne herauskommt. Vielleicht besteht ein Teil dieser Veränderung darin, dass sich die Wahrnehmung *über bloßes Erkennen hinaus* weiterentwickelt, sozusagen nicht wiederzuerkennen ist und Ihnen das Vergängliche und Einzigartige stärker zu Bewusstsein dringt, statt bloß nackter Exemplare bekannter (und »relevanter«) Kategorien. (»Unrein und verzerrend ist der Blick des Wollens«[21], sagt Hermann Hesse). Die visuelle Wahrnehmung kann *weitwinkliger* werden, sodass Sie das Geschehen am Rand des Blickfelds ebenso wahrnehmen und einbeziehen wie das im Mittelpunkt. Außerdem kann das Erleben in dem Sinne umfassender werden, dass es auch die Wahrnehmung der *Lücken* oder *Löcher* zwischen mentalen Ereignissen umfasst – also etwa die Stille gehört wird, die die Geräusche umgeben kann. Im Allgemeinen lässt sich das Ausmaß, in dem die *Aufmerksamkeit* fokussiert und durch *Absicht* eingeschränkt wird, durchaus verringern – und vom »Ausschauen« zum »Anschauen« gelangen. Ebenso lässt sich die *Flexibilität und Fluidität* erhöhen, mit der die Aufmerksamkeit zwischen diesen verschiedenen Modi wechselt, sodass sich die Wahrnehmung zwischen den Schüben konzentrierteren Suchens und Identifizierens entspannen und eine offenere, empfänglichere Haltung einnehmen kann.

Wenn ein klareres Gefühl für die »Lücken« beispielsweise zwischen den Gedanken entwickelt wird, kann auch ein Gefühl dafür entstehen, dass mentale Inhalte im Bewusstsein auftauchen und wieder versinken, so als wären Gedanken, Gefühle und Empfindungen Wellen mit weißem Schaumkamm, die aus einem dunklen Ozean auftauchen, eine Weile unterwegs sind und dann wieder in den unsichtbaren Meereskörper zurücksinken. Dadurch kann sich ein stärkeres Gefühl für das *Unbewusste* entwickeln – nicht als eine Art geschlossene Abteilung für wilde Impulse und schmerzhafte Erinnerungen, sondern als ständige, unerforschliche Kulisse des Bewusstseins, als »Seitenbühnen«, die die gut ausgeleuchtete

---

21 *Mein Glaube*, Suhrkamp 1971, S. 11

Hauptbühne des bewussten Geistes umgeben. Mit dieser Erkenntnis geht vielleicht auch ein stärkeres Gespür für die Autonomie des Geistes einher – dass Gedanken nicht vom Bewusstsein gemacht werden, sondern ihm geschehen, und daher anderswo, hinter den Kulissen, in einem Bereich des Geistes produziert werden müssen, zu dem »Ich«, als bewusster Lenker und Schiedsrichter, faktisch keinen Zugang habe. Aus dieser zunehmenden Erkenntnis können zwei Gefühle erwachsen: *Panik*, dass man die Dinge viel weniger in der Hand hat als gedacht, und *Freude* über die spontane Zaubershow der Gedanken, Pläne, Erinnerungen, Fantasien, Gefühle und Empfindungen, die anscheinend ganz von selbst immer wieder ins Bewusstsein dringt.

So kann es zu einer Neubewertung des im Hintergrund wirkenden Erlebens eines *impulsgebenden Ichs* kommen, da das Ich-Erleben sich erweitern und Bereiche der Psyche einbeziehen muss, die weniger vorhersehbar und eher geheimnisvoll sind. Und mit zunehmender Entspannung und Lockerung der Kontrolle wird es möglich, *Aspekte des Erlebens* ins Bewusstsein zu lassen, *die zuvor ausgeschlossen waren*, weil sie nicht zu der kartesianischen Vorstellung vom bewussten Verstand als zentraler Leitstelle für Geist und Körper »passten«. Sie können merken, wie oft die mutmaßliche Verbindung zwischen Gedanken, insbesondere Absichten, und Handlungen durchbrochen oder beeinträchtigt wird. Sie erkennen, wie oft Sie intelligente und komplizierte Dinge tun, ohne überhaupt darüber nachzudenken. Und Sie erkennen, wie oft Sie sich etwas Bestimmtes vornehmen und es dann doch nicht tun – oder es später oder auf ganz andere Weise tun. Bei näherer Betrachtung stellt sich heraus, dass *Denken und Handeln* viel loser miteinander verbunden sind, als Sie angenommen hatten – und als es das konventionelle Bild vom Ich erfordert. Sobald diese Bedingung wegfällt, kann der sich entfaltende geistige Film viel *skurriler und spielerischer* werden, während Ihre Einstellung zu diesem Spiel zugleich ruhiger und leidenschaftsloser wird. Sie fürchten nicht mehr, verrückt zu werden, sondern amüsieren sich über das surreale Drama. Tatsächlich erleben Sie vielleicht sogar häufigere und kraftvollere »Visionen« und »Stimmen«, aber sie werden einfach als amüsantes Treibgut des Unbewussten behandelt, das ernsthaft gedeutet werden kann, wenn Sie möchten, das Sie ansonsten aber nicht weiter zu beunruhigen braucht und schon gar nicht zu einer »Realität« im kindlichen Sinne erklärt werden sollte.

Sobald Ihre Aufmerksamkeit genauer und gleichzeitig ruhiger und weniger reaktiv wird, gelingt es Ihnen, »sich dabei zu ertappen«, wenn Sie in gewohnheitsmäßiges Denken oder Urteilen verfallen, und die »Escape-Taste« zu drücken. Schädliche Impulse, die zuvor unwiderstehlich waren, können nun eher im Keim erstickt werden, bevor sie den Beziehungen zu anderen oder Ihnen selbst zu schaden vermögen. Die Forschung zeigt zum Beispiel, dass Menschen, die zu Depressionen neigen, von einem »Achtsamkeitstraining« profitieren können, das diese Veränderungen in der inneren Einstellung unterstützt. Wenn etwas schiefläuft, können sie, anstatt selbstkritischen und selbstzerstörerischen Gedankengängen zu glauben, Abstand nehmen, diese Gedankengänge beobachten und dadurch deren Tendenz, Verzweiflung und Selbstverurteilung auszulösen, neutralisieren. Anders ausgedrückt, ins Bewusstsein hält ein Hauch liebevoller Skepsis Einzug, mit der man eine kleine *ironische Distanz* zwischen sich und seine mentalen Inhalte bringt. Ohne sich in einer postmodernen Dekonstruktionsspirale zu verlieren, kann man Abstand zu den eigenen Glaubenssystemen gewinnen, anstatt sich in ihnen zu verfangen, und damit eine Sicht der Ereignisse entwickeln, die weniger parteiisch oder rechtschaffen und daher eher zu *Gelassenheit* und sogar *Mitgefühl* fähig ist. Bei Entscheidungen bewahrt man sich eher den Blick fürs »große Ganze«, wodurch verschiedene Standpunkte und Werte berücksichtigt werden können, anstatt ängstlich auf Kosten anderer die eigenen Interessen zu verfolgen. Das Bewusstsein entwickelt eine ruhigere und freundlichere Qualität. Gelassenheit ersetzt die Angst als vorherrschendes Flair der bewussten Wahrnehmung. Emotionen werden als essenzieller Bestandteil des inneren Lebens betrachtet und nicht als zu lösende Probleme oder zu überwindende Feinde. Gleichzeitig nimmt offenbar das Bedürfnis ab, wütend oder nervös, abwehrend oder verlegen, frustriert oder eifersüchtig, verletzt oder habgierig, voreingenommen oder ungeduldig zu werden.

Proximale Spiritualität schätzt solche Veränderungen in der Qualität des Erlebens und widmet sich vorrangig kontemplativen

Methoden, die ihre Entwicklung fördern. Aber wie sind solche Veränderungen und die Prozesse, die sie hervorbringen, zu erklären? In der distalen Spiritualität beruft man sich vielleicht gern auf »höhere Mächte«, wie die »Gnade Gottes« oder das »kollektive Unbewusste«, die dann eine Pseudoerklärung liefern sollen. Aber unsere unaufgeregte Skeptikerin prüft zuerst, ob es eine Erklärung gibt, die den Naturgesetzen nicht zuwiderläuft. Sie glaubt fest an *Occams Rasiermesser*, also das Prinzip, dass theoretische Entitäten nur dann erfunden und etablierte Bezugssysteme nur dann umgestoßen werden sollten, wenn dies absolut notwendig ist. (Oder sie bevorzugt Einsteins Formulierung desselben Gedankens: »Wir sollten uns bemühen, die Dinge so einfach wie möglich zu machen – aber nicht mehr.«) Die Frage lautet also: Haben Engel ein Gehirn? Können wir die Entwicklung eher »engelhafter« innerer Qualitäten – Mitgefühl, Gelassenheit, Großzügigkeit, Projektionslosigkeit, Lebendigkeit des Erlebens – auf Veränderungen im physischen Gehirn zurückführen? Versuchen wir es, so gut wir können – und wenn wir scheitern, dann dürfen sich die Theisten und Okkultisten tatsächlich bestätigt sehen.

In Bezug auf das Gehirn gibt es zwei allgemeine Denkansätze. Der eine hat eine lange Geschichte und erlebt neuerdings eine Renaissance. Seine Arbeitshypothese lautet, dass jede interessante menschliche Fähigkeit oder Erfahrung im Gehirn einen Ort hat, an dem sie stattfindet, und dass wir diesen Ort empirisch bestimmen können. Die Phrenologie glaubte, dass sich die Entwicklung dieser zerebralen Funktionszentren in den Konturen des Schädels widerspiegelt. Größtenteils hat sich die Sache als nicht ganz so einfach erwiesen – obwohl es immer noch Behauptungen gibt, wonach die Intelligenz eines Menschen mit der Größe seines Schädels zusammenhängt. Ihre Nachfolgerin, die sogenannte »Neo-Phrenologie«, verwendet ausgefeiltere bildgebende Verfahren – zum Beispiel PET, EEG, SPECT, MEG und fMRI – um zu zeigen, welche Teile des Gehirns aufleuchten, wenn wir verschiedene Dinge tun. Zwar wurden damit bemerkenswerte Erfolge erzielt, die Allgemeingültigkeit dieses Ansatzes wird allerdings durch den wiederholten Nachweis untergraben, dass das Gehirn als System funktioniert und nicht als eine Ansammlung einzelner kleiner Intelligenz- oder Kognitionszentren. Daher hat sich ein zweiter Ansatz entwickelt, bei dem die Forschung verstärkt versucht, ein Gefühl dafür zu bekommen, wie dieses komplizierte, integrierte System organisiert sein könnte. (Das Buch *Going Inside: A Tour Round a Single Moment of Consciousness* von John McCrone, gibt eine wunderbar klare Einführung in dieses Thema). Auf diesen zweiten, eher systemischen Ansatz werde ich mich hier stützen, wenn auch nur in knapper und stark vereinfachter Form.

Stellen Sie sich das Gehirn, wie in vielen Theorien zu neuronalen Netzwerken, als konturierte Landschaft vor, durch deren Täler und Mulden Flüsse neuronaler Aktivierung fließen. Die »Tiefpunkte« in dieser Landschaft spiegeln die Konzepte oder Gewohnheiten wider, die am wahrscheinlichsten sind oder am häufigsten vorkommen, sodass ein energetisches Gefühl »bergab« fließender Aktivität entsteht. In dem Maße, in dem das lernende Gehirn aus den wiederkehrenden Mustern und Kontingenzen des Erlebens nützliche Konzepte, Fähigkeiten und Szenarien herausdestilliert, wird die Landschaft erodiert und das Netzwerk der Kanäle komplexer und festgelegter. Über dieser sich entwickelnden strukturellen Landschaft aus Gewohnheiten und Assoziationen liegen jedoch viel flüchtigere »Kräfte«, die mit Rezenz, also Neuheit, und Erwartung, Wünschen und Stimmungen zu tun haben. Wir sind darauf eingestellt, das »Vernünftige« zu sehen, und zwar nicht einfach *a priori*, sondern auf der Grundlage dessen, was gerade passiert ist – ein erwachsener Eisbär ist meiner Erfahrung nach selten, aber wenn ich die Augen aufmache und ein Eisbärjunges sehe, steigt die Wahrscheinlichkeit für einen erwachsenen Bären plötzlich sprunghaft an – und in Bezug auf das, was wir sehen wollen oder zu sehen fürchten sowie in welcher Stimmung wir uns befinden. Die Landschaft wird durch diese sich ständig verändernden Kräfte aufgeblasen und verformt, wenn Sie so wollen – mehr Hüpfburg als Lake District (wenn Sie sich beides im selben Maßstab vorstellen können!). Aktivierungsmuster laufen durch diese konzeptuelle Hirnlandschaft, indem sie sich einen »Weg des geringsten Widerstands« suchen, der ein ganzes kompliziertes Kraftfeld gleichzeitiger Restriktionen durch Bedürfnisse, Ängste und Erwartungen befriedigt. Wir haben ein Netzwerk aus Erwartungswerten gelernt, was wozu passt, was worauf folgt und so weiter – aber dennoch siegt manchmal, wie George Bernard Shaw über jemanden gesagt haben könnte, der eine vierte Ehe eingeht, die Hoffnung über die Erfahrung; und dieser Sieg hat seine Grundlage in den subtilen intuitiven Berechnungen des Gehirns.

Auf dieses Bild wirken unsere Ziele, Werte, Interessen und Ängste ein wie pneumatische oder hydraulische Kräfte, die die funktionale Landschaft des Gehirns kippen und skulpturieren und uns dazu bringen, auf eine Weise wahrzunehmen und zu reagieren, die unserem aktuellen Ziel förderlich ist oder die erwartete Gefahr neutralisiert. Wir sind für das sensibilisiert, was uns für unsere aktuellen Ziele »relevant« erscheint (ganz gleich, ob wir sie uns bewusst gesetzt haben oder nicht), und aus demselben Grund sind wir auch desensibilisiert für Dinge, die als irrelevant oder verhasst eingestuft werden. Durch den Einsatz von Hemmung und Erregung im Gehirn können wir sowohl verstärken als auch abschwächen: Wir sehen, was wir erwarten, und bleiben strategisch unempfänglich für alles, was zu abwegig oder unbequem ist. Diese taktischen Verformungen der Hirnlandschaft benötigen Energie. Die Pumpen und Kolben im Dienst der Motivation schöpfen aus demselben begrenzten Reservoir an mentalen Ressourcen – der neuronalen Aktivierung –, das auch die vielfältigen Bewusstseinsströme speist. In dem Maße wie Energie aus diesem Pool abgezogen wird, um die elastischen Konturen der Hirnlandschaft zu verformen, bleibt potenziell weniger Energie, die durch die übertrieben ausgebauten oder verbogenen Kanäle fließen kann.

Einfache Tiere haben wenige eingebaute Ziele: regelmäßig Nahrung und einen sicheren Lebensraum zu finden, sich zu paaren und eine Zeit lang ihre Jungen zu beschützen, vor unerwünschter Aufmerksamkeit von Raubtieren zu fliehen oder diese abzuwehren, sich auszuruhen und zu erholen und so weiter. Ihre Motive richten ihr Gehirn relativ geradlinig aus. Aber wir Menschen entwickeln unglaublich komplizierte Portfolios an Interessen und Ängsten. Zu dem Grundbedürfnis nach Sicherheit kommt der Wunsch nach Zuneigung und Freundschaft, sodass Gleichgültigkeit oder Isolation zu Dingen werden, die wir fürchten – unwillkommene Eventualitäten, die vorhergesehen und neutralisiert werden müssen. Das

Grundbedürfnis nach Sex und Fortpflanzung wird meist kulturell gefördert und führt zu einer lebenslangen Beschäftigung mit Aussehen und »Attraktivsein«, sodass ein Leberfleck oder eine Falte zum Feind wird.

Und so weiter. Wir verfechten sogar Ziele, die ihrer Natur nach unvereinbar sind. Wir wollen beliebt sein *und* wir wollen ehrlich sein, doch beides geht nicht immer. Wir wollen freundlich sein *und* wir wollen an der Spitze stehen, doch irgendetwas muss dabei auf der Strecke bleiben. Wir wollen jung aussehen *und* wir wollen die Gelassenheit und Selbstakzeptanz, die das Alter mit sich bringt – absolvieren wir jetzt also unsere bitterernsten, langweiligen 20 Minuten auf dem elenden Laufband im Gästezimmer oder nicht?

Sowie die Formen von Begehren und Abneigung eskalieren, wird die Gehirnlandschaft nicht nur vorübergehend unausgewogen, sondern dauerhaft verschlungen und verzerrt, sodass der Bewusstseinsstrom immer seltener einen Ruhepunkt der Zufriedenheit findet und Momente geistiger Ruhe immer rarer werden. Selbst nachts lässt sich das verdammte Ding nicht abschalten, weil die Aufgaben, die das Gehirn sich selbst gestellt hat und auf die es programmiert ist, unlösbar geworden sind. Schlimmer noch, die Energie, die benötigt wird, um all diese beherrschenden Gedanken am Laufen zu halten, macht einen immer größeren Teil der gesamten verfügbaren Aktivierung aus, sodass die Bewusstseinsströme immer dünner werden. In einem Anfall von Angst und Unsicherheit kann der Strom ganz versiegen, und wir sind – einen Augenblick, eine Woche lang – geistig blockiert, emotional erstarrt und sogar körperlich gelähmt. Wenn Eigeninteresse mit Umsicht oder Freude mit Anstand kollidiert, muss mehr von den schwindenden Ressourcen eingesetzt werden, um mit der Störung fertig zu werden – indem wir Umsicht blockieren (und dann ein schlechtes Gewissen haben) oder unser Eigeninteresse blockieren (und uns dann ärgern) und in der Folge diese Gefühle unterdrücken müssen (was das Selbstwertgefühl untergräbt) … und so weiter, unerbittlich und kräftezehrend.

Das konditionierte »Ich« ist, so könnte man sagen, nichts anderes als dieses verworrene Feld unvereinbarer Kräfte, das sich über die Hirnmechanismen legt und deren Arbeitsweise wie ein Computervirus verändert. So wie ein digitaler Computer mit serieller

Architektur so programmiert werden kann, dass er ein stark paralleles neuronales Netzwerk emuliert, so kann auch die Entwicklung im menschlichen Gehirn ein Programm installieren, das, wenn es läuft, den Eindruck erweckt, sein Besitzer sei von Grund auf egoistisch oder angespannt oder gierig und darauf bedacht, was die Nachbarn denken könnten. Wenn das Ich-Systemprogramm eingeschaltet ist, ist ein enormer Energieaufwand erforderlich, um die gesamte neuronale Maschinerie in Gang zu halten, die uns darauf fixiert, was als Gewinn oder Verlust, nett oder böse, gut oder schlecht, meins oder deins gilt.

In einem wie auch immer gearteten Moment der Gnade drückt das Gehirn die Taste zum Beenden dieses Programms. Das kann in einem Moment extremer Gefahr geschehen, wenn die Ressourcen des Gehirns so stark beansprucht werden, dass einfach nicht mehr genug Saft für den Betrieb des Ich-Systems da ist; dann flackern die Lichter des Ichs und gehen aus. Ein solcher existenzieller Stromausfall kann aus demselben Grund auch infolge von Erschöpfung und anhaltendem Stress eintreten. Und er kann, wie bei den vielen tausend »ruhmlosen Wordsworths«[22], die eine solche Gnade erfahren haben, ohne ersichtlichen Grund erfolgen. Aber wenn das passiert, dann fällt, wie Don Juan in einem der Bücher von Carlos Castaneda sagt, eine enorme Last an Belanglosigkeiten von einem ab. Das aufgeladene Wirrwarr der Sorge um sich selbst legt sich und mit ihm das vertraute Hintergrundhämmern von Strebsamkeit und Unsicherheit. Die »nackten Notwendigkeiten« zeigen sich wieder klar und kraftvoll. »Meister, was ist das Geheimnis der Erleuchtung?«, fragte ein Zen-Schüler. »Hast du gefrühstückt?«, erwiderte der Meister. Der Schüler nickte. »Gut, dann geh und spüle deine Schale.«

Einer dieser grundlegenden Beweggründe, der allen sozialen Tieren und vor allem den Menschen innewohnt, ist die Fürsorge für andere, denn das Schicksal eines jeden hängt tatsächlich vom Wohl aller und auch von ihrer Selbigkeit ab, also der Gleichheit hinsichtlich aller Eigenschaften. Wir haben mitfühlende und groß-

22 Hier wird angespielt auf ein Buch von Michael Paffard: *Inglorious Wordsworths: a study of some transcendental experiences in childhood and adolescence*, Hodder&Stoughton 1973, Anm. d. Ü.

zügige, aber auch egoistische Gene. Doch wenn das Leben kompliziert wird, die Ressourcen knapp sind und wir für einen Termin spät dran sind, ist der Drang, freundlich zu sein, häufig der grundlegende Beweggrund, der zuerst geopfert wird. Kein Wunder also, dass Freundlichkeit und Rücksichtnahme zum Vorschein kommen, wenn das Ich-System herunterfährt, genau wie die Sterne herauskommen, wenn die Sonne untergeht. Und es ist auch keine Überraschung, dass die Energie, die ans Krumm- und Schiefhalten der Hirnlandschaft gebunden war, plötzlich frei wird, und nun in Empfindungen und Handlungen fließen kann, was zu einem Schub an geistiger Klarheit und körperlicher Energie führt; ebenso wenig überrascht, dass die Hirnlandschaft mühelos wieder in Form kommt und die emotionale Welt sich beruhigt und in Ordnung bringt. Es verwundert auch nicht, dass die großartige Problemlösungs- und Problemfindungskapazität des Gehirns, die nun nicht mehr dafür beansprucht wird, die Quadratur des Kreises ängstlich gehüteter Selbstachtung zu bilden, in den höchsten Tönen frohlockt und geradezu platzt vor argloser Kreativität – wie die Mystiker seit jeher behaupten.

Wie kann man das Ich-Systemprogramm gezielt beenden, anstatt dies dem Zufall zu überlassen? Bestimmte Drogen schaffen das – wobei eine, die dauerhaft wirkt und keine Nebenwirkungen hat, erst noch synthetisiert werden muss. Meistens stellt sich heraus, dass diese Lösung mehr kostet als sie bringt, und zu diesen Kosten gehört die Abhängigkeit von einem »High« oder einer Auszeit, und zwar in psychischer, physischer oder beider Hinsicht. Aber von diesem High müssen Sie wieder herunter- und aus der Auszeit müssen Sie wieder zurückkommen, und der »Normalzustand« kann sich danach nur umso unerträglicher anfühlen.

Sie können an den Himmel glauben, in dem die Angst schwindet und Frieden herrscht – aber noch nicht ganz, und Sie können nie ganz sicher sein, dass Tugendhaftigkeit wirklich belohnt wird und dass das Glück bis ans Ende aller Tage wirklich hält, was es verspricht. (Was, wenn der Himmel ohne die ganzen Scherereien *total langweilig* ist?) Oder Sie können sich für eine Ersatzwelt im Hier und Jetzt begeistern, für das Paralleluniversum, in dem die Grenzen von Zeit und Raum überwunden werden (und Sie nach oben schweben und besagte Botschaft lesen können) und in dem der Frust darüber, dass man nie weiß, was als Nächstes passiert und sich immer irgendwie unvorbereitet fühlt, durch Telepathie und Präkognition gemindert wird. Aber solche Kräfte liegen anscheinend immer in quälend unerreichbarer Ferne; Hellsehen bleibt notorisch unzuverlässig, und Telekinese hat uns bis jetzt noch keine Flugtickets erspart. Wenn Sie nicht aufpassen, kann sich diese Variante distaler Spiritualität als eine falsche Spiritualität erweisen, die auf Selbstbetrug und Wunschdenken beruht.

Oder Sie können den fast – fast, aber eben nicht ganz – unmöglichen Trick anwenden, sich ein wenig zurückzuziehen und zu versuchen, einen Blick dafür zu bekommen, durch welche Brille Sie geschaut haben; zu versuchen, die Voreingenommenheiten und Überzeugungen, die in den *Prozess* eingebettet sind, durch den Sie erlebt haben, in die Welt der Inhalte zu verschieben, wo sie zu *Objekten* der Erfahrung werden können. Die Anstrengung besteht darin, das, was da ist, zu erfassen – ein Geräusch, einen Gedanken, eine körperliche Empfindung – *bevor* die üblichen Konzeptualisierungen und Valenzen hinzugekommen sind; den Cursor des Bewusstseins auf den einfachen, unbewerteten Zustand der Dinge zu richten. Wenn dann einen Sekundenbruchteil später der Drang kommt, Begehren und Abneigung hineinzumischen, packt er nicht ganz so fest zu. Diese Reinigung der Pforten der Wahrnehmung ist nicht leicht zu erreichen, und in der Regel gelingt sie auch nicht in einem Rutsch. Vielmehr werden Aspekte des Ich-Systems – die Verlegenheit, wenn Sie nichts zu sagen haben; das unwillkürliche ängstliche Zusammenzucken, wenn Ihr Witz daneben geht – teilweise und flüchtig sichtbar und damit hinterfragbar. Manchmal, wenn Sie Glück haben, fällt das ganze Gebäude der Sorge um sich selbst von Ihnen ab und die Welt sieht einen Moment lang so klar und schön aus, dass Sie meinen, es sei vielleicht doch nicht so schwierig, einfach zu sein. Meistens lernen Sie Schritt für Schritt, am äußersten Rand der Erfahrung zu leben, wo Sie manchmal mitten im Affekt innehalten und fragen können: »Wer sagt eigentlich, dass ich dieses brauchen und jenes fürchten muss?«, und zuweilen spüren Sie mit einem Schmunzeln einen Schimmer der Befreiung und vielleicht auch einen leisen Schauder. Das ist die bescheidene

Art der Skeptikerinnen und Skeptiker mit dem schlichten Gemüt. Das ist proximale Spiritualität. Jesus und Buddha waren proximale Geister. Jesus kam leider zu dem Schluss, »wenn ihr nicht Zeichen und Wunder seht, so glaubt ihr nicht«[23], also zauberte er ein bisschen für den guten Zweck. Buddha lehnte es ab, sich überhaupt erst mit dem distalen Zeug zu befassen. Und wenn es für Buddha und Jesus gut genug war, ist es auch für mich gut genug.

Quellen

John McCrone, *Going Inside: A Tour Round a Single Moment of Consciousness*, Faber and Faber 1999.

23 Joh. 4, 48

David Fontana

Wissen, Religion & Psychologie

Ein Plädoyer für das Transpersonale

Einführung

Naturwissenschaft, Religion (darunter verstehe ich einen weit gefassten Glauben an eine nicht-physische, spirituelle Dimension des Daseins, nicht das Festhalten an engen Lehren) und Psychologie mögen als seltsame Bettgefährten erscheinen. Gibt es Gemeinsamkeiten zwischen Wissenschaft und Spiritualität oder sind die beiden zum Widerspruch verdammt, wobei die Wissenschaft aus der Debatte über Ursprung und Natur der menschlichen Existenz zunehmend als Siegerin hervorgeht? Und gibt es in der Psychologie überhaupt einen Platz für nicht-materielle Entitäten wie Seele und Geist?

Bevor wir versuchen, diese Fragen zu beantworten, müssen wir uns kurz mit den zentralen Gründen dafür befassen, warum Wissenschaft und Psychologie der Religion im Allgemeinen mit einer Mischung aus Gleichgültigkeit und Feindseligkeit begegnen. Fangen wir mit der Wissenschaft an. Mit »Wissenschaft« meine ich im vorliegenden Kontext die vorherrschende Philosophie und Methodik, die Denken und Praxis der einflussreichsten Wissenschaftlerinnen und Wissenschaftler prägen und bestimmen und damit zu Image und Status der Wissenschaft in der westlichen Welt beitragen. Warum sollte diese orthodoxe Wissenschaft, wenn wir sie so nennen dürfen, derart im Widerspruch zur Religion stehen?

Dafür gibt es natürlich viele Gründe, darunter auch historisch bedingte, im Zentrum aber steht die Behauptung, Religion stütze sich lediglich auf Glaube, wohingegen Wissenschaft jeden Glauben meide und Daten und harten Fakten den Vorzug gebe. Lassen wir die Frage beiseite, ob sich Religion nur auf Glaube und nicht auf die unmittelbare, über Jahrhunderte hinweg gelebte Erfahrung von

Männern und Frauen stützt, und betrachten wir den zweiten Teil dieser Behauptung, nämlich dass sich die Wissenschaft nur mit Daten und Fakten befasst.

Tatsächlich zählt es zu den großen Mythen unserer Zeit, dass die Wissenschaft eine präzise und akkurate Übung ist, die sich mit echten harten Fakten über die Welt beschäftigt (was, um fair zu sein, nicht von allen Wissenschaftlerinnen und Wissenschaftlern verbreitet wird). Als solche, so der Mythos, ist die Wissenschaft das einzige Unterfangen, das grundlegende Fragen über das Universum und unseren Platz darin beantworten kann. Im Gegensatz zu Mythen, die uns Einblicke in grundlegende Wahrheiten gewähren, ist dieser Mythos gefährlich irreführend und nicht nur für einige existenzielle Probleme verantwortlich, mit denen das Individuum auf der Suche nach Sinn und Zweck im Leben konfrontiert ist, sondern zum Teil auch für die Zerstörung, die wir unserem Planeten und den vielen Arten angetan haben, die ihn mit uns teilen und das gleiche Recht haben, hier zu sein.

Die Wissenschaft stützt sich bei Weitem nicht immer auf harte Fakten, sondern hängt wie die Religion in Wirklichkeit in einem messbaren Grad von Glauben ab (Wallace 2003). Der Unterschied zwischen Wissenschaft und Religion besteht in dieser Hinsicht darin, dass die meisten Religionen ihre Glaubensartikel klar darlegen, während die Wissenschaft die ihren einführt, als seien sie offenkundige Tatsachen. Wallace nennt mehrere Beispiele für diese wissenschaftlichen Thesen, die sich als ewige Wahrheiten tarnen. Eine der grundlegendsten lautet:

> Das Universum, so wie es abseits menschlicher Wahrnehmungen und Begrifflichkeiten existiert, kann mit wissenschaftlichen Methoden erkannt werden. Die Welt existiert zwar unabhängig von unseren Begriffen, aber ihre Bestandteile und Gesetze sind mit Begriffen erfassbar …

Eine weitere These besteht darin, dass die Wissenschaft, obwohl sie immer wieder gezwungen war, frühere Theorien angesichts neuer Entdeckungen, die ihre Unzuverlässigkeit beweisen, aufzugeben, an der Behauptung festhält, dass »sie ständig Fortschritte macht in

Richtung einer korrekten Darstellung des Universums, wie es ist«. Sodann stellt Wallace klar, dass diese verschiedenen wissenschaftlichen Glaubensakte fortbestehen, obwohl

> die Auffassung, wissenschaftliche Theorien stellten eine objektive, unabhängige physikalische Realität dar, von der Wissenschaftsphilosophie seit Generationen ernsthaft infrage gestellt wird. Tatsächlich gibt es heute nur noch wenige [solche Philosophinnen und Philosophen], die an einem derart einfachen wissenschaftlichen Realismus festhalten.

Zu den zahlreichen von Wallace aufgezeigten Problemen der realistischen Position gehört, dass führende Wissenschaftlerinnen und Wissenschaftler oft mehrere, miteinander unvereinbare wissenschaftliche Theorien aufstellen, die bestimmte experimentelle Belege gleichermaßen gut erklären. Die Wissenschaft vermittelt zwar den Eindruck, die objektive Realität erlaube ihr, falsche Hypothesen auszusortieren, sodass nur die eine richtige Theorie übrig bleibt, doch in Wahrheit wird die Entscheidung zwischen mehreren widersprüchlichen Theorien oft auf der Grundlage rein menschlicher Faktoren getroffen, die viel mit Eigeninteressen wie dem relativen Prestige und Status der betreffenden Wissenschaftlerinnen und Wissenschaftler sowie – in heutiger Zeit zunehmend – mit der ihnen zur Verfügung stehenden finanziellen Unterstützung zu tun haben können.

Außerdem macht Wallace darauf aufmerksam, dass einige von Wissenschaftlerinnen und Wissenschaftlern entdeckte vermeintliche »Realitäten« möglicherweise gar keine sind. Zum Beispiel besteht das Standardverfahren in der Atomphysik (wie in einem Großteil der Naturwissenschaften) darin, neue Belege mit einer bestimmten Theorie im Hinterkopf anzugehen. Diese Theorie mag sich als geeignete Erklärung für einen Großteil der Belege erweisen, möglicherweise werden aber auch Elemente gefunden, die nicht in die Theorie passen. Wenn dies der Fall ist, schlagen die Befürworter der Theorie unter Umständen vor, dass diese Elemente in die Theorie passen würden, wenn es eine neue physikalische Entität gäbe, ein neues Teilchen mit den durch die Belege vorgegebenen Eigenschaften. So kommt man dann zu dem Schluss, dass das vorgeschlagene neue Teilchen tatsächlich existiert, und verleiht ihm eine weitere objektive »Realität«, indem man ihm einen schicken Namen gibt. Wie Wallace, selbst Physiker mit beeindruckenden Referenzen, anmerkt, ist selbst Max Plancks berühmte Idee der »Energiequanten« – eine Theorie, die der modernen Quantenphysik zugrunde liegt – nur eine Behauptung und keine beweisbare Tatsache. Der Begriff der »Quanten« bietet uns die Möglichkeit, verschiedene und scheinbar unvereinbare mikrophysikalische Phänomene zu erklären. In jüngerer Zeit hat Boyer (1985) jedoch ein Konzept entworfen, das zeigt, dass wir solche Phänomene auch ohne Rückgriff auf den Begriff der »Quanten« erklären können. Tatsächlich ist eine direkte Beobachtung subatomarer Entitäten in der Welt der Mikrophysik noch nie gelungen. Wir leiten ihre Existenz schlicht aus Indizien ab (beispielsweise aus den makroskopischen Effekten – wie Spuren in einer Nebelkammer –, die entstehen, wenn sie mit bestimmten Messgeräten wechselwirken). Faktisch schaffen wir ein hypothetisches Konzept, das eine »Als-ob-Realität« besitzt, was aber nicht dasselbe ist wie der Nachweis physikalischer Realitäten. Die Physik hat nie zu beweisen vermocht, dass ihre theoretischen Begriffe die experimentellen Fakten eindeutig erklären. Daher die vielen unvereinbaren Theorien, auf die wir bereits hingewiesen haben und die auf unterschiedliche Art zur Erklärung desselben Phänomens herangezogen werden können. Selbst mathematische »Gesetze« sind nur Versuche, die objektive Realität symbolisch darzustellen, und hängen in hohem Maße davon ab, für welche Messsysteme wir uns entscheiden.

An diesen wissenschaftlichen Methoden ist an sich nichts auszusetzen. Probleme entstehen, weil sie der Öffentlichkeit (durch die Medien, unser Bildungssystem von der Schule bis zur Universität sowie durch viele hochrangige Wissenschaftlerinnen und Wissenschaftler selbst) so präsentiert werden, als ob sie genaue Daten über die wahre Natur der Realität liefern würden. Diese Neigung, wissenschaftliche Bestrebungen als Motor für die Entdeckung präziser Fakten über das Universum darzustellen, kann die Suche nach der Wahrheit aktiv behindern, denn sie hält uns von der Erkenntnis ab, wie sehr unser Verständnis dieser Fakten ein Produkt unserer eigenen Denkmuster darstellt und nicht eine direkte Begegnung mit etwas, das dem Universum als solchem eigen ist. Vor allem aber hält sie uns von der Erkenntnis ab, wie viel die Wissenschaft nicht kann und wofür sie überhaupt nicht eingerichtet ist – Dinge nämlich, die in den Zuständigkeitsbereich anderer Bestrebungen fallen. Und Religion behauptet von sich, eine dieser Bestrebungen zu sein.

Psychologie und Religion

Wenn wir uns von der Naturwissenschaft ab- und der Psychologie zuwenden, sehen wir, dass auch die Psychologie in erheblichem Maße auf demselben Glaubenstypus beruht, den wir in der Naturwissenschaft beobachtet haben. Indem sie ihre Methodik auf die der Naturwissenschaften stützt, zeigt die Psychologie die gleiche Bereitschaft zu akzeptieren, dass diese Methodik eine präzise und genaue Vorgehensweise zur Entdeckung realer Fakten über die Welt ist und sich auf Menschen genauso anwenden lässt wie auf materielle Objekte. Die Psychologie geht also von der These aus, dass der Mensch nicht mehr ist als sein physischer Körper und sein Gehirn, oder dass es, sollte er doch mehr sein, keine zuverlässigen Methoden gibt, diese andere Seite seiner Natur zu erforschen. Eine solche These ignoriert, wie Menschen sich selbst erleben und wie sie ihr inneres Leben beschreiben. Auch wenn sie betont, wie wichtig die Beobachtung des Verhaltens ist, ignoriert sie doch zugleich, dass aus diesem inneren Leben viele Glanzleistungen menschlicher Kreativität hervorgegangen sind. Als Antwort auf religiöse Überzeugungen und Inspirationen sind aus dem inneren Leben heraus einige der erhabensten Musikstücke, einige der schönsten Gemälde und Skulpturen, einige der großartigsten Bauwerke, einige der bewegendsten Gedichte, einige der erhellendsten Moralphilosophien und einige der höchsten Ideale der Menschheit entstanden. Ihre Bereitschaft, diesen umfassenden Bereich menschlichen Verhaltens als für ihre Belange irrelevant abzutun, hat nicht nur unserem Verständnis dieses Verhaltens geschadet, sondern auch dem Anspruch der Psychologie, eine umfassende Disziplin menschlichen Erlebens zu sein (Fontana 2003).

Wie die übrige Wissenschaft war auch die Psychologie wiederholt gezwungen, frühere Theorien angesichts neuer Entdeckungen, die ihre Unzuverlässigkeit belegen, aufzugeben. Tatsächlich gibt es in der Psychologie keine einzige Theorie, die sich ohne umfassende (und ständige) Änderungen über längere Zeit bewährt hätte. Und genau wie der wissenschaftliche Realismus hat sich auch der psychologische Realismus als Irrtum erwiesen. Denn wie die Wissenschaft hat auch die Psychologie zahlreiche, miteinander unvereinbare Theorien hervorgebracht, die eine gegebene Datenmenge gleichermaßen gut erklären, und wie in der Wissenschaft werden die Entscheidungen zwischen diesen Theorien oft auf der Grundlage menschlicher Faktoren und nicht auf der Grundlage stichhaltiger Beweise getroffen. Tatsächlich hat die Psychologie noch stärker als die übrige Wissenschaft unter dem wankelmütigen Richter namens »Mode« gelitten. Theorien und Erklärungsmodelle kommen und gehen in der Psychologie mit eintöniger Regelmäßigkeit, und Autoritäten, die heute noch führend sind, geraten nur allzu oft in den Hintergrund und in Vergessenheit.

Zu guter Letzt sind einige der in der Psychologie entdeckten vermeintlichen »Realitäten«, wie auch in der übrigen Wissenschaft, lediglich das Produkt unseres jeweiligen Umgangs mit den Daten. So ist zum Beispiel »Intelligenz«, die jahrelang geradezu den Status eines objektiven Körperorgans erlangt hatte, so real wie ein Arm oder ein Bein, in Wirklichkeit nur eine Verhaltensform, die als Antwort auf bestimmte Fragen des Intelligenztests zustande kommt. Der Begriff der Intelligenz ist zwar nützlich, und die Ergebnisse von Intelligenztests geben uns einen Hinweis darauf, wie erfolgreich Menschen bei der Lösung von Problemen im realen Leben sind, aber allzu wörtlich genommen ist er auch irreführend. In der realen Welt gibt es sehr viele verschiedene Probleme. Eine Person, die die linearen, analytischen Probleme in Intelligenztests lösen kann, ist möglicherweise viel weniger effektiv bei der Lösung von Problemen im wirklichen Leben, die kreatives Denken oder emotionale Reife erfordern oder tiefgreifende Fragen nach Sinn und Zweck des Lebens betreffen. Daher müssen wir nun (ähnlich wie der Atomphysiker, der neue Teilchen vorschlagen muss, um Ergebnisse zu erklären, die nicht zu seinen Theorien passen) andere

Formen von Intelligenz erfinden, etwa die »emotionale Intelligenz« (Goleman 1996) und die »spirituelle Intelligenz« (Zohar und Marshall 2000).

Plädoyer fürs Transpersonale

Falls das so klingt, als solle mit Wissenschaft und Psychologie hart ins Gericht gegangen werden, so ist das nicht beabsichtigt. Sowohl die Wissenschaft als auch die Psychologie sind in bestimmten Bereichen enorm erfolgreich. Es geht nicht darum, sie zu verteufeln, sondern darum, dass wir uns erlauben sollten, ihre Grenzen zu erkennen und anzuerkennen, dass einige ihrer Kritikpunkte an der Religion auch auf sie selbst zutreffen. Denn dann müssen wir erkennen, dass es ein wichtiges Forschungsgebiet gibt, das außerhalb ihres Zuständigkeitsbereichs liegt und das noch nicht angegangen wurde. Es handelt sich um das Gebiet, in das auch die Religion fällt, das aber keineswegs auf die Religion beschränkt ist. Der heute allgemein anerkannte Begriff dafür ist das Transpersonale. Dieses Gebiet ist nicht leicht mit wenigen Worten zu definieren, aber im Wesentlichen handelt es sich um jenen Teil menschlichen Denkens und Erlebens, der über das rein Persönliche hinausgeht. Es umfasst Spiritualität und religiöse Erfahrung, Mystik, veränderte Bewusstseinszustände wie Maslows »Gipfelerlebnisse« (Maslow 1976), das Paranormale in all seinen Aspekten einschließlich Nahtod-Erfahrungen (beispielsweise Ring 1985, Bailey und Yates 1996), Altruismus, bei dem die Bedürfnisse anderer über die eigenen gestellt werden, nicht besitzergreifende Liebe, Selbstverwirklichung, Meditation, Kontemplation und Gebet, östliche und westliche psycho-spirituelle Traditionen sowie die Suche nach Sinn und Zweck des Lebens in Verbindung mit Praktiken der Selbsterkundung und Selbstentwicklung, die diese Suche begleiten.

Die Erkundung des Transpersonalen ist wohl der älteste Zweig menschlichen Forschens. Sie taucht in den Lehren und Schriften von Pythagoras, Sokrates, Platon, Aristoteles, Seneca, Epiktet, Marc Aurel und vielen anderen führenden Persönlichkeiten auf, die anerkanntermaßen den lebendigen Strom der Ideen zu Dasein und ethischem Handeln inspiriert haben, der die Kulturen des antiken

Griechenlands und Roms bereichert und den Lauf der westlichen Geschichte geprägt hat. Transpersonale Belange standen auch im Mittelpunkt des Lebens zahlreicher Männer und Frauen, die später das westliche Denken und den Glauben entscheidend mitgeprägt haben – zum Beispiel Jesus von Nazareth, Origenes, Paulus, Dionysius Areopagita, Augustinus, Boethius, Abelard, Meister Eckhart, Thomas von Aquin, Luther und Newman, Philon von Alexandria, Plotin, Porphyrios, Francis Bacon, Descartes, Spinoza, Berkeley, Kant, Leibniz, Hegel, Bergson und Whitehead und viele mehr (Fontana 2004).

Wenn wir diesen beiden Listen die Namen bekannter Denker aus östlichen Traditionen hinzufügen, die sich ebenfalls mit dem Transpersonalen befasst haben, wie Laozi, Buddha Shakyamuni, Mahavira, Shankara, Ramanuja, Nimbarka, Madhva, die Zen-Patriarchen, Tsongkhapa, Nagarjuna, Ramakrishna und Radhakrishna, stellen wir fest, dass transpersonale Fragen seit mehr als 2.000 Jahren einige der besten Köpfe beschäftigen. Die ersten Anzeichen dafür, dass die wissenschaftliche Vernachlässigung des Transpersonalen, die die westliche Welt von der Aufklärung bis in die zweite Hälfte des 20. Jahrhunderts gekennzeichnet hat, zu Ende geht, lassen sich bis in die 1960er Jahre zurückverfolgen, als Abraham Maslow und andere die transpersonale Psychologie entwickelt haben (vgl. etwa Maslow 1968, Sutich 1969 sowie in jüngerer Zeit Tart 1992, Walsh und Vaughan 1993), und zwar als eine neue Bewegung, die nicht nur die Bedeutung des Transpersonalen anerkennt (für Maslow war klar, dass es die »höhere und transzendente Natur« des Menschen bezeichnet und dass diese Natur »Teil seines Wesens« ist), sondern auch behauptet, dass es streng wissenschaftlich untersucht werden kann. Insbesondere haben sie betont, wie wichtig es ist, die gegenseitige Abhängigkeit aller lebendigen Systeme anzuerkennen und zur Untersuchung dieser Systeme einen ganzheitlichen Ansatz zu wählen – im Gegensatz zu den reduktionistischen Methoden, die ein Großteil der modernen Wissenschaft anwendet. Außerdem haben sie die Bedeutung der Introspektion bei der Erforschung der menschlichen Psyche unterstrichen und damit den Argwohn, mit dem der Blick ins eigene Innere seit dem Aufkommen des Behaviorismus in den 1930er Jahren in der Psychologie bedacht worden war, grundlegend revidiert. Introspektion, die Fähigkeit des Menschen, die eigenen Erfahrungen zu reflektieren und sie zu artikulieren, ist ein wesentliches Forschungsinstrument, wenn wir das innere Leben und vieles dessen, was uns unserer Meinung nach zum Menschen macht, erforschen wollen – ein Thema, auf das wir am Ende des Kapitels noch einmal zurückkommen werden.

Die transpersonale Psychologie hat von Anfang an herausragende Persönlichkeiten aus Psychologie und Psychiatrie angezogen, die sich häufig auch auf konventionelleren Forschungsgebieten hervorgetan hatten. Eine kurze Liste umfasst Ken Wilber, Roger Walsh, Charles Tart, William Braud, Stan und Christina Grof, Frances Vaughan, Michael Murphy, Ian Gordon-Brown, James Hillman, Jack Kornfeld, Kenneth Ring, Daniel Goleman und Stephen LaBerge. Transpersonale Ansätze – wiederum mit Schwerpunkt auf der Vernetzung allen Lebens und den Gefahren einer isolierten Betrachtung einzelner Phänomene – wurden seit den 1960er Jahren zunehmend auch auf anderen wissenschaftlichen Gebieten wie Physik, Biologie, Medizin und Technik entwickelt, und zwar von führenden Persönlichkeiten wie Raynor Johnson, Sir John Eccles, David Bohm, Willis Harman, Jack Liggett, Fritjof Capra, John Mack, Brian Goodwin, Paul Davies, Edgar Mitchell, Michael Murphy, Glen Schaefer, Larry Dossey, Amit Goswami, James Lovelock, Rupert Sheldrake, Fred Wolf, Danah Zohar und vielen anderen.

Doch der Mann, der wohl am meisten dazu beigetragen hat, die verschiedenen Ansätze innerhalb der transpersonalen Bewegung zu integrieren sowie die methodischen Unterschiede zwischen diesen Ansätzen und denen der orthodoxen Wissenschaft und Psychologie herauszuarbeiten, ist der Physiker und Psychologe Ken Wilber (z.B. 1977, 1983, 2001a, 2001b). Wilber pocht darauf, dass unsere Bemühungen um ein Verständnis des Universums und unseres Platzes darin seit jeher in zwei unterschiedliche methodische und konzeptuelle Gruppen fallen. Dass er diese Gruppen und ihre jeweiligen Stärken und Grenzen erkannt und benannt hat, eröffnet uns die aussichtsreichste Hoffnung, unser Denken über das Transpersonale einerseits und die orthodoxe Wissenschaft andererseits formalisieren und dabei den Respekt für beide Formen des Bestrebens wahren zu können (Wilber 1998). Die erste von Wilbers zwei Gruppen, Gruppe Eins, hat mit den inneren Aspekten des Individuums und des sozialen Kollektivs zu tun und repräsentiert das Transpersonale, während die zweite, Gruppe Zwei, sich auf die äußeren Aspekte der beiden Gruppen von Phänomenen konzentriert und die orthodoxe Wissenschaft repräsentiert. Im Kontext des Individuums befasst sich Gruppe Eins mit Denken, Absicht, Subjektivität, Wahrhaftigkeit und Aufrichtigkeit und im Kontext des Kollektivs mit Kultur, Ethik, Moral, Weltanschauung, Gerechtigkeit und Verständnis. Im Gegensatz dazu konzentriert sich Gruppe Zwei auf der individuellen Ebene auf beobachtbares Verhalten, objektive Wahrheit und ihre Darstellung und auf der kollektiven Ebene auf die Gesellschaft, die objektive Natur sowie empirische Formen im Allgemeinen.

Wilber betont, dass sich alle Studienobjekte der Gruppe Zwei im Raum befinden – und daher direkt beobachtbar und quantifizierbar sind –, die der Gruppe Eins hingegen nicht. Der Zugang zu den Studienobjekten der Gruppe Zwei erfolgt durch Sinneswahrnehmung, Beobachtung, Messung, Wissenschaft und die Formulierung von Wahrheitsaussagen, wohingegen der Zugang zu den Objekten der Gruppe Eins durch Interpretation, Introspektion, Selbstausdruck, Kunst, Ästhetik, gemeinsamen Kontext und intersubjektive Bedeutung erfolgt. Für jeden Versuch, die Gesamtheit der Schöpfung zu verstehen und die menschliche Entwicklung zu fördern, sind beide Gruppen gleichbedeutend, so betont Wilber. Jede Gruppe enthält ihre eigenen Wahrheiten, und in jeder Gruppe können diese Wahrheiten nur durch jeweils für sie spezifische Untersuchungsmethoden offenbart werden. Keine der beiden Gruppen ist je auf die andere reduzierbar.

Die beiden Gruppen auf individueller Ebene

Im Kontext des Individuums wird der Unterschied zwischen den beiden Gruppen und ihren Methoden beim Blick auf die Geist-Gehirn-Kontroverse deutlich, also den Dissens darüber, ob Geist und Gehirn ein und dasselbe sind oder sich voneinander unterscheiden. Es gibt wohl keinen Bereich der Erforschung des Menschen, der von entscheidenderer Bedeutung wäre. Wenn Geist und Gehirn ein und dasselbe sind, dann ist der Mensch nicht mehr als seine Biologie, und es hat keinen Sinn, über viele der mit der Gruppe Eins verbundenen Themen wie spirituelle und nicht-physische Dimensionen, Religion und ein mögliches Leben nach dem Tod – kurz gesagt, über das Transpersonale – zu sprechen. Wenn jedoch Geist und Gehirn nicht dasselbe sind, dann ist es tatsächlich gerechtfertigt, über solche Dinge zu sprechen und sie zu untersuchen. Leider hält sich in diesem Bereich ein weiterer populärer Mythos, nämlich dass Psychologie und Neurophysiologie durch Anwendung von Methoden der Gruppe Zwei nachgewiesen haben, dass Geist und Gehirn tatsächlich ein und dasselbe sind. Die moderne Forschung hat gezeigt, dass bestimmte Hirnareale mit bestimmten mentalen Ereignissen verbunden sind. Für viele Wissenschaftlerinnen und Psychologen heißt das: Da das Gehirn an diesen Ereignissen beteiligt ist, muss es auch der Urheber dieser Ereignisse sein.

Diese These geht eindeutig aus den Dialogen hervor, die zwischen führenden westlichen Wissenschaftlerinnen und Wissenschaftlern und dem Dalai Lama eingerichtet wurden (Houshmand Livingstone und Wallace 1999, Wallace 2003a). Bei den an diesen Dialogen beteiligten Wissenschaftlerinnen und Wissenschaftlern besteht keinerlei Bereitschaft anzuerkennen, dass die Frage, ob das Gehirn den Geist erzeugt oder ob der Geist sich vom Gehirn unterscheidet und einfach durch dieses wirkt, immer dann, wenn unser Wissen über die Beziehung zwischen Gehirn und Geist lediglich auf Korrelationen zwischen Gehirnaktivität und mentalen Ereignissen beruht, etwas von der Frage nach dem Huhn und dem Ei hat. Wenn das Gehirn den Geist erzeugt, dann würden wir gewiss erwarten, dass bestimmte Hirnareale aktiviert werden, wenn mentale Ereignisse stattfinden, allerdings würden wir auch erwarten, dass diese Areale aktiviert werden, wenn der Geist durch das Gehirn wirkt. Unabhängig davon, ob das Gehirn den Geist erzeugt oder ob der Geist durch das Gehirn wirkt, ist das Gehirn der Mittler, durch den mentale Ereignisse mit der physischen Welt interagieren.

Das Argument, dass wir nicht wissen, wie ein nicht-physischer Geist mit einem physischen Gehirn interagieren kann (was für viele in der Wissenschaft erkennbar einen wichtigen Stolperstein darstellt), entkräftet nicht die Tatsache, dass er dies könnte – denn wir wissen auch nicht, wie die elektrochemische Aktivität des Gehirns nicht-physische Ereignisse wie Gedanken, Absichten, Willensäußerungen und ein moralisches Empfinden hervorbringen kann. Und obwohl wir nicht wissen, wie ein nicht-physischer Geist mit einem physischen Gehirn interagieren kann, haben wir aus zwei verschiedenen Quellen erste Hinweise darauf, dass der Geist offenbar doch in der Lage ist, physische Materie unmittelbar zu beeinflussen. Beide Quellen werfen Fragen auf, die viel zu komplex sind, als dass sie hier mehr als nur angerissen werden könnten. Die erste Quelle ist die Quantenmechanik, aus der Erkenntnisse hervorgegangen sind, die darauf hindeuten, dass Bewusstsein durch den einfachen Akt der Beobachtung das Verhalten subatomarer Teilchen beeinflussen kann (siehe etwa Goswami 1993, Gribbin 1998). Solche Erkenntnisse sind nach wie vor umstritten, nicht zuletzt deshalb, weil wir keine angemessene Sprache oder passenden Konzepte für den Umgang mit den Geheimnissen der Quantenwelt haben. Dennoch scheint es möglich, dass auf der Ebene des Quantenvakuums (das in jedem Atom existiert, auch in den Atomen, aus denen unser Körper und unser Gehirn besteht) eine Wechselwirkung zwischen einem nicht-physischen Geist und einem physischen Gehirn möglich ist. Alternativ können wir vielleicht annehmen, dass auf dieser Ebene die Unterscheidung zwischen Geist und Materie ganz verschwindet und wir nur noch ein universelles Energiefeld vorfinden, ein Feld, das untrennbar mit den Kräften verbunden ist, die den Kosmos erschaffen haben.

Die zweite Quelle ist die parapsychologische Forschung, die im Laufe des letzten Jahrhunderts Belege für die Existenz außersinnlicher Fähigkeiten erbracht hat, die sich bisher nicht mit den bekannten Gesetzen der Wissenschaft erklären lassen (beispielsweise Radin 1997). Ich möchte nur ein Beispiel aus diesem umfangreichen Wissensfundus herausgreifen, nämlich das von Braud vor nicht allzu langer Zeit (1997) beschriebene. Braud, einer der führenden Köpfe und umsichtigsten Wissenschaftler auf dem Gebiet der parapsychologischen Forschung, beschreibt die von seinem Team durchgeführten Untersuchungen, die zeigen, dass manche Menschen in der Lage sind, die Aktivität des autonomen Nervensystems anderer mental und aus der Ferne zu erhöhen oder zu verringern.

Nach einer beeindruckenden Überprüfung der Ergebnisse kommt er zu dem Schluss, dass »unsere mentale Verfassung und unsere Daseinsumstände« tatsächlich wichtigen und direkten Einfluss auf Handeln und Sein anderer haben können. Da die auf diese Weise beeinflussten Menschen sich dieses Einflusses nicht bewusst waren und das autonome Nervensystem untrennbar mit dem materiellen Körper verbunden ist, lautet die Schlussfolgerung, dass wir auch hier wieder Belege für einen nicht-physischen Geist haben, der die physische Materie unmittelbar beeinflusst.

Auf der Grundlage von Brauds Erkenntnissen können wir behaupten, dass unser eigener Geist unseren eigenen Körper (einschließlich des Gehirns) durch eben dieselben nicht-physischen Mittel beeinflussen kann, mit denen der Geist mancher Menschen den Körper anderer zu beeinflussen vermag. Braud bezeichnet dieses nicht-physische Mittel als »Spirit« und in seinem letzten Absatz bekräftigt er:

> Spirit durchdringt das Materielle und wirkt sich auf alle Facetten unseres Lebens aus, sowohl auf das Besondere als auch auf das Alltägliche – auf unseren Körper, unsere Emotionen, unsere Beziehungen und unseren Ausdruck von Kreativität.

Dies ist nichts Geringeres als eine paradigmenerschütternde Aussage, und wenn eine solche Aussage von einem hoch angesehenen Wissenschaftler sowie auf der Grundlage akribischer Forschungsergebnisse keine Schlagzeilen macht, wo die Medien zugleich Themen, die dies viel weniger verdienen, sehr viel Platz einräumen, dann ist das quasi ein Kommentar zur modernen westlichen Kultur.

Unabhängig von den Erkenntnissen, die die parapsychologische Forschung und ansatzweise auch die Quantenmechanik liefern, muss man jedoch richtigerweise darauf bestehen, dass im Sinne von Wilbers zwei Gruppen der Geist zur ersten und das Gehirn zur zweiten Gruppe gehört. Der Geist gehört zur inneren Welt und wird nur von denen erlebt, die ihn besitzen, das Gehirn gehört zur äußeren Welt und kann objektiv von anderen beobachtet werden. Niemand, dem an der Wahrheit liegt, kann es sich leisten, diese

Tatsache zu übersehen. Der Geist wird anhand dessen untersucht, was die Menschen über ihre innere Welt der Gedanken, Träume, Konzepte, Bewertungen und so weiter berichten, wohingegen das Gehirn durch die äußere Erforschung der elektrochemischen Aktivität in der Großhirnrinde untersucht wird. Der operative, wenn nicht gar der tatsächliche Unterschied zwischen Geist und Gehirn ist also offensichtlich, ebenso die Tatsache, dass die beiden mit ganz unterschiedlichen Methoden untersucht werden müssen.

Die beiden Gruppen auf kollektiver Ebene

Auch auf der kollektiven Ebene sollte der Unterschied zwischen den beiden Gruppen anhand eines einfachen Beispiels deutlich werden. Wenn wir wissen wollen, warum Menschen in die Kirche gehen, wäre der mit Gruppe Eins identifizierte innere Ansatz, sie danach zu befragen. Sie könnten antworten, dass sie es tun, um Gott anzubeten, für Menschen zu beten, die sie lieben, um sich eines Lebens nach dem Tod zu vergewissern und um spirituelle Erhebung zu erfahren, wie sie vielleicht sagen würden. Der mit Gruppe Zwei identifizierte äußere Ansatz, würde darin bestehen, das Verhalten von Kirchgängerinnen und Kirchgängern mit dem von Menschen zu vergleichen, die nicht in die Kirche gehen – und zum Beispiel herauszufinden, dass Kirchgänger mehr soziale Unterstützung erfahren, weniger zu Alkohol und anderen Stimulanzien greifen, seltener körperlich und psychisch krank sind sowie weniger zivil- und strafrechtliche Gesetzesverstöße begehen.

Beide Ansätze, die der Gruppe Eins und die der Gruppe Zwei, verwenden gültige Methoden und liefern wertvolle Daten. Beide Methodiken haben ihren Platz in jeder Untersuchung. Aber keine kann die andere ersetzen. Unsere relative Vernachlässigung der Gruppe Eins zugunsten der Gruppe Zwei, sowohl auf individueller als auch auf kollektiver Ebene, hat zu einem Ungleichgewicht nicht nur in der Wissenschaft an sich, sondern in der westlichen Kultur insgesamt geführt – mit der Folge, dass wir zwar immer mehr über die äußere Welt wissen, aber immer weniger über uns selbst. Wir verwenden sehr viel Zeit auf die Erforschung der äußeren Welt, die uns durch unseren Geist offenbart wird, aber nur wenig oder gar keine Zeit auf die Erforschung eben dieses Geistes. Unsere Orientierung als Kultur ist zunehmend oberflächlich geworden, da uns durch den Bildungsprozess und die Medien beigebracht wird, für unsere Entdeckungen, für die Lösungen unserer Probleme, für unsere Unterhaltung und unser Vergnügen sowie für die Antworten auf die grundlegenden Fragen über das Leben und seinen Sinn eher nach außen als nach innen zu schauen.

Das war nicht immer so. Vor der Aufklärung im 18. Jahrhundert und dem Zeitalter der Vernunft war das Gleichgewicht zwischen den beiden Gruppen in die andere Richtung verschoben. Versuche, die äußere Welt zu untersuchen und eine Wahrnehmungswissenschaft zu entwickeln, betrachtete die Kirche als Ketzerei. Für sie wurde all dieses Wissen durch Offenbarungen vermittelt, die ausschließlich aus der inneren Welt kamen. Ein Ungleichgewicht zwischen den beiden Gruppen, ganz gleich, zu welchen Gunsten, ist also offenbar schädlich, nicht zuletzt deshalb, weil es den Leuten an der Spitze der dominanten Gruppe gestattet, der anderen Gruppe mit Intoleranz und dem arroganten Anspruch zu begegnen, sie habe ein Monopol auf die Wahrheit über die innere und die äußere Welt.

Die Erforschung der inneren Welt

Wie bereits erwähnt, gilt Introspektion in der transpersonalen Psychologie als wesentliches Instrument zur Erforschung der mentalen Phänomene der Gruppe Eins. Während die der Gruppe Zwei angehörende Neurowissenschaft, die das Gehirn als passives Organ untersucht, das lediglich von außen eingespeiste Informationen verarbeitet, keine Erklärung dafür hat, wie aus den vielen Billionen paralleler Prozesse, die im Gehirn zu jeder beliebigen Zeit ablaufen, ein Gefühl für ein einheitliches »Selbst« entstehen kann, zeigt Introspektion die Existenz dieses »Selbst« durch direktes Erleben. Darüber hinaus kann Introspektion durch die verschiedenen, sowohl in der östlichen als auch in der westlichen Tradition entwickelten Techniken der Geistesschulung, wie etwa Meditation, das Individuum befähigen, die essenzielle Natur dieses »Selbst« in allen seinen zahlreichen Aspekten immer tiefer zu erforschen. Wie Wilber betont, können wir durch Identifizieren von Ähnlichkeiten zwischen den Erfahrungen von Menschen, die diese Introspektion durchführen, zu durchaus akzeptablen wissenschaftlichen Schlussfolgerungen darüber gelangen, wie der Geist auf seinen vielen verschiedenen Ebenen funktioniert. Ein Grundgedanke des transpersonalen Ansatzes ist, wie bereits besprochen, die ganzheitliche Natur der Wirklichkeit. Wenn wir also mithilfe introspektiver Methoden die tieferen Regionen des Geistes untersuchen, würden wir unter den berichteten Erfahrungen ein beeindruckendes Maß an Übereinstimmung erwarten, und das hat sich tatsächlich so erwiesen. Östliche psycho-spirituelle Traditionen wie Hinduismus und Buddhismus haben mithilfe der Introspektion komplexe und beeindruckende Modelle des Geistes entwickelt, die alles bisher von der westlichen Wissenschaft Erreichte weit übertreffen (beispielsweise deCharms 2000).

Schluss

Ich muss noch einmal betonen, dass ich die Disziplinen der Gruppe Zwei in keiner Weise ablehne. Westliche Wissenschaft und westliche Psychologie haben sehr beeindruckende Errungenschaften vorzuweisen. Es geht mir auch nicht darum, die Disziplinen der Gruppe Eins gegenüber den Disziplinen der Gruppe Zwei zu bevorzugen oder zu behaupten, dass Methoden der Gruppe Eins zur Beantwortung von Fragen der Gruppe Zwei angewandt werden können. Mir geht es darum, dass viele Behauptungen und einige Philosophien in Verbindung mit Gruppe Zwei deplatziert und zuweilen gefährlich irreführend sind. Ebenso gefährlich und irreführend ist die vorherrschende Ablehnung der Disziplinen der Gruppe Eins als unwissenschaftlich und philosophisch fragwürdig. Anzunehmen, die Methoden der modernen Wissenschaft seien die einzige oder auf vielen Gebieten notwendigerweise die am besten geeignete Möglichkeit, Daseinsfragen zu beantworten, ist ein schwerwiegender Irrtum.

Das derzeitige Ungleichgewicht zwischen Gruppe Eins und Gruppe Zwei kann durch die Entwicklung der transpersonalen Psychologie und anderer transpersonaler Disziplinen, die in vielerlei Hinsicht ebenso rigorose Untersuchungsmethoden anwenden wie die der Gruppe Zwei, in gewissem Maße wieder ausgeglichen werden. Dies ist keine rein akademische Frage. Ein Anerkennen, dass alles miteinander verbunden ist, wie es von der transpersonalen Bewegung betont wird, ist nicht nur für unser Verständnis der Natur des Daseins, sondern auch für unser Überleben als Spezies von entscheidender Bedeutung. Die Trennung, die wir nicht nur zwischen dem Ich und dem Anderen, sondern auch zwischen der Menschheit und der Schöpfung geschaffen haben, ist der Kernpunkt der verzweifelten Situation, in die wir mit unseren unaufhörlichen Kriegen und Verbrechen gegeneinander nicht nur uns selbst, sondern auch unsere Welt und alles, was in ihr ist, gebracht haben. Wenn wir auf dieser Philosophie der Trennung beharren und, damit einhergehend, unfähig bleiben zu erkennen, dass wir uns selbst zerstören, wenn wir andere Arten und die Umwelt, von der wir abhängen, zerstören, dann scheint der Untergang der Menschheit unausweichlich, so wie wir bereits den Untergang so vieler Arten herbeigeführt haben, die uns nichts Böses wollten. Wenn diese Zerstörung eintritt – was mit Sicherheit der Fall sein wird, wenn wir uns nicht bessern – können wir unsere Schuld nicht einfach nach außen projizieren, so wie es heute üblich ist, den Blick immer nur nach außen und nicht nach innen zu richten, sondern es wird uns nichts anderes übrigbleiben, als anzuerkennen, dass von allen Spezies nur wir Menschen es sind, die sich selbst zerstören, während sie andere zu vernichten glauben. Vorausgesetzt, dass ein paar von uns überhaupt ausreichend lange überleben, sodass sie unsere Schuld eingestehen können.

Quellen

Bailey, L. W. und Yates, J. (Hrsg.); (1996), *The Near-Death Experience*, Routledge 1996.

Braud, W.; »Parapsychology and spirituality: Implications and intimations«, in C. Tart (Hrsg.); *Body, Mind, Spirit: Exploring the Parapsychology of Spirituality*, Hampton Roads 1997.

Boyer, T.; »The classical vacuum«, *Scientific American* August 1985.

deCharms, C.; *Two Views of Mind: Abhidharma and BrainScience*, Snow Lion Publications 1997.

Fontana, D.; *Psychology, Religion and Spirituality*, Blackwell 2003.

Fontana, D.; »The development and meaning of transpersonal psychology«, *Transpersonal Psychology Review* 2004.

Goleman, D. (1996), *Emotional Intelligence*; Bantam 1996; dt. *Emotionale Intelligenz*, aus dem Amerikanischen von Friedrich Griese, Hanser 1997.

Goswami, A.; *The Self-Aware Universe*, Simon & Schuster 1993; dt.: *Das bewusste Universum: Wie Bewusstsein die materielle Welt erschafft*, aus dem Englischen von Thomas Niehaus, Lüchow 1995.

Gribbin, J.; *Q is for Quantum*, Weidenfeld & Nicolson 1998.

Houshmand, Z.; Livingstone, R. B.; Wallace, A. B.(Hrsg.); *Consciousness at the Crossroad: Conversation with the Dalai Lama on Brain Science and Buddhism*, Snow Lion Publications 1999.

Maslow, A.; *Towards a Psychology of Being*, Van Nostrand 2. Auflage 1968; dt,: *Psychologie des Seins. Ein Entwurf*, aus dem Amerikanischen von Paul Kruntorad, Kindler 1973.

Maslow, A.; *The Farther Reaches of Human Nature*, Penguin 1976.

Radin, D.; *The Conscious Universe: The Scientific Truth of Psychic Phenomena*, HarperCollins 1997.

Ring, K.; *Heading Towards Omega: In Search of the Meaning of the Near-Death Experience*, William Morrow 1985; dt.: *Den Tod erfahren – das Leben gewinnen. Erkenntnisse und Erfahrungen von Menschen, die an der Schwelle zum Tod gestanden und überlebt haben*, aus dem Amerikanischen von Charlotte Franke, Scherz 1985.

Sutich, A. J.; »Some considerations regarding transpersonal psychology«, *The Journal of Transpersonal Psychology* 1 (1) 1969, S. 11–20.

Tart, C. (Hrsg.); *Transpersonal Psychologies: Perspectives on the Mind from Seven Great Spiritual Traditions*, Harper 1992; dt. *Transpersonale Psychologie*, aus dem Amerikanischen von Gisela Uellenberg und Gisela Hesse, Walter 1978.

Wallace, B. A., *Buddhism and Science: Breaking New Ground*, Columbia University Press 2003a.

Wallace, B. A.; *Choosing Reality*, Snow Lion 2003b.

Walsh, R. und Vaughan, F. (Hrsg.); *Paths Beyond Ego: The Transpersonal Vision*, Tarcher 1993.

Wilber, K.; *The Spectrum of Consciousness*, Quest Books 1977; dt.: *Das Spektrum des Bewusstseins. Ein metapsychologisches Modell des Bewusstseins und der Disziplinen, die es erforschen*, aus dem Amerikanischen von Jochen Eggert, Scherz 1987.

Wilber, K.; *Up From Eden: A Transpersonal View of Human Evolution*, Routledge & Kegan Paul 1996.

Wilber, K.; *The Marriage of Sense and Soul: Integrating Science and Religion*, Newleaf 1998.

Wilber, K.; *A Brief History of Everything*, Newleaf 2001a; dt.: *Eine kurze Geschichte des Kosmos*, aus dem Amerikanischen von Clemens Wilhelm, Fischer Taschenbuchverlag 1997.

Wilber, K.; *A Theory of Everything*, Newleaf 2001b; dt.: *Ganzheitlich handeln. Eine integrale Vision für Wirtschaft, Politik, Wissenschaft und Spiritualität*, aus dem Amerikanischen von Stephan Schuhmacher, Arbor 2001.

Zohar, D. und Marshall, I.; *SQ – Connecting with Our Spiritual Intelligence*, Bloomsbury 2000.

Keith Ward

Die Natur des Menschen & die Seele

Einführung – Überlieferungen über die Seele

Traditionelle Ansichten über die menschliche Natur befassen sich mit der Idee der Seele und mit einer wichtigen Unterscheidung zwischen Menschen und anderen Tieren. Allerdings gibt es einen erheblichen Unterschied zwischen den offiziellen Lehren über die menschliche Seele und ihrem gängigen Verständnis. Ich werde versuchen, diesen Unterschied herauszuarbeiten, und dann fragen, ob und in welchem Sinne ein wichtiger Unterschied zwischen Menschen und anderen Tieren verbleibt, den eine Lehre von der Seele kenntlich machen könnte.

Zur Seele gibt es zwei große philosophische Traditionen, eine indische, die auf den Veden und Upanishaden basiert, und eine semitische, die auf der Bibel fußt. Natürlich gibt es noch zahlreiche weitere Traditionen, insbesondere in China sowie in vielen Gesellschaften, die die mündliche Überlieferung pflegen, doch hier werde ich mich mit der semitischen Tradition befassen, die Judentum, Christentum und Islam gemeinsam haben. Auf die indische Tradition werde ich nur kurz und in Abgrenzung zur semitischen eingehen. Ein solcher Verweis lohnt jedoch, denn Ansichten mit Bezug zur indischen Tradition sind in Europa und Nordamerika recht verbreitet und werden häufig einigermaßen verwirrend mit der biblischen Überlieferung verbunden.

In Indien wird üblicherweise zwischen Geist (*Purusha*) und Körper oder Materie (*Prakriti*) unterschieden. Grundlage aller Realität ist der Geist, der für gewöhnlich aus Sein, Bewusstsein und Glückseligkeit besteht. Jeder Mensch ist eine primär spirituelle Realität, die ohne Anfang und Ende existiert und in vielen verschiedenen Formen von Materie, also eines Leibs, verkörpert sein kann. So habe ich als individuelles Selbst nie begonnen zu existieren, noch werde ich jemals aufhören zu existieren (vgl. *Bhagavad Gita*, Kapitel 2, Verse 11-13). Aber die konkrete Persönlichkeit, die mit dem Leib verbunden ist, den ich jetzt habe, wird aufhören zu existieren, und ich werde viele weitere Leibe haben, wahrscheinlich unzählige, da ich in unendlicher Zeit viele Verkörperungen haben werde. Das generelle Ziel indischer Spiritualität ist größtenteils, Befreiung aus diesem Kreislauf der Wiedergeburten zu erreichen und sein wahres Wesen als reiner Geist zu verwirklichen.

Ich erwähne dies, weil viele Menschen offenbar meinen, »die Seele« sei der Teil eines Menschen, der spirituelle Teil, der viele verschiedene Körper haben kann, der nach dem Tod weiterlebt und schon vor der Geburt existiert hat und der vom Körper getrennt werden kann, ohne dass die Persönlichkeit Schaden nimmt. Mit anderen Worten, die Seele ist eine spirituelle Substanz, die ohne Körper besser dran ist, und der Körper ist wie ein Kleidungsstück, das man anziehen und wieder ablegen kann, ohne dass sich darunter etwas ändert.

Aristoteles – die Seele als formgebendes Prinzip

Diese Ansicht findet sich in einigen Dialogen von Platon, und da Augustinus, einer der einflussreichsten frühchristlichen Autoren, stark von Platon geprägt war, wurde manchmal angenommen, die Christen hielten die Seele ebenfalls für eine spirituelle Substanz, die sich deutlich vom Körper unterscheidet. Damit würde Augustinus jedoch gravierend missverstanden, und übrigens auch Descartes, dessen Ansicht sich im Grunde mit der des Augustinus deckt. Die christliche Tradition, der sie beide angehörten, hat, wie die jüdische und die muslimische, einen völlig anderen Ausgangspunkt.

Dieser Ausgangspunkt ist in den ersten Kapiteln des Buches Genesis eindeutig festgelegt, wo es heißt: »Da machte Gott der Herr den Menschen aus Erde vom Acker, und blies ihm den Odem des Lebens in seine Nase.« (Genesis 2, 7). Der Mensch wird aus Erde geformt, dem Gott den Atem (*Neschamah* oder *Nephesch*) einhaucht. Was auch immer die Seele ist, in der semitischen Tradition ist sie keine substanzielle Entität, die ohne und vor dem Körper existiert und ohne einen Körper besser dran ist. Auch wenn das hebräische Wort *Nephesch* oft im Sinne von Seele verwendet wird, wäre es vielleicht besser, das Wort Seele gar nicht zu gebrauchen und nur vom Lebensatem zu sprechen. Damit würde deutlich, dass die Seele für das hebräische Denken das aktive Prinzip eines lebendigen Körpers ist. Sie ist keine separate Entität, die zusätzlich zum Körper existiert.

Was dieser »Lebensatem« aber genau ist, darüber wird seit jeher diskutiert. In der Entwicklung des jüdischen und christlichen Denkens wurde zum Aufbau einer Lehre von der menschlichen Seele auf die aristotelische Philosophie zurückgegriffen und nicht auf die Platons. In seinem Werk *Peri Psyche*, »Über die Seele«, bezeichnet Aristoteles die Seele als die Form eines lebendigen Körpers. Diese Idee der »Form« (*eidos*) ist dem modernen Denken fremd geworden. Aristoteles unterteilte alles Materielle in Materie und Form. Vereinfacht gesagt, ist die Materie der Stoff, aus dem die Dinge gemacht sind, und die Form ist die definierende Eigenschaft, die ein Ding zu dem macht, was es ist, und zu keinem anderen. Für Aristoteles ist eine Form eine reale Konstituente der Dinge, ein dynamisches Prinzip, das der Materie eine besondere Existenz verleiht, eine Art Blaupause, nach der Stücke aus Materie in ihrer jeweiligen Art und Weise aufgebaut werden. Aber es ist eine aktive Blaupause mit kausalem Eintrag in die Natur der Dinge. Wir können uns also eine aristotelische Form als ein dynamisches Prinzip vorstellen, das die Materie nach einem bestimmten Muster formt. Sie ist keine weitere Materie, nicht einmal sehr dünne Materie, keine geisterhafte Substanz. Sondern sie ist ein echtes kausales Prinzip, durch das Materiestücke einen Charakter oder eine Natur erhalten können.

Jedes einzelne Ding hat eine Form, sogar ein Stein oder ein Stern. Aber manche Formen sind komplexer, sie führen zu stärker integrierten Organisationsmustern und schließen einfachere Formen in größere und umfassendere organische Ganze ein. Diese umfassenderen integrierten Muster organischer Strukturen nennt Aristoteles »Seelen«. Es gibt Pflanzenseelen, die dynamischen kausalen Prinzipien, die die Materie zu gehaltvollen und dauerhaften organischen Ganzen formen. Sie bauen ihre Strukturen auf, indem sie Energie aus der Umwelt nutzen, und sie reproduzieren diese Strukturen.

Dann gibt es die Tierseelen, die dem Prozess eine weitere Komplexitätsschicht hinzufügen und es den Tieren ermöglichen, durch Sinneswahrnehmung auf ihre Umgebung zu reagieren sowie Bewegung zu initiieren, um die Wachstums- und Fortpflanzungschancen zu erhöhen. Und es gibt die von ihm so bezeichneten intellektuellen Seelen. Sie sind die höchsten Organisationsprinzipien, die wir auf diesem Planeten kennen. Intellektuelle Seelen erzeugen in der Materie die Fähigkeit, sich Informationen aus der Umwelt vorzustellen und darüber nachzudenken sowie Handlungsabläufe zu planen, die zu vorgesehenen Zielen führen, welche nicht auf die Auswirkungen unmittelbarer Reize beschränkt sind. Mathematisches Denken und verantwortungsbewusstes Handeln sind die Kennzeichen der intellektuellen Seele, des höchsten und umfassendsten Integrationsprinzips der Materie, das wir kennen.

Heute mag das alles als veraltete Wissenschaft erscheinen. Interessant ist sie vor allem deshalb, weil sie die begriffliche Grundlage für die traditionelle europäische Vorstellung von der Seele geliefert hat, als diese in jüdischen und christlichen Denkformen entwickelt wurde. Es sollte deutlich geworden sein, dass Aristoteles in einem subtilen Sinne ein Materialist ist, oder vielleicht besser ein Geist-Körper-Monist, oder ein Vertreter der Zwei-Aspekte-Theorie, wie es zuweilen heißt. Er glaubt nicht, dass Materie ohne Formen existieren kann, und er glaubt nicht, dass Formen ohne Materie existieren können. Sowohl die Form als auch die Materie sind für die Existenz eines wirklichen Dinges notwendig. Es kann also gar nicht die Rede davon sein, dass die Seele ohne einen Körper existiert. Die Seele ist das formende und ordnende Prinzip einer bestimmten Art von lebendigem Körper, einer komplexen, geordneten materiellen Struktur. Sie entsteht mit dem Körper und stirbt vermutlich auch mit ihm.

Ebenso sollte klar sein, dass der Unterschied zwischen Menschen und anderen Tieren nicht darin besteht, dass Menschen eine Seele haben und andere Tiere nicht. Es gibt einen Unterschied zwischen den verschiedenen Arten von Seelen, der im Wesentlichen eine graduelle Frage ist – eine Frage des Grades an Komplexität, Bewusstsein und der Möglichkeit, frei und verantwortungsbewusst zu handeln. Sicherlich haben intellektuelle Seelen (wir könnten sagen, Wesen mit der Fähigkeit zu abstraktem Denken und freier Entscheidung) andere Fähigkeiten als Seelen, die einfach nur auf Reize reagieren oder wenig mehr tun, als sich zu bewegen und fortzupflanzen. Es müssen Trennlinien gezogen werden zwischen verschiedenen Arten von Aktivitäten und Akteuren. Aber diese Trennlinien können sehr unscharf sein, mit vielen Grenzfällen, und sie können zwischen Mitgliedern verschiedener biologischer Arten gezogen werden oder auch nicht. So ist beispielsweise die Frage, ob Menschenaffen eine intellektuelle Seele haben, eine Frage der empirischen Untersuchung ihrer Fähigkeiten und nicht einer Definition a priori.

Aristoteles über die Natur des Menschen

Die aristotelische Antwort auf die Frage »Was ist die Natur des Menschen?« würde lauten, dass der Mensch ein Stück Materie ist, das besondere Fähigkeiten besitzt, insbesondere die des abstrakten Denkens und des verantwortungsbewussten freien Handelns. Die eigentliche Tugend (oder Vortrefflichkeit) eines Menschen besteht also darin, die Aktivität des abstrakten Denkens (*Theoria*) und des moralisch verantwortlichen Handelns zu verwirklichen, und zwar in einer Gemeinschaft ähnlicher vernünftiger Akteure, da der Mensch im Wesentlichen ein soziales Tier ist, das in Gemeinschaft lebt.

Wer kann Mitglied dieser menschlichen Gemeinschaft sein? Alle, die in die sozialen Prozesse intellektuelle Reflexion und moralische Entscheidungsfindung eintreten können – was die Mitgliedschaft insoweit auf erwachsene Menschen begrenzt (nicht prinzipiell, sondern rein faktisch: Es könnte auch andere Mitglieder geben, nicht-menschliche Personen, aber die gibt es anscheinend nicht). Wir würden allerdings auch alle einschließen müssen, die im Prinzip zu derartiger sozialer Reflexion und zu solchem Handeln fähig sind, ihre Fähigkeiten aber aufgrund ihres jugendlichen oder hohen Alters, Behinderung oder Krankheit nicht umsetzen. Weil Aristoteles in Gestalt von Fähigkeiten und nicht bloß tatsächlichen Leistungen denkt, ist jedes Wesen als von menschlicher Natur zu erachten, das die Form besitzt, die Fähigkeiten eines intellektuellen Wesens, selbst wenn diese aus unterschiedlichen Gründen nicht ausgeübt werden können.

An diesem Punkt würde sich eine aristotelische Sichtweise radikal von der Auffassung unterscheiden, dass nur ein Wesen, das tatsächlich intelligent und verantwortungsbewusst ist, eine Person sein kann. Für Aristoteles hat ein geistig benachteiligtes Menschenbaby eine andere Natur als ein hochintelligenter Schimpanse, ein anderes Strukturierungsprinzip, das besondere Fähigkeiten für ein Stück Materie festlegt, und sollte daher als intellektuelle Seele und nicht als Tierseele behandelt werden. Das lässt natürlich die Frage offen, wie intellektuelle und tierische Seelen behandelt werden sollten. Es sei daran erinnert, dass Aristoteles imstande war, die Sklaverei und die radikale Minderwertigkeit von Frauen zu rechtfertigen. Es lässt sich also offenbar darüber streiten, wie intellektuelle Seelen behandelt werden sollten und ob es innerhalb der Klasse der intellektuellen Seelen relevante Unterschiede gibt. Aber das allgemeine Prinzip bleibt, dass der Umgang mit den Dingen von ihrer Natur abhängt. Man sollte ein Ding so behandeln, wie es seiner Natur und nicht nur seinen individuellen Fähigkeiten entspricht, und diese Natur entdeckt man durch die Beobachtung ausgereifter Normalfälle dieser Art eines Dinges.

Für eine aristotelische Sicht der menschlichen Natur gibt es also drei wichtige grundlegende Punkte. Erstens sind Menschen vollständig und ordnungsgemäß materielle Objekte. Zweitens besteht ihre Besonderheit nicht lediglich darin, dass sie der menschlichen Spezies angehören, sondern darin, dass sie über ausgeprägte geistige Denk- und Handlungsfähigkeiten verfügen. Drittens sollten alle menschlichen Organismen als von menschlicher Natur betrachtet und getreu dem Besitz einer solchen Natur behandelt werden, nicht bloß entsprechend ihrer individuellen Leistungen (es gibt einen Platz für die Behandlung entsprechend der Leistung, aber das liegt über der grundlegenden moralischen Ebene der »Menschenrechte« und verkompliziert die Sache in einer Art und Weise, auf die ich an dieser Stelle nicht eingehen möchte).

Thomas von Aquin und Descartes: Die Seele als »substantiale Form«

Als diese Ansicht ins Christentum aufgenommen wurde – und man könnte sagen, dass sie im Werk des Philosophen Thomas von Aquin aus dem 13. Jahrhundert offiziell legitimiert wurde – mussten einige Änderungen vorgenommen werden, die jedoch nicht radikal sind. Erstens könnte ein Christ durchaus unglücklich damit sein, dass er Materialist sein soll. Da Christen glauben, dass es einen nicht-materiellen Schöpfer des Universums gibt, muss es die Möglichkeit eines nicht-materiellen Bestehenden geben. Darüber hinaus wird dieses Bestehende einige persönliche Eigenschaften haben – zumindest Bewusstsein und Absicht, wenn das Universum durch etwas entstanden ist, das man, wenn auch entfernt, als Willensakt bezeichnen kann. Das Nicht-Materielle oder Spirituelle hat also letztlich kausalen Vorrang vor dem Materiellen. Christen müssen also klarstellen, dass ein immaterielles Subjekt mit Bewusstsein und Willen möglich ist.

Es sei darauf hingewiesen, dass Aristoteles diese Möglichkeit nicht ausschließt und im zwölften Buch der *Metaphysik* etwas skizziert, was zur klassischen christlichen Vorstellung von Gott als dem höchst wünschenswerten Wesen geworden ist, das im glückseligen Bewusstsein seiner eigenen Vollkommenheit ruht und alle Dinge allein durch seine eigene höchste Wünschbarkeit in die Ebenbildlichkeit mit sich selbst zieht. Bestimmte Dinge im Universum, zusammengesetzt aus Materie und Form, haben eine materielle Natur, und dies ist damit vereinbar, dass sie eine rein geistige Ursache haben.

Augustinus und nachfolgende christliche Denker haben den Gedanken des Aristoteles dahingehend weiterentwickelt, dass Gott das Universum nicht nur – durch Anziehung oder durch Geliebtwerden, wie Aristoteles sagt – zur göttlichen Vollkommenheit hingezogen hat, sondern dass Gott das Universum tatsächlich erschaffen hat, das heißt, dass er aktiv gewollt hat, dass es existiert. Darüber hinaus ist Gott mit der Menschwerdung ins Universum eingetreten und hat die menschliche Natur mit der göttlichen Natur vereint, sodass Gott diese menschliche Natur dazu erheben konnte, in gewisser Weise an der göttlichen Vollkommenheit teilzuhaben.

Angesichts dieser Ideen ist es etwas merkwürdig, eine christliche Sichtweise als »materialistisch« zu bezeichnen, auch wenn der Mensch zweifellos ein Klumpen hoch organisierter Materie ist. Für Christen ist es wichtig, dass der Mensch nicht nur ein materielles Wesen ist, das verantwortlich zu denken und zu entscheiden vermag, sondern dass er auch eine rein geistige Realität, Gott, kennen und lieben lernen kann. Darüber hinaus sind Bewusstsein und Wille in ihren primären Instanzen (das heißt in Gott) immaterielle Realitäten. Man könnte also erwarten, dass Bewusstsein und Wille, selbst wenn sie in endlichen Wesen existieren, zumindest einen immateriellen Aspekt haben, vielleicht dass sie in erster Linie psychische Elemente oder Realitäten sind. In den meisten Fällen sind diese psychischen Elemente wohl von den physischen Wesen abhängig, deren nicht-physischer Bestandteil sie sind. Aber in einer bestimmten Entwicklungsstufe (und sicherlich beim Menschen) haben sie die Fähigkeit, mit einem rein immateriellen Wesen zu interagieren.

So findet man bei Thomas von Aquin, dass die intellektuelle Seele zwar das Prinzip ist, das der Materie die Fähigkeiten eines denkenden Wesens verleiht, aber auch eine Art substanzielle, wenngleich adjektivische, Existenz hat. Sie ist, wie er sagt, eine »substantiale Form« (*Summa Theologiae* 1, Quaestio 76, Artikel 4). Dies ist übrigens die Ansicht des viel gescholtenen Descartes, dessen extrem klingender Dualismus hauptsächlich Teil eines Gedankenexperiments ist, des »hyperbolischen Zweifels«, den er selbst überwindet, indem er die vernünftige Ansicht akzeptiert, wonach die Seele, wie er es ausdrückt, »mit ihm [dem Körper] auf das Engste verbunden und gleichsam gemischt [ist], sodass ich eine Einheit mit ihm bilde« (*Meditationes*, Sechste Meditation).

Damit meint Thomas von Aquin, dass jede Seele das integrierende Prinzip ist, das einem bestimmten Körper geistige Fähigkeiten verleiht. Sie entsteht mit dem Körper. Um genau zu sein, dachte der Aquinate in Anlehnung an Aristoteles, dass die geistige Seele 60 Tage nach der Empfängnis entsteht. Davor haben menschliche Embryonen Pflanzen- oder Tierseelen. Nach 60 Tagen vernichtet Gott diese und ersetzt sie augenblicklich durch eine neu geschaffene und völlig individuelle intellektuelle Seele. Jede Seele ist speziell dazu bestimmt, einen bestimmten Körper zu formen, und ohne den Körper, den sie formen soll, ist sie unvollständig.

Die Seele aus muslimischer, jüdischer und katholischer Sicht

Die muslimische Ansicht, die aus dem Mittelalter stammt und später nie revidiert wurde, besagt, dass die intellektuelle Seele dem Körper nach 120 Tagen »eingehaucht« wird. Nach allgemeiner jüdischer Auffassung beginnt das menschliche Leben eigentlich, wenn der Kopf des Babys aus dem Geburtskanal tritt. Beide Ansichten sollten nicht so verstanden werden, dass eine Abtreibung vor diesem Zeitpunkt erlaubt ist, wenngleich relevant ist, dass eine menschliche Seele vor diesem Zeitpunkt nicht als existent betrachtet wird.

Die offizielle römisch-katholische Ansicht lautet derzeit, da niemand weiß, wann die intellektuelle Seele erschaffen wird, solle man auf Nummer sicher gehen und sich so verhalten, als beginne das menschliche Leben bereits mit der Empfängnis. Aber es gibt keine dogmatische Aussage darüber, wann die Seele erschaffen wird. Anderen Christen steht es frei, hier eigene Entscheidungen zu treffen. Interessant ist jedoch, dass die religiösen Traditionen ursprünglich bereit waren, den Beginn der menschlichen Natur recht spät in der Embryonalentwicklung anzusetzen (für Aquin, wenn der Embryo eine erkennbare menschliche Form hatte).

Diese Seele hat eindeutig etwas Substanzhaftes an sich, denn sie entsteht zu einem bestimmten Zeitpunkt – und wird nach katholischer Lehre frisch und unmittelbar von Gott erschaffen. Aber sie ist immer noch ein Prinzip für die Gestaltung eines Körpers; das ist ihre eigentliche Aufgabe. Sie ist ausdrücklich nicht die wahre Essenz einer Person, die vollständig und richtig auch ohne Körper oder mit mehreren verschiedenen Körpern existieren könnte.

Da die Aktivität der intellektuellen Seele jedoch in Bewusstsein und Willen mündet, führt sie zu Zuständen, die nicht notwendigerweise materiell sind (auch wenn es sich um einen Körper handelt, der Bewusstsein hat und Dinge willentlich geschehen lässt). Im Denken von Thomas von Aquin gibt es also ein immaterielles

Ordnungsprinzip, und es gibt immaterielle Bewusstseins- und Willenszustände. Damit öffnet sich ein logischer Raum (und Aristoteles hatte dies bemerkt), in dem das Prinzip allein über immaterielle Zustände wirken könnte.

Stark vereinfacht gesagt, wenn dieser Körper Gedanken und Erinnerungen hervorbringt, könnten dann die Fähigkeit zu denken und zu entscheiden sowie das Subjekt, in dem diese Fähigkeiten begründet sind, nicht einfach mit diesen Bewusstseinsinhalten arbeiten, ohne einen materiellen Körper? Aquin sagt, dies sei zwar möglich, erfolge dann aber auf »unangemessene und unnatürliche Weise«. Wir könnten abgeschwächte Personen haben, psychische Denk- und Erinnerungsgebilde, die in einem körperlosen Zustand existieren. Aber, wie Aquin sagt, »meine Seele ist nicht ich«. Das heißt, wenn meine Bewusstseinsinhalte nach dem Tod meines Körpers weiter existieren und das Prinzip des Denkens und Handelns, das mich angetrieben hat, weiterhin auf sie einwirkt, würde etwas existieren, das eine sehr enge Verbindung zu mir hat, aber es wäre nicht eigentlich die Person, die ich bin. Wenn diese Person nach dem Tod weiterleben soll, dann muss mein Körper auf irgendeine Art und Weise wieder auferweckt, neu zusammengesetzt oder repliziert werden, damit ich wieder ein ganzer Mensch sein kann. Die Auferstehung des Leibes ist nach semitischer Auffassung wesentliche Voraussetzung, wenn es eine persönliche Unsterblichkeit geben soll.

Die Auferstehung des Leibes

Ich denke, dass Christen sich der Möglichkeit verpflichtet fühlen, dass die menschliche Person nach dem Tod des Körpers weiter existiert. Wenn Paulus in 1. Korinther 15 vom »Auferstehungsleib« spricht, dann spricht er nicht von körperlosen Seelen, und er spricht auch nicht von gewöhnlichen physischen Körpern, die von den Toten auferweckt werden. Er spricht vom »geistlichen Leib«, wie er sagt, der unverweslich ist und dessen Form sich deutlich von dem Fleisch und Blut unterscheidet, das wir jetzt haben und das, wie er sagt, »das Reich Gottes nicht ererben kann«. Wo auch immer eine solche Verleiblichung stattfindet, es kann nicht innerhalb dieser Raum-Zeit sein, die von Natur aus vergänglich ist. Wir könnten dies so ausdrücken, dass unser Körper durch sein zentrales Nervensystem und sein Gehirn viele Bewusstseinszustände, viele Erinnerungen, Absichten und Erkenntnisstände erzeugt. Er erzeugt ein fortdauerndes Selbst, das über lange Zeiträume hinweg Erfahrungen sammelt und Projekte entwickelt. Dieses Selbst ist ein Subjekt von Erfahrungen und Handlungen, und dazu muss es in eine Umgebung eingebettet sein, aus der es Informationen erhält und über die es eine gewisse Kontrolle hat, normalerweise durch einen lokalisierten Teil der Umgebung. Das ist sein Körper. Ohne einen Körper können wir uns nicht vorstellen, wie wir neue Erfahrungen sammeln und neue Handlungen ausführen sollen. Das Selbst ist also von Natur aus verkörpert. Aber vielleicht können Erinnerungen, Wissen und erlernte Fähigkeiten auf eine andere Form der Verkörperung übertragen werden.

Die Idee der Auferstehung ist die Idee einer neuen Form der Verkörperung, die so eng mit dieser verwandt ist, dass man am ehesten von »demselben Körper, der verwandelt wurde«, sprechen kann, anstatt von einem ganz neuen Körper. Wir können ihn uns als eine Form vorstellen, die es uns ermöglicht, unsere einzigartigen persönlichen Fähigkeiten kreativer und freier zum Ausdruck zu bringen als in dieser vergänglichen Welt. Aber, wie Paulus betont, wie ein solcher Körper aussehen wird, ist für uns heute unvorstellbar.

Ein Grund, warum diese Lehre häufig missverstanden wird, liegt in der Verkündigung dreier katholischer Lehren, nämlich dass die Seele zu einem bestimmten Zeitpunkt unmittelbar von Gott erschaffen wird (was dazu führt, dass man sie für ein Ding hält), dass die Seele von Natur aus unsterblich ist (was dazu führt, dass man denkt, man könne einfach ewig ohne Körper weiterleben) und dass der Leib aufersteht (was dazu führt, dass man denkt, derselbe Körper steige aus dem Grab). Um die orthodoxe Sichtweise zu verstehen, muss man die Idee begreifen, dass die Seele die Form des Körpers ist und dass sie dennoch eine substantiale Form und damit in der Lage ist, (un-natürlich) lediglich mit bewussten Inhalten zu existieren. Wenn Gott eine Seele erschafft, erschafft er ein Subjekt mit Fähigkeiten und Neigungen, die in einem und durch einen bestimmten materiellen Körper zum Ausdruck kommen. Wenn Gott einer Seele Unsterblichkeit verleiht, gibt er ihr die un-natürliche Möglichkeit, zwischen dem Tod ihres Körpers und der Auferstehung dieses Körpers in einem abgeschwächten Sinn zu existieren. Und wenn Gott einen Körper wieder auferstehen lässt, erschafft er ein vollständig geeignetes Gefäß für den Ausdruck der Handlungen und Erfahrungen eben desselben Subjekts, die im materiellen Körper in dieser raumzeitlichen Umgebung nur teilweise zum Ausdruck gekommen sind. Aus dieser Sicht ist die Seele eindeutig keine vollständig unabhängige Entität, keine »Substanz«.

Gibt man die Philosophie des Aristoteles auf, so muss diese Ansicht neu formuliert werden. Die Idee einer Form als tatsächliches integrierendes Prinzip sieht verdächtig nach biologischem Vitalismus aus, und obwohl vielleicht noch überraschend viel Leben in ihr steckt, geht sie dem neuesten biologischen Denken offenbar sehr gegen den Strich. Aber vielleicht kann man die philosophische Idee der Form fallen lassen und das beibehalten, was für das christliche Denken in dieser Frage zentral ist. Von entscheidender Bedeutung für die Tradition ist offenbar, dass die Rede von der Seele die Fähigkeiten eines Handelnden und Erfahrenden betrifft, der in einer materiellen Substanz verkörpert ist und sich darin ausdrückt, die wiederum den Ausdruck der ihm innewohnenden Fähigkeiten sowohl begrenzt als auch möglich macht. Dieser Handelnde, das persönliche Subjekt von Bewusstsein und Absicht, kann in einem sekundären Sinn nach dem Tod des materiellen Körpers weiterleben. Aber jede erstrebenswerte und wirklich persönliche Unsterblichkeit wird zumindest etwas der materiellen Verkörperung Analoges beinhalten.

Wenn wir versuchen wollten, eine weitgehend biblische Sichtweise auf post-aristotelische Art neu zu formulieren, wäre es meiner Meinung nach am besten, vom Evolutionsprozess als einem Prozess zu sprechen, bei dem sich in einfacheren Formen von Organismen aus früheren Neigungen, Reize zu registrieren und auf sie zu reagieren, die emergenten Eigenschaften Bewusstsein und Absicht entwickeln. Vielleicht wollen wir keine klare Grenze zwischen menschlichen, bewussten Wesen und nicht-menschlichen, unbewussten Wesen ziehen (dies war ein Fehler von Descartes, der leider auch im christlichen Denken nicht ganz verschwunden ist). Wir könnten vielmehr sagen, dass es viele Stufen von Emergenz gibt, von unbewussten Steinen über die Sinneswahrnehmungen niederer Tiere bis hin zu den Fähigkeiten zu abstraktem Denken und selbstbestimmtem, regelgeleitetem Handeln, die auf der Erde vor allem in menschlichen Gemeinschaften zu finden sind.

Der Schöpfungsbericht in der Genesis lässt nicht auf einen grundlegenden Unterschied zwischen Menschen und anderen Tieren schließen. Alle haben den Odem des Lebens (Genesis 1, 30), und nicht nur der Mensch hat organische oder mentale Eigenschaften. In der Genesis wird dem Menschen eine einzigartige Rolle zugewiesen: Er ist nach dem Bilde Gottes geschaffen (Genesis 1, 26). Die übliche frühchristliche Auslegung der Wendung »nach dem Bilde Gottes geschaffen« besagt, dass der Mensch wie Gott über Vernunft und Freiheit verfügt. Die neuere hebräische Forschung betont hingegen eher die menschliche Beziehungsfähigkeit, insbesondere, aber nicht ausschließlich, die Fähigkeit zu einer Beziehung zu Gott. Vielleicht hat sich das klassische christliche Denken zu sehr auf die intellektuellen Fähigkeiten des Menschen konzentriert und nicht genug auf die emotionalen und relationalen. Sensibilität, Kreativität und Kooperationsfähigkeit des Menschen sind ebenso wichtig wie seine Fähigkeit, reine Mathematik oder Wissenschaft zu betreiben. In jedem Fall aber zeichnet sich der Mensch dadurch aus, dass er in der Lage ist, die natürliche Welt, deren integraler Bestandteil er ist, vernünftig und verantwortungsbewusst zu steuern und für sie zu sorgen.

Die Rolle des Menschen ist es, für die Erde zu sorgen, sie zu ordnen, so wie Gott die Schöpfung aus dem Chaos heraus geordnet hat. Bei der »Gottesebenbildlichkeit« geht es also darum, die Rolle innezuhaben, für die Schöpfung zu sorgen, wie Gott es tut, und die Verantwortung für ihr geordnetes Gedeihen zu übernehmen. Die (von der Historikerin Lynn White verbreitete und teilweise akzeptierte) Behauptung, die Genesis erlaube die Ausbeutung der Natur, ist das Gegenteil der Wahrheit, nämlich dass sie die Fürsorge für die Natur gebietet. Der Mensch soll Herrschaft ausüben, im Sinne einer Lehnsherrschaft unter Gott – und da Gott die Natur geschaffen hat, bedeutet das, dass er sich im Auftrag Gottes um die Natur kümmern soll.

Der biblische Bericht legt also nahe, dass die Besonderheit des Menschen eher in der Verantwortung für die natürliche Welt liegt als in der Befreiung von ihrem Diktat. Aus theologischer Sicht besteht die menschliche Natur in der Fähigkeit des Menschen, die Gottesebenbildlichkeit in sich bewusst zu pflegen und zu entwickeln. Es geht nicht darum, inmitten eines mechanistischen, seelenlosen Universums auf einzigartige Weise geistige Substanz zu sein. Es geht darum, dass wir in der Lage sind, Fähigkeiten bewusst zu verwirklichen, die im materiellen Kosmos von Anfang an potenziell vorhanden waren und die nach und nach durch immer komplexere Organisationsformen im Universum in Erscheinung getreten sind.

Inwiefern zeichnet dies das menschliche Leben unter den anderen Geschöpfen Gottes als besonders würdig aus? Es ist sicher nicht so, dass nur der Mensch Respekt verdient. Wenn Gott das Universum erschaffen hat, dann muss es auch respektiert werden, und zwar exakt als etwas, das von Gott auserwählt wurde und daher vermutlich von ihm auch geschätzt wird. Das hätte stets klar sein müssen, obwohl es das bedauerlicherweise nicht war. Der Hauptgrund, die Natur zu schätzen, liegt für einen Christen darin, dass Gott sie schätzt, und weil sie von Gott geschaffen wurde, besitzt sie ureigenen Wert.

Der Mensch zeichnet sich durch die Fähigkeit aus, sich kumulativer Erfahrungen bewusst zu sein und intelligent gesteuerte Gefühle und Handlungen zu haben. Menschen bauen im Laufe ihres Lebens einen Erfahrungsschatz auf, der auch Verständnis und Mitgefühl einschließt. Sie sind in der Lage, über Zeiträume hinweg Zwecke und Ziele zu verfolgen und ihren Charakter neu zu formen. Sie sind kontinuierliche Subjekte komplexer, kumulativer Erfahrungen und zeitübergreifender Handlungen. Nur wenn materielle Wesen solch einen kumulativen Erfahrungscharakter und die Fähigkeit zur verantwortlichen Selbststeuerung besitzen, ist es wohl sinnvoll, ihnen die Möglichkeit der Unsterblichkeit, ein über die Existenz eines bestimmten Körpers hinaus fortbestehendes Selbstempfinden und eine bewusste und sich entwickelnde Beziehung zu Gott zuzuschreiben, der ein rein immaterielles Wesen ist.

Die Menschen mögen besondere Würde haben, weil sie zur Unsterblichkeit berufen sind, weil sie für ihre Antwort auf diese Berufung zur Rechenschaft gezogen werden und weil sie von anderen verlangen, dass ihre Freiheit, *wie* sie diese Antwort geben, respektiert wird. Ich glaube, dass es sinnvoll ist, von einer charakteristischen Natur des Menschen zu sprechen, und dass dies moralisch wichtig ist. Aber ebenso wichtig ist es zu erkennen, dass die Fähigkeiten und Verantwortlichkeiten, die diese Charakteristik begründen, nicht grundsätzlich auf die menschliche Spezies beschränkt sind und die Menschen integrale Bestandteile einer materiellen Welt sind, in der ihre Rolle darin besteht, die Werte zu schaffen und zu bewahren, die der Schöpfer im Kosmos implizit angelegt hat, Verwalter einer von Gott geschätzten Schöpfung zu sein und nicht Manipulatoren einer kosmischen Maschine. In den semitischen Traditionen sind dies die Werte, die durch die Rede von der »Seele« geschützt werden sollen, und dies sind die Zustände und Fähigkeiten, die mit der Rede von der Seele in erster Linie gemeint sind.

Mary Midgley

Geist & Körper: Das Ende der Apartheid

Getrennte Substanzen?

Was bedeutet es, wenn wir sagen, dass wir ein Leib-Seele-Problem haben? Müssen wir die Beziehung zwischen unserem inneren und äußeren Leben dabei als Angelegenheit betrachten, die zwischen zwei getrennten Dingen abgehandelt wird, anstatt zwischen Aspekten einer ganzen Person?

Die dualistische Rede geht davon aus, dass wir bereits zwei getrennte Dinge vor uns haben, und nicht wissen, wie wir sie miteinander verbinden sollen. Dies ist eine Sichtweise aus dem 17. Jahrhundert. Sie ist mit Auffassungen in der Physik und vielen weiteren Inhalten verbunden, die wir nicht mehr vertreten.

Auf diese Weise als getrennt betrachtet, sind »Geist« und »Materie« extreme Abstraktionen. Es sind Begriffe, die von Denkern wie Descartes bewusst so konzipiert wurden, dass sie sich gegenseitig ausschließen und unvereinbar sind, weshalb sie sich heute so schwer zusammenbringen lassen. Zu Descartes' Zeiten war ihre Trennung als Quarantäne gedacht, um die neue, wachsende Wissenschaft der Physik von Ansichten über andere Dinge zu trennen, mit denen sie in Konflikt geraten könnte. Sie war auch Teil eines viel älteren, allgemeineren Versuchs, Vernunft von Gefühl zu trennen und die Vernunft als den beherrschenden Partner zu etablieren, während das Gefühl im Grunde lediglich Teil des Körpers ist. Deshalb wurde im Zuge der Aufklärung das Wort »Seele« nach und nach durch »Geist« ersetzt, das Wort »Gemüt« verschwand und die Verwendung des Wortes »Geist« wurde auf eine rein kognitive Bedeutung verengt.

Dies ist der Hintergrund, vor dem die Philosophie die Trennung von Seele und Körper entworfen hat. Man erblickte darin die Antwort auf eine große metaphysische Frage, die wir heute sicherlich für falsch gestellt halten würden. Es war immer noch dieselbe Frage, die ursprünglich die vorsokratischen Denker gestellt hatten: »Aus welchem Grundstoff ist die ganze Welt gemacht?« Und die dualistische Antwort lautete, dass es nicht nur einen solchen Stoff gibt, sondern zwei – Geist und Körper.

Im 17. Jahrhundert waren außerordentlich ehrgeizige Fragen wie diese sehr beliebt. Vielleicht wegen der entsetzlichen politischen Verwirrungen jener Zeit waren ihre Denkerinnen und Denker besonders entschlossen, Ordnung zu schaffen, indem sie durch reine Logik einfache, endgültige Antworten auf große Fragen fanden, und die Komplexität der Fakten erst gar nicht untersuchten. In der Philosophie wie in der Politik mochte man absolute Entscheidungen. Die großen rationalistischen Gebilde, die sie errichteten – darunter auch dieses – trugen Wesentliches zu unserer Tradition bei. Aber ihre Nützlichkeit hat ihre Grenzen. Wir müssen unsere Nachforschungen nicht aus dieser großen Entfernung beginnen. Wenn wir feststellen, dass der rationalistische Ansatz nicht hilfreich ist, können wir ihn verlassen und es mit etwas anderem versuchen.

Wie Bewusstsein zum Problem wurde

In Bezug auf Geist-Körper-Fragen sollten wir englischsprachigen Philosophinnen und Philosophen dies offiziell eigentlich längst getan haben. Vor einem halben Jahrhundert kamen wir überein, dass wir nicht mehr von einem »Gespenst in einer Maschine« sprechen sollten. Aber unsere gesamte Kultur war dieser Denkweise viel stärker verhaftet, als uns bewusst war. Die bestehenden Gewohnheiten erweckten den Anschein, unser nächster Schritt sei ganz einfach. Wir würden endlich eine triumphale Antwort auf die uralte, vorsokratische Frage geben können – die immer noch für notwendig erachtet wurde –, indem wir erneut eine einzige Lösung für sie finden. Wir könnten festlegen, dass alles in Wirklichkeit Materie ist. Wir könnten die materielle Maschine behalten und das geistige Gespenst loswerden.

Also haben es die behavioristischen Psychologen versucht. Sie tabuisierten alles Reden vom inneren Leben, was zur Folge hatte, dass es Menschen, die wissenschaftlich erscheinen wollten, im 20. Jahrhundert größtenteils verboten war, Bewusstsein oder Subjektivität überhaupt zu erwähnen. Aber es stellte sich heraus, dass das nicht sehr gut funktionierte. Eine Welt der Maschinen ohne Benutzer oder Erfinderinnen – eine Welt der Objekte ohne Subjekte – war nicht überzeugend darstellbar. Nach und nach zeigte sich, dass die Vorstellung von der Maschine von vornherein so konstruiert worden war, dass sie zu ihrem Gespenst passte und ohne dieses eigentlich nicht funktionieren konnte. Versuche, sie unabhängig davon zu verwenden, erwiesen sich als so künstlich und unwirklich, dass die gebildete Bevölkerung schließlich rebellierte. Vor etwa 30 Jahren entdeckte die Wissenschaft plötzlich das Bewusstsein wieder und beschloss, dass es ein entscheidendes Problem darstellt. Aber die Konzepte, die wir jetzt zum Umgang damit haben, sind immer noch die, die entwickelt wurden, damit man gar nicht erst darüber sprechen kann.

Colin McGinn hat diese Schwierigkeit in seinem Buch *Wie kommt der Geist in die Materie* (2001) bewundernswert nachdrücklich dargelegt:

> Das Problem ist, wie eine Ansammlung von Zellen … ein bewusstes Wesen erzeugen sollte. Das Problem liegt beim Rohmaterial. Es sieht so aus, als sei mit dem Bewusstsein eine neue Art von Realität ins Universum injiziert worden. … Wie kann bloße Materie Bewusstsein erzeugen? … Wenn das Gehirn räumlich ist, ein Klumpen Materie im Raum, wie um alles in der Welt kann dann der Geist aus dem Gehirn hervorgehen? … Das erscheint wie ein Wunder, ein Bruch mit der natürlichen Ordnung.[24]

McGinns drastische Antwort lautet, dass dieser Sachverhalt tatsächlich ein echtes Mysterium darstellt – ein Mysterium, das unser Verstand einfach nicht ergründen kann, weil es außerhalb des Bereichs liegt, für den er ausgelegt ist. Er schlägt vor, dass es eine unbekannte physikalische Eigenschaft geben muss, die er C* nennt

---

24 S. 13-15 [im englischen Original, d. Ü.].

und die Bewusstsein möglich macht. Diese Eigenschaft ist in der Materie des Gehirns vorhanden, könnte aber etwas sein, das sich unserem Verständnis vollständig entzieht.

Dass ein angesehener analytischer Philosoph Mysterien anerkennt und betont, dass unsere Verständnisfähigkeit Grenzen hat, ist sicherlich eine gute Nachricht. Ich werde allerdings vorschlagen, dass wir nicht auf seine ziemlich verzweifelte Lösung zurückgreifen müssen. Diese besondere Schwierigkeit ist gewöhnlicheren Ursprungs. Unsere Tradition führt dazu, dass wir das Problem falsch formulieren. In Wirklichkeit müssen wir woanders noch einmal anfangen.

Ich möchte einen besseren Ausgangspunkt vorschlagen. Dieser könnte darin bestehen, die Beziehung zwischen unserem inneren und äußeren Leben – zwischen unserem subjektiven Erleben und der Welt, von der wir wissen, dass sie um uns herum existiert – direkt in unserer Erfahrung als Ganzes zu betrachten, anstatt zu versuchen, Bewusstsein als nachträgliches Element einer physischen Welt hinzuzufügen, welche nach Prinzipien konzipiert ist, die dafür keinen Raum lassen. Die Einheit sollte nicht ein abstrakter Körper oder ein abstraktes Gehirn sein, sondern die ganze lebendige Person. Zum Nachweis, warum dies notwendig ist, werfen wir am besten zunächst einen kurzen Rückblick auf die Tradition, um herauszufinden, wie und wo die Dinge falsch gelaufen sind.

Rationalistische Kriege

Das führt uns zu Descartes. Aber natürlich trägt er nicht persönlich die Schuld an unserem Dilemma. Hätte er nie geschrieben, hätte früher oder später bestimmt jemand anderes den dualistischen Schritt getan. Und es ist höchst unwahrscheinlich, dass diese Person es besser gemacht hätte.

Wie ich bereits angedeutet habe, war *ein* Faktor, der nach dem Dualismus rief, der allgemeine, anhaltende Wunsch, die Vernunft als höchsten Maßstab zu etablieren, als eigenständige Kraft, die die durch Streitigkeiten zwischen den sich bekämpfenden Autoritäten die in der Welt entstehende Verwirrung beizulegen vermag. Der besondere Faktor aber, der dieses Bedürfnis damals so dringend machte, war das Aufkommen einer neuen Form der Vernunft – einer Vernunft, die wahrscheinlich in Konkurrenz zu den alten Formen der Erkenntnis treten würde – nämlich der modernen Physik.

War diese Disziplin erst einmal in eine ganz und gar von der Theologie geprägte intellektuelle Welt eingeführt – eine Welt zudem, in der theologische Meinungen gefährlich mit internationaler Politik verknüpft waren –, musste ein Verfahren zur Trennung dieser Sphären erfunden werden. Dieses Verfahren hätte eigentlich eines sein müssen, das weiter in Richtung Pluralismus geführt hätte – womit selbstverständlich nicht der Glaube gemeint ist, dass es viele grundlegende Stoffe gibt, sondern die Erkenntnis, dass es viele verschiedene legitime Denkweisen gibt. Zum Aufspüren der verschiedenen Muster in der Welt können durchaus unterschiedliche konzeptuelle Entwürfe zum Einsatz kommen, ohne dass diese einander widersprechen müssen. Aber stattdessen hielt der Zug des Denkens am erstbesten Bahnhof – dem Dualismus – an und lässt seine Fahrgäste bis heute dort stehen.

Anzeichen für dieses Problem erkennen wir immer dann, wenn Menschen eine solche Frage aufwerfen – beispielsweise zum Problem der persönlichen Identität. Wenn wir über die Beziehungen zwischen Geist und Körper sprechen, fragen wir, was eine Person wesenhaft ist. Moderne analytische Philosophen haben viel darüber gerätselt, üblicherweise ausgehend von John Lockes Erörterung dieses Themas und konzentriert auf einen einzigen Punkt in diesen Ausführungen – sein berühmtes Beispiel vom Fürsten und dem Schuhflicker (*Versuch über den menschlichen Verstand*, Zweites Buch, Kapitel 27, Abschnitt 15).

Locke argumentiert, die Antwort auf die Frage, ob jemand »dieselbe Person« sei wie in der Vergangenheit, müsse von der Kontinuität seines Gedächtnisses und nicht von der Kontinuität der Substanz abhängen. »Denn«, so Locke, »wenn die Seele eines Fürsten mit dem Bewusstsein des fürstlichen Lebens in den Leib eines Schuhflickers einträte, …, so würde doch Jeder ihn für dieselbe Person mit dem Fürsten halten, der für dessen Thaten einzustehen hätte«.

Ausgehend von diesem kleinen Beispiel hat die Philosophie eine beeindruckende Monokultur an Science-Fiction-Geschichten hervorgebracht. Immer wieder hat sie gefragt, ob verschiedene Arten außergewöhnlicher Wesen noch als »dieselbe Person« gelten würden, nachdem sie eine ebenso außergewöhnliche Metamorphose durchgemacht haben. Ihre Antworten sind in der Regel nicht sehr hilfreich, denn ab einer gewissen Entfernung vom normalen Leben haben wir keinen Kontext mehr, in dem die Frage Sinn ergäbe. Außerdem wirken diese Spekulationen – wie Studierende oft beklagen – ziemlich weit weg von der Art von Problemen, die die Menschen im wirklichen Leben dazu bringen, sich Gedanken über persönliche Identität zu machen. Das sind zumeist Probleme, die aufgrund von inneren Konflikten und Loyalitätskonflikten mit verschiedenen Gruppen in unserem Umfeld entstehen. Auf diese Konflikte werden wir gleich zurückkommen.

Die Schwierigkeit, vernünftig über ablösbare Seelen zu reden, macht auch echten, professionellen Science-Fiction-Autorinnen und Autoren zu schaffen, denn ihre Kunst ist zutiefst dem Dualismus verpflichtet. Häufig schreiben sie Seelenwanderungs-Geschichten, in denen Figuren in den unterschiedlichsten Situationen immer wieder in den Körper anderer Menschen springen oder in denen ihr eigener Körper von einem fremden Bewusstsein übernommen wird. Das passiert sogar in *Startrek*, was zeigt, wie selbstverständlich dieser Gedanke auch heute noch ist. Aber um überzeugend zu sein, müssen die Autorinnen und Autoren einen üppigen fantasievollen Hintergrund schaffen, der diese Situation mit dem normalen Leben verbindet. Dennoch sind diese Geschichten immer noch seltsam begrenzt, weil sie von einer so merkwürdigen These ausgehen.

Sie behandeln Seele oder Bewusstsein als gesondertes Paket, das radikal vom Körper getrennt ist. Sie tun so, als ob das innere Leben einer Person jederzeit herausgenommen und nahtlos in das äußere Leben einer anderen Person eingepasst werden könnte, so wie eine Batterie in eine Taschenlampe oder eine neue Patrone in einen Drucker eingelegt wird. Aber unser inneres Leben ist kein Standardartikel und nicht dafür vorgesehen, auf diese Weise in jedes beliebige äußere Leben zu passen. Der Geist des Schuhflickers braucht den Körper des Schuhflickers. Es ist unwahrscheinlich, dass zwei Menschen mit unterschiedlichen Nerven und unterschiedlichen Sinnesorganen Farben, Töne oder Berührungen gleich wahrnehmen, geschweige denn die gleichen Gefühle dabei empfinden, oder dass ihre Erinnerungen in Bausch und Bogen auf ein anderes Gehirn übertragen werden können. Der Versuch, ihren Körper auszutauschen, ist keineswegs so, als würde man eine neue Druckerpatrone in den Drucker einsetzen. Es ist eher wie der Versuch, das Innere einer Teekanne in das Äußere einer anderen zu stecken. Und das würden wohl nur wenige probieren.

Schiffe und Schiffer; Batterien und Taschenlampen

Es ist sicherlich sehr interessant, dass sich so viele Science-Fiction-Autorinnen und Autoren auf diese seltsame Metaphysik eingelassen haben. Dass sie sich überhaupt mit Metaphysik beschäftigen, ist selbstverständlich nichts Merkwürdiges. Science-Fiction entsteht genauso oft aus metaphysischen Problemen wie aus naturwissenschaftlichen, und gute Science-Fiction kann oft metaphysisch hilfreich sein. Aber der Rückgriff auf diese spezielle Metaphysik gehört offenbar zu einem eher unglücklichen neueren Trend, die Beziehung zwischen unserem inneren und unserem äußeren Leben zu vereinfachen, indem man so tut, als ob es sich um völlig getrennte Dinge handelt. Das hat den unglücklichen Effekt, dass es noch schwieriger wird, sie sinnvoll miteinander zu verbinden – noch schwieriger, uns als Ganzes zu sehen – als es durch Descartes' Trennung von Geist und Körper ohnehin schon geworden ist. Seit seiner Zeit hat sich der Dualismus hartnäckig gehalten, und er ist um einiges kruder geworden.

Interessanterweise hat Descartes selbst die Seele nicht als völlig losgelöst vom Körper dargestellt. Er betrachtete sie zwar als Substanzen unterschiedlicher Art, ordnete sie aber beide fest in das umfassendere System der göttlichen Vorsehung ein. Er dachte, Gott müsse sie aus guten Gründen miteinander verbunden haben, auch wenn diese Gründe sich uns nicht erschließen. Tatsächlich überrascht Descartes seine Leserinnen und Leser, indem er zweimal ausdrücklich sagt, dass die Seele oder das Selbst tatsächlich NICHT ein loser Zusatz zum Körper ist.

Er schreibt:

> … dass ich nicht bloß, wie der Schiffer in dem Schiffe, in meinem Körper gegenwärtig bin, sondern dass ich mit ihm auf das Engste verbunden und gleichsam gemischt bin, sodass ich eine Einheit mit ihm bilde. Denn sonst würde ich, der ich nur ein denkendes Wesen bin, bei Verletzungen meines Körpers keinen Schmerz fühlen … (Descartes, *Untersuchungen über die Grundlagen der Philosophie*, 6. Meditation, S. 104)

Descartes wusste tatsächlich eine ganze Menge über Nerven. Er erkannte, dass die Behandlung der Seele als fremdes, willkürliches Objekt große Schwierigkeiten in Bezug auf Handlung und Wahrnehmung aufwirft, und nahm daher eine zugrunde liegende Verbindung an. Damit stand er im Einklang mit dem christlichen Denken, das auf der Auferstehung des Leibes beharrte. Bei der Auferstehung würde der Leib zusammen mit der Seele wiederhergestellt werden.

Aber leider halten Descartes' gelegentliche Aussagen über diese Verbindung ihn nicht davon ab, ansonsten stets zu behaupten, die Trennung sei absolut. Er identifiziert sein Selbst, sein »Ich« vollständig mit der Seele, dem reinen Bewusstseinsfunken. Vom Körper spricht er als etwas außerhalb davon, als etwas Fremdes, das die Seele entdeckt, wenn sie sich umschaut. (Der Schiffer wacht sozusagen auf und stellt fest, dass er unerklärlicherweise in seinem Schiff eingesperrt ist.) Descartes stellt fest: »Hieraus erhellt, dass deren Naturen nicht bloß verschieden, sondern auch gewissermaßen entgegengesetzt sind« (Ebendort, »Inhaltsübersicht«, S. 15). Sie stehen in keiner erkennbaren Beziehung zueinander. Nur der geheimnisvolle Plan Gottes kann sie zusammenhalten.

Eine so konzipierte Seele ist natürlich gut gerüstet für ein selbstständiges Weiterleben nach dem Tod – etwas, das Descartes beschäftigte. Sie könnte gut reisen. *Aber Unsterblichkeit ist nicht das Erste, was wir bedenken müssen, wenn wir uns einen Begriff von uns selbst machen.* Bevor wir unseren Geist für das Jenseits ausstatten, müssen wir zuallererst eine Vorstellung von ihm haben, die für das Leben taugt, das wir jetzt führen müssen. Indem Descartes unser inneres Leben so dünn und ablösbar gemacht hat, dass es derart selbstständig sein kann, hat er es zugleich der Gefahr ausgesetzt, dass es unnötig erscheinen könnte.

Als mit dem Fortschreiten der Aufklärung Gott allmählich in den Hintergrund rückte, ging der umschließende Bezugsrahmen der Vorsehung verloren. Die Überzeugung von einer Kluft zwischen Seele und Körper blieb jedoch bestehen und verfestigte sich. Der Fortschritt der Physik ließ die Materie zunehmend aus sich selbst heraus verständlich erscheinen. Geist und Körper wirkten tatsächlich eher wie Schiff und Schiffer. Ausgehend von diesem Bild begannen sich die Menschen zu fragen, ob der Schiffer überhaupt noch nötig war. Wenn Wahrnehmung und Handlung physikalische Prozesse waren, die auch ohne ihn ablaufen konnten, hatte er dann überhaupt irgendeine Funktion?

Diese Gedanken führten dazu, dass die behavioristischen Psychologen den Schiffer über Bord warfen und eine rein materielle Welt mit selbstlenkenden Schiffen – unbewohnten Körpern – übrigließen. Aus Descartes' theistischem Dualismus wurde ein materialistischer Monismus. Subjektives Erleben wurde als ineffektiver Zusatz abgetan, als bloßes Nebenprodukt, als irrelevanter Schaum auf der Oberfläche der physikalischen Realität. Aus diesem Grund durften Menschen, die wissenschaftlich wirken wollten, eine Zeit lang weder ihr eigenes inneres Erleben noch das eines anderen erwähnen.

Allerdings lässt sich nur sehr schwer verständlich über das menschliche Leben reden, wenn man seine vordringlichsten Merkmale größtenteils außer Acht lassen muss. Selbst die fügsamsten Akademiker halten sich nicht dauerhaft an dieses Veto. Wie wir gesehen haben, schlugen einige mutige Menschen, die gemerkt hatten, dass sie ein inneres Leben haben, schließlich vor, dass es das Problem des Bewusstseins eben doch gibt. (Offenbar war es nur *ein* Problem …) Und jetzt wollen alle darüber reden. Aber das ist ausgesprochen schwierig.

Noch schwieriger wird es dadurch, dass wissenschaftlich denkende Menschen das »Bewusstseinsproblem« tendenziell als eine Frage betrachten, bei der es darum geht, einen einzigen zusätzlichen Begriff – Bewusstsein – in das bestehende naturwissenschaftliche Muster einzufügen und ihn mit Methoden zu behandeln, die dort bereits als wissenschaftlich anerkannt sind. So heißt es bei den berühmten Tucson-Konferenzen zu diesem Thema, Ziel sei nicht ein Verständnis des Bewusstseins, sondern eine »Wissenschaft vom Bewusstsein«, wobei man vermutlich hofft, dass es sich dabei nur um ein weiteres wissenschaftliches Spezialgebiet handelt, vergleichbar vielleicht mit den Wissenschaften über bestimmte Materialarten.

Dieses Projekt ist ein Versuch, Descartes' hoch abstrakte Seele – seinen reinen Bewusstseinsfunken – wiederzubeleben und sie irgendwie in die Erforschung der physischen Welt einzubinden. Da es bei der Abtrennung dieses Seelenbegriffs in erster Linie darum gegangen war, dass man ihn mit den Methoden, die auf die physische Welt angewandt wurden, nicht zu fassen bekam, kann dies nicht funktionieren. Damit hatte Descartes recht. Notwendig ist jetzt vielmehr, dass wir einen Schritt zurücktreten und den Menschen ganz anders betrachten – nicht als lose Kombinationen zweier inkompatibler Teile, sondern als ein ganzes komplexes Wesen mit vielen Aspekten, über die man auf unterschiedliche Weise nachdenken muss. Geist und Körper sind eher wie Form und Größe als wie Feuer und Eis oder Öl und Wasser. Bewusst zu sein ist nicht, wie Descartes dachte, eine merkwürdige zusätzliche Substanz in der Welt. Es gehört einfach zu den Dingen, die wir so tun.

Um dies zu begreifen, müssen wir zunächst die beiden extremen Abstraktionen aufgeben, die bisher auf beiden Seiten des Grabens geherrscht haben.

Das innere Leben ist weder schlicht noch einsam

Auf der mentalen Ebene müssen wir uns von Descartes' Vorstellung lösen, wonach das innere Leben im Wesentlichen eine einfache Sache ist, eine einheitliche, unveränderliche Entität, ein abstrakter Bewusstseinspunkt. Dies hat er nachdrücklich betont. Im Gegensatz zum Körper, der stets unterteilbar ist, ist der Geist – wie er sagt –

> als unteilbar erkannt … . Denn man kann an keiner Seele einen mittleren Theil sich vorstellen, wie man es selbst von dem kleinsten Körper kann. …
>
> Denn wenn ich hierbei mich als denkendes Wesen betrachte, so kann ich keine Theile in mir erkennen, sondern sehe mich *nur als ein einiges und vollständiges Wesen*; …

> Denn wenn auch alle ihre Accidenzen wechseln, sodass sie Anderes als früher vorstellt, Anderes will und Anderes wahrnimmt, so wird dadurch die Seele doch keine andere. (Descartes, *Untersuchungen über die Grundlagen der Philosophie*, Inhaltsübersicht, S. 15; 6. Meditation, S. 110; Inhaltsübersicht, S. 16)

Diese Geschichte abstrahiert völlig von der inneren Komplexität, den Konflikten und der Veränderung, die ja Hauptelemente allen subjektiven Erlebens sind.

Lockes Erörterung zeigt deutlich, wie irreführend diese Abstraktion ist. Locke lehnt die Idee eines separierbaren Selbst oder einer Seele nicht ab, aber er fragt, wie sie beschaffen sein müsste, wenn es sie gäbe. Die Idee der Reinkarnation faszinierte ihn, denn er hatte (wie es scheint) einen Freund, der behauptete, in einem früheren Leben Sokrates gewesen zu sein. Also fragt er, was wir sagen würden, wenn wir auf einen solchen Fall stießen, in dem das vertraute Ganze anscheinend geteilt ist.

Ist der verwandelte Fürst noch dieselbe Person? Ja, sagt Locke, vorausgesetzt, er behält seine Erinnerungen. Das Wort »Person« ist seiner Meinung nach im Grunde »ein gerichtlicher Ausdruck«[25], bei dem es um Verantwortung geht, und wir sind nur für das verantwortlich, was wir erinnern können. Bei Kontinuität des Gedächtnisses kann man immer noch als »dieselbe Person« bezeichnet werden. Hat man aber jetzt einen anderen Körper, kann man nicht mehr als »derselbe Mensch« bezeichnet werden.

Dieser Vorschlag hat bekanntermaßen zu weiterer Konfusion geführt. Aber Locke hatte sicherlich Recht, dass jede brauchbare Vorstellung von einem Selbst oder einer Person die Vorstellung von etwas Komplexem sein muss, und auch von etwas, das sozial mit der umgebenden Welt verbunden ist. Es muss eine Entität sein, die den gesamten Inhalt eines Lebens, die Fülle eines höchst kontingenten individuellen Erlebens umfasst. Sogar im begrenzten gerichtlichen Kontext erkennt er sofort die Notwendigkeit von Komplexität – wegen ihrer Bedeutung für die Gerechtigkeit. Was (so fragt er) soll

25 *Versuch über den menschlichen Verstand*, 2. Buch, Kapitel 27, Abschnitt 26

geschehen, wenn ein Täter wirklich keine Erinnerungskontinuität hat? In diesem Fall – so sagt er –

> stellt derselbe Mensch unzweifelhaft zu verschiedenen Zeiten verschiedene Personen vor. Man sieht dies im Sinne der Menschen in den feierlichsten Aussprüchen ihrer Meinungen; denn das menschliche Gesetz straft den wahnsinnigen Menschen nicht wegen der Thaten des vernünftigen, noch den letzten für das, was der erste gethan, indem es sie zu zwei Personen macht. Auch die Sprache zeigt dies, wenn man sagt: *Jemand ist nicht er selbst oder; Er ist außer sich.* (Locke, *Versuch über den menschlichen Verstand*, Zweites Buch, Kapitel 27, Abschnitt 20; Hervorhebung durch die Autorin)

Wenn jemand nicht er selbst war, wer war er dann?

Wie es scheint, sind die Menschen also doch keine einfachen Einheiten, sondern hochkomplexe Gebilde, häufig zerrissen von inneren Konflikten. Selbst das Gesetz, das diese Komplikationen normalerweise ignoriert, kann dies nicht immer, und im normalen Leben sind sie von größter Bedeutung. Wir müssen oft nicht nur überlegen, ob der Mann auf der Anklagebank ein und dieselbe Person ist, sondern auch, ob ich selbst ganz und gar dieselbe Person bin. »Bin ich (zum Beispiel) wirklich mit Leib und Seele bei meinem derzeitigen Projekt?« Oder auch: »Wer von uns hier in mir drin sollte jetzt eigentlich die Führung übernehmen?« In unserem Inneren gibt es ebenso Gerichtshöfe wie in der Welt. Ein Freund von mir sagte gern, in ihm tage leider ein Ausschuss. Das Problem sei nicht nur, dass die Mitglieder nicht immer einer Meinung seien, sondern, dass bei Uneinigkeit allzu oft die falsche Person aufstünde und sich trotzdem zu Wort meldete.

Die Wahrheit ist, dass die Einheit eines Menschen nichts Einfaches, nichts Gegebenes ist. Sie ist etwas furchtbar Kompliziertes, ein fortlaufendes Projekt, ein Ziel, für das man ständig kämpfen muss und das man doch nie ganz erreicht. Carl Gustav Jung nannte es »die Integration der Persönlichkeit« (Individuation) und hielt es für unsere zentrale Lebensaufgabe.

Die Wichtigkeit von Konflikt

Platon, der ein Dualist ganz anderer Art war als Descartes, dachte ebenso und räumte solchen Konflikten einen zentralen Platz in seiner Theorie ein. Diese Konflikte finden (so sagt er) in der Seele selbst statt und sind eine Qual für sie. Die Seele ist keineswegs eine Einheit. Sie ist in drei Teile unterteilt – gutes Begehren, schlechtes Begehren und die Vernunft, die der unglückliche Wagenlenker ist, der verzweifelt versucht, dieses gemischte Pferdegespann zu lenken.[26] Dies ist natürlich in erster Linie eine moralische Lehre. Aber sie ist auch integraler Bestandteil von Platons Metaphysik, und ihr psychologischer Scharfsinn wurde weithin anerkannt. Der Unterschied zu Descartes' Konzept zeigt deutlich, *dass es nicht nur eine Möglichkeit gibt, den Menschen zu unterteilen.*

Es gibt nicht *die* einzelne Perforationslinie, die die Seele vom Körper abgrenzt, nicht *den* Fixpunkt, an dem wir ziehen müssen, wenn wir sie voneinander trennen wollen. Darüber kann man ganz unterschiedlich denken – und keine Denkweise ist speziell »wissenschaftlich«. Mit jeder soll die Bedeutung eines bestimmten Aspekts unseres Lebens hervorgehoben werden. Platon beschäftigte sich hauptsächlich mit den emotionalen Konflikten innerhalb des Selbst, insbesondere mit denen rund um Sex. Descartes hingegen beunruhigte vor allem ein intellektueller Konflikt, der zwischen zwei unterschiedlichen Denkstilen entstand. Es überrascht nicht, dass diese unterschiedlichen Neigungen sie zu unterschiedlichen Ansichten darüber führten, was der Mensch wesenhaft ist. Was sie jedoch gemeinsam haben und was wir vielleicht hinterfragen sollten, ist, dass sie beide die Angelegenheit dadurch regeln wollten, dass ein höchster Schiedsrichter gefunden wird – dass ein Teil der Persönlichkeit zum absoluten Herrscher gekrönt und als Vernunft bezeichnet wird.

So wie Hobbes bei seinem Versuch, politische Fehden zu beenden, sein ganzes Vertrauen auf einen einzigen absoluten Souverän

---

26 Siehe Platon, *Phaidros*, Abschnitte 246-257.

setzte, so wollen diese Moralisten, wenn sie über die Fehden in unserem Inneren sprechen, einen inneren Monarchen ernennen, gegen den es keine Berufung gibt. Sie sind nicht bereit, Entscheidungen in die Hände eines Ausschusses zu legen. Das haben viele versucht. Aber es war nie ganz zufriedenstellend. Heute denken wir wahrscheinlich zumeist, dass das Ausschusssystem uns zwar viel Ärger bereitet, aber unter den verfügbaren Alternativen womöglich das geringste Übel ist.

Sobald wir diese innere Komplexität bemerken, erkennen wir, dass sie auch die solipsistische Isolation des einfachen »denkenden Wesens« unmöglich macht. Die innere Komplexität spiegelt eine entsprechende Komplexität in der Welt um uns herum wider und ist mit ihr verbunden. Das geteilte Selbst ist keine unabhängige, von äußeren Einflüssen abgeschirmte Einheit. Größere Muster im Äußeren beeinflussen seine Struktur. Wie Locke erkannte, muss eine Person, die ein Gedächtnis hat, ein aktives soziales Wesen sein, das in der Lage ist, Verantwortung zu übernehmen. Unsere persönliche Identität wird von der uns umgebenden Welt geformt und hängt radikal von den Einstellungen anderer ab.

Als König Lears Töchter beginnen, ihn respektlos zu behandeln, sagt er deshalb zuerst zu Goneril: »Bist du meine Tochter?« und dann,

> Kennt mich hier jemand? Nein, das ist nicht Lear!
> Geht Lear so? Spricht so? Wo sind seine Augen?
> Sein Kopf muss schwach sein oder seine Denkkraft
> Im Todesschlaf. Ha, bin ich wach? Es ist nicht so.
> Wer ists, der mir kann sagen, wer ich bin?
> (*König Lear*, Erster Akt, Vierte Szene, Zeilen 215 und 223-228; Ü: Wolf Graf Baudissin)

Worauf der Narr antwortet: »Lears Schatten.«

An dieser Stelle spricht Lear in gewisser Weise sarkastisch. Aber bald muss er sich mit diesen Fragen im Wortsinn auseinandersetzen. Zentrales Thema des Stückes ist, dass sich seine Identität bisher darum gedreht hat, dass er als König behandelt wird. Er kann sich nicht vorstellen, wie er ohne dies existieren soll. Und auch wenn sein Fall besonders dramatisch ist, diese Aussage über die entscheidende Bedeutung des sozialen Kontextes gilt für uns alle. Die Rolle, die wir im gesellschaftlichen Theater spielen, prägt sehr stark, wer wir sind. Kein menschliches Wesen existiert in der künstlichen Isolation des kartesianischen reinen Denkers. Wenn Lear fragt, wer er ist, würde es ihm nicht helfen, wenn man ihm sagt, er sei ein denkendes Wesen.

Preis und Lohn des Dualismus

Descartes nahm an, dass er von allen sozialen Einflüssen abstrahierte. Er glaubte, er habe sich in eine Welt reinen Intellekts zurückgezogen und *a priori* ein unparteiisches Bild menschlicher Erkenntnis entworfen. Aber selbst die zurückgezogensten Denker nehmen die Prämissen ihrer Überlegungen mit in ihr Refugium. Tatsächlich reagierte Descartes auf bestimmte, sehr konkrete Zwänge seiner Zeit und versuchte, die Zweifel und Auseinandersetzungen zu lösen, die die erbitterten Religionskriege seiner Tage anheizten. Er hoffte, ein Denksystem zu finden, das so universell und überzeugend war, dass es widersprüchliche theologische Ansichten ausgleichen und auch die Physik einbeziehen konnte, die wohl bald mit ihnen konkurrieren würde.

Seinen Dualismus entwickelte er als Möglichkeit, diese neue Wissenschaft in die europäische Kultur einzupassen, ohne ihren christlichen Hintergrund zu beschädigen. Und weil er das System vor allem vereinheitlichen wollte – um Zweifel und Spaltungen innerhalb des Systems zu vermeiden – konzentrierte er sich intensiv auf das Problem der Erkenntnis. Er stellte die These auf – die sich als nicht tragfähig erwiesen hat –, dass wir durch logisches Denken absolute, unfehlbare Gewissheit für unsere Überzeugungen erlangen können. Deshalb erweist sich die von ihm beschriebene Seele im Grunde als Intellekt, als denkendes und erkennendes Subjekt und nicht als handelndes oder fühlendes. Das Zentrum unseres Wesens ist für ihn der innere Wissenschaftler, die innere Wissenschaftlerin.

Eine Zeit lang war diese geniale Aufteilung des intellektuellen Lebens durchaus erfolgreich. Newton war sie recht dienlich. Während eines Großteils des 18. Jahrhunderts gelang es den Wissenschaftlerinnen und Wissenschaftlern, sich innerlich entsprechend den beiden erlaubten Standpunkten aufzuteilen. Bei ihrer Arbeit konnten sie als reine denkende Wesen fungieren – das heißt, im Wesentlichen als Mathematikerinnen und Mathematiker. Sie konnten die Welt um sich herum als abstraktes, bewegliches Muster betrachten, als eine Masse lebloser, träger Teilchen, die von wenigen einfachen Naturkräften unablässig hierhin und dorthin getrieben wurden. Die übrige Zeit konnten sie sich zu ihr ganz normal als vertrautes, reichhaltiges, komplexes Durcheinander voller Lebewesen verhalten, die ihrem Leben gegenseitig Sinn geben. Das Verhältnis der beiden Sphären regelte immer noch ein gütiger Gott.

Doch mit der Zeit und dem technischen Fortschritt gewann die abstraktere, wissenschaftliche Denkweise an Stärke und durchdrang das Leben der Menschen. Unweigerlich kam es zu Konflikten zwischen den beiden Ansätzen. Als die Kluft zwischen ihnen immer größer und beunruhigender wurde, wurde es schwierig, sie als gleichbedeutend zu behandeln – schwierig, nicht zu fragen: »Aber welche Geschichte ist denn nun die wahre? Welche sagt uns, wie die Welt wirklich ist?« Die Menschen fanden, dass diese Frage beantwortet werden musste – dass die eine Welt als echt akzeptiert und die andere zur Illusion degradiert werden musste. Sie waren dieser Meinung, weil es doch anscheinend, wenn beide gleichermaßen real sind, keine nachvollziehbare Möglichkeit gibt, sie miteinander zu verbinden, und die Realität also hoffnungslos gespalten ist. Daher McGinns Sorge über »eine neue Art von Realität«. Daher auch die Frage, die ihn und viele andere Menschen umtreibt:

> Wenn das Gehirn räumlich ist, also ein Klumpen Materie im Raum, und der Geist nicht räumlich ist, wie um alles in der Welt kann dann der Geist aus dem Gehirn entstehen? … Das erscheint wie ein Wunder, ein Bruch in der natürlichen Ordnung.[27]

Oder, wie er es ausdrückt, nachdem er eine lebhafte Science-Fiction-Szene zitiert hat: »Mit dieser Parabel soll deutlich gemacht wer-

27 S. 115 [im englischen Original, d. Ü.].

den, wie überraschend es ist, dass die schwammige graue Masse in unserem Kopf – unser Hirnfleisch – Grundlage und Ursache eines reichen geistigen Lebens sein kann.«[28]

Aber das ist eine außerordentliche Abstraktion von der Realität. Das Gehirn entwickelt Bewusstsein nicht aus sich heraus. Fleisch ist *per definitionem* tot. Bewusste Materiestücke sind nie einfach nur eine Ladung schwammiger grauer Masse, die in einem Labor in einer Schale liegt, als wäre sie Porridge. Es sind lebendige, sich bewegende, gut gesteuerte Tierkörper, die ihren Tätigkeiten in einer Biosphäre nachgehen, an die sie natürlich angepasst sind. Und die Frage lautet schlicht, ob es sinnvoll ist, Bewusstsein als integralen, notwendigen, angemessenen, organischen Bestandteil von Lebewesen in dieser Situation – uns selbst eingeschlossen – zu diagnostizieren oder ob es vernünftiger ist anzunehmen, dass sie tatsächlich alle genauso gut unbewusst sein könnten.

Welche Art von Erklärung?

Wir müssen uns unbedingt vergegenwärtigen, was wir hier versuchen, wenn wir »Bewusstsein erklären« wollen, und zwar so, dass es McGinns metaphysisches Problem löst. Selbstverständlich geht es nicht darum, einfach eine physische Bedingung zu finden, die stets kausal mit Bewusstsein verknüpft ist. Wir wollen diese Verbindung verständlich machen – wir wollen zeigen, dass das eine Element in irgendeiner Weise zum anderen passt.

Wenn man auf diese Art versucht, die Verbindung zwischen zwei Dingen zu finden – zum Beispiel die Verbindung zwischen Wurzeln und Blättern oder zwischen Augen und Füßen – ist es in der Regel nicht der beste Ansatz, beide isoliert voneinander zu betrachten. Vielmehr gilt es, einen Schritt zurückzutreten und den größeren Kontext zu betrachten, in dem sie stehen. Im Falle des Bewusstseins ist dieser Kontext in erster Linie das organische Leben und in zweiter Linie die Kraft der Bewegung.

Jedes Wesen, das lebt und sich bewegt, wie Tiere es tun, muss seine Bewegungen selbstverständlich selbstständig steuern. Und

28 S. 8 [im englischen Original, d. Ü.].

je komplexer das Leben solcher Wesen wird, desto subtiler und vielfältiger muss ihre Fähigkeit sein, auf Veränderungen in ihrem Umfeld zu antworten, damit sie flexibel reagieren können. Diese zunehmende Antwortfähigkeit erfordert eine immer stärkere Fähigkeit zu Wahrnehmung, Denken und Fühlen. Sie erfordert also notwendigerweise Bewusstsein, das kein aufdringlicher übernatürlicher Zusatz ist, sondern eine ebenso natürliche und angemessene Reaktion auf die Herausforderungen, die sich dem aktiven Leben stellen, wie die Fähigkeit zu fliegen oder zu schwimmen. Pflanzen kommen ohne eine solche Fähigkeit aus, Tiere aber nicht, weil sie mit Entscheidungsfragen konfrontiert sind. Wir selbst tun viele Dinge unbewusst – das heißt, ohne darauf zu achten –, aber wenn eine Schwierigkeit auftaucht und eine Entscheidung erforderlich ist, rütteln wir uns wach und werden uns dessen bewusst.

Hier ist kein Wunder am Werk. Der wirklich verblüffende Faktor in dieser Szene wird bei den Diskussionen darüber normalerweise ignoriert, nämlich die Einführung des Lebens an sich. Tatsächlich könnte man versucht sein zu sagen, dass Bewusstsein lediglich der Superlativ des Lebens ist – nur eine weitere Steigerung der erstaunlichen Kraft zu spontaner Entwicklung und Anpassung, die Lebewesen von Steinen unterscheidet. Sobald Leben vorhanden ist, ist der Übergang von inaktiven Lebewesen zu hochorganisierten, sich bewegenden Tieren nur eine weitere Stufe in einem langen, verwirrenden schöpferischen Prozess, der selbst bereits eine Art Wunder ist, allerdings eines, das normalerweise nicht als unerhörte Anomalie behandelt wird.

Diskontinuitäten im Inneren

Kann es sein, dass es hier nicht eigentlich eine beunruhigende Lücke gibt? Und wenn ja, was lässt dann diesen speziellen Übergang so seltsam erscheinen?

Der Eindruck der Seltsamkeit rührt meiner Meinung nach einfach daher, *dass wir unseren Blickwinkel ändern müssen, wenn wir uns damit beschäftigen.* Wenn wir mit einem bewussten Wesen wie einem Menschen konfrontiert sind, treten sofort alle unsere sozialen Fähigkeiten in Aktion. Wir sind sicher, dass es ein inneres

Leben hat. Fragen zu seinen Gedanken und Gefühlen beschäftigen sofort unsere Aufmerksamkeit. Wir setzen einen ganzen Bezugsrahmen sozialer Konzepte ein, einen hochentwickelten Apparat, der nach völlig anderen Prinzipien funktioniert als der, den wir beim Nachdenken über schwammige graue Masse im Labor benutzen würden.

Dieser Methodenwechsel kann große Schwierigkeiten bereiten, vor allem wenn wir, wie so häufig, *beide* Denkweisen anwenden müssen. Probleme macht das zum Beispiel bei psychischen Erkrankungen. Es fällt uns sehr schwer, unsere Gedanken über das innere und äußere Leben von Menschen mit psychischen Störungen – vielleicht auch von uns selbst – miteinander in Einklang zu bringen. Oft stoßen wir auf schmerzhafte Verwirrungen. Aber *der Konflikt in diesen Fällen ist kein kosmischer Konflikt zwischen verschiedenen Formen der Realität. Es ist kein Konflikt zwischen ontologischen Kategorien in der Welt, kein Konflikt zwischen natürlichen und übernatürlichen Entitäten. Es ist ein Konflikt zwischen zwei verschiedenen mentalen Fähigkeiten in uns selbst, zwei verschiedenen Denkweisen, im Verbund mit den verschiedenen emotionalen Einstellungen, die ihnen zugrunde liegen. Er wirft ständig moralische Fragen darüber auf, wie wir uns in der Welt verhalten sollten, Fragen darüber, was in ihr am wichtigsten ist.*

Diese Diskontinuität wirft meiner Meinung nach keine metaphysischen Fragen danach auf, was wirklich ist. Das heißt allerdings nicht, dass es sich um eine triviale Sache handelt – ganz im Gegenteil. Die Schwierigkeit, die verschiedenen Teile unserer Natur so zusammenzubringen, dass sie harmonisch handeln, ist in allen Bereichen unseres Lebens von entscheidender Bedeutung. Wir sind deshalb so hoch bewusst, weil wir komplexe soziale Wesen sind, und das bedeutet, dass unsere Entscheidungen wohl nie einfach werden.

Auch Materie ist nicht einfach

Wie ich bereits angedeutet habe, wird der Eindruck des Grotesken, der sich über die Verknüpfung von Geist und Körper gelegt hat, durch die extreme Abstraktion, der beide Begriffe unterworfen wurden, noch verstärkt. Ich denke, die Parallele zur Apartheid ist hier sehr aufschlussreich. »Schwarz« und »weiß« sind Extreme auf der Farbskala. Wenn es sich überhaupt um Farben handelt, dann sind es Farben, die nie auf einer menschlichen Haut zu sehen sind. Die Verwendung dieses spektakulären Kontrasts zur Kategorisierung der enormen Bandbreite an Menschen in Südafrika oder anderswo zwingt uns eine völlig irrelevante, künstliche Denkweise auf, die jede Wahrnehmung dieser Bevölkerungsgruppen verzerrt und es unmöglich macht, ihre Vielfalt realistisch zu verstehen. In gleicher Weise hat der scharfe Kontrast zwischen extremen Vorstellungen von Geist und Körper unser Denken vernebelt, wenn wir versuchen, über die Komplexität unserer Natur nachzudenken.

Wir haben gesehen, wie sich am geistigen Ende dieser Geist-Körper-Achse die Vorstellung von Seele oder Geist auf einen bloßen Bewusstseinspunkt verengt hat. Aber auch am anderen Ende hat sich die Vorstellung von Materie verengt. Tatsächlich war das Kuddelmuddel bei der Materie wahrscheinlich noch verhängnisvoller als das Kuddelmuddel beim Geist.

Bei einem blind reduktiven Ansatz wird das bewusste Tier, nach dem wir eigentlich fragen sollten, auf ein Gehirn reduziert, und selbst das Gehirn verliert seine Struktur und wird zu einem Standardgemisch chemischer Stoffe – Porridge, schwammige graue Materie als solche. Eine zentrale Doktrin des Dualismus des 17. Jahrhunderts lautete jedoch, dass Materie als solche träge ist und nichts tun kann, da alle Aktivität auf den Geist zurückzuführen ist. Das ist sicherlich die Überzeugung, die Menschen wie McGinn immer noch glauben lässt, es müsse ein Wunder geschehen, wenn etwas Materielles den einfallsreichen Schritt unternimmt, bewusst zu werden.

Diese These von der Trägheit der Masse wird heute nicht mehr oft explizit geäußert, häufig aber impliziert. Peter Atkins brachte sie in seinem Buch *Schöpfung ohne Schöpfer* (1984) deutlich zum Ausdruck mit der verblüffenden Bemerkung: »Unbelebte Dinge sind von Natur aus einfach. Dies ist ein weiterer Schritt auf dem Weg zu der Ansicht, dass belebte Dinge, da sie von Natur aus unbelebt sind, ebenfalls von Natur aus einfach sind.«[29]

---

29 S. 53 [im englischen Original, d. Ü.].

Beseeltes Leben, so Atkins, ist kein ernstzunehmender Faktor in der Welt. Es ist nur ein irreführender Oberflächenschaum, der die große, ultimative Einfachheit verdeckt, welche die Physik offenbart. Leben hat keinen Einfluss auf Bewusstsein, das (so erklärt er) unabhängig davon im Universum auftritt:

> Bewusstsein ist eine Eigenschaft winziger Flecken auf der warmen Oberfläche milder Planeten … Hier und heute (und vermutlich zu anderen Zeiten auch anderswo im Kosmos) verschmelzen die Flecken durch die Entwicklung von Kommunikation zu einem globalen Bewusstseinsfilm, der zu gegebener Zeit wohl die ganze Galaxie durchziehen und darüber hinausgelangen kann … Bewusstsein ist schlicht Komplexität … Der Raum an sich ist seiner selbst bewusst … Bewusstsein ist dreidimensional.[30]

Das ist ein unerhört wirres Gerede. Bewusstsein ist keine Eigenschaft derartiger Flecken, sondern eine Eigenschaft, die (soweit wir wissen) nirgendwo im Universum zu finden ist, außer bei bestimmten ziemlich komplexen Lebewesen – und zwar bei Tieren. Dies ist auch der einzige Kontext, in dem sein Vorhandensein Sinn ergibt.

Diese Art des Versuchs, Bewusstsein als isoliertes Phänomen ohne Erwähnung biologischer Überlegungen respektabel zu machen, indem man es direkt in die Physik einfügt und hauptsächlich als Grundlage für Kybernetik, IT-Revolution und die Kolonisierung des Weltraums behandelt, ist derzeit ziemlich verbreitet. Ähnlich schlug David Chalmers vor, dass wir, um zu vermeiden, dass der Geist auf den Körper reduziert wird, »das Erleben an sich als grundlegenden Bestandteil der Welt betrachten sollten, neben *Masse, Ladung und Raum-Zeit*« (Chalmers, 1995). Diese Aufzählung zeigt seine Überzeugung, dass ein Bestandteil der Physik angehören muss, um als grundlegend zu gelten. Leben nennt er nicht als einen dieser grundlegenden Bestandteile und stellt mit Genugtuung fest, dass – wenn diese Ansicht richtig ist –

30 S. 71, 73, 83 & 85 [im englischen Original, d. Ü.]

> eine Theorie des Bewusstseins in mancher Hinsicht mehr mit einer Theorie in der Physik als mit einer Theorie in der Biologie gemein hat. Biologische Theorien beinhalten keine Prinzipien, die in dieser Weise grundlegend sind. Daher hat die biologische Theorie eine gewisse Komplexität und Unordnung an sich, während Theorien in der Physik, soweit sie sich mit grundlegenden Prinzipien befassen, nach Einfachheit und Eleganz streben.

Bei derartigem Gerede hat der Wunsch, die eigenen Theorien von unschönen Komplikationen freizuhalten, Vorrang vor dem Wunsch, eine brauchbare Erklärung zu finden. Ein solcher Physikneid ist eine weitere Folge des hohen Status, den die moderne Physik im 17. Jahrhundert unglücklicherweise erlangt hat, weil sie vor den anderen Wissenschaften erfunden wurde. Dies verlieh der Newtonschen Sicht der physikalischen Welt absoluten Stellenwert als endgültige Darstellung der Realität, weshalb diese Sicht auch heute noch den Hintergrund vieler Denkweisen bildet. Sicherlich ist sie der Ursprung von Atkins' verblüffender Behauptung, dass alle Dinge in der Welt von Natur aus (was auch immer das heißen mag) einfach sind.

Diese drastische Einfachheitsthese gehörte zentral zur Entschlossenheit des 17. Jahrhunderts, endgültige, verbindliche Antworten auf alle seine Fragen zu erhalten. Die Physikerinnen und Physiker von heute sind eines Besseren belehrt worden; sie gehen nicht mehr von dieser These aus. Wie andere in den Naturwissenschaften auch, suchen sie nach wie vor nach Einfachheit, aber sie wissen, dass sie diese nicht mit Recht erwarten können. Und natürlich haben sie sich von der simplistischen Doktrin der trägen Masse vollkommen verabschiedet. Atome, so fest wie Billardkugeln, sind völlig verschwunden. So betonte Heisenberg schon vor langer Zeit:

> Da Masse und Energie nach der Relativitätstheorie im Wesentlichen das gleiche sind, kann man sagen, dass alle Elementarteilchen aus Energie bestehen. Man kann also die Energie als die Grundsubstanz, als den Grundstoff der Welt betrachten. … In Bezug auf diese Frage aber wendet sich die moderne Physik offensichtlich gegen den Materialismus

> des Demokrit und entscheidet sich für Platon und die Pythagoreer. Die Elementarteilchen sind nicht ewige und unzerstörbare Einheiten der Materie, sie können tatsächlich ineinander umgewandelt werden. (Heisenberg 1977, S. 51-52)

Als die Physik die Vorstellung von festen Teilchen aufgab, verlor das Wort »Materialismus« tatsächlich seine alte Bedeutung. Auch wenn dieses Wort immer noch als Schlachtruf verwendet wird, ist keineswegs klar, welche Bedeutung es heute haben sollte. Dieser Wandel in der Ontologie der Physik ist *ein* wissenschaftlicher Grund, warum heute eindeutig klar ist, dass die Vorstellung von der Materie als einem im Wesentlichen toten – dem bewussten Leben hoffnungslos fremden – Stoff falsch ist. Ein noch offensichtlicherer Grund ist aber natürlich die darwinistische Sicht der Evolution.

Wir wissen heute, dass Materie, der physische Stoff, aus dem unser Planet ursprünglich entstanden ist, sich tatsächlich zu dem System lebendiger Dinge entwickelt hat, das jetzt seine Oberfläche bewohnt, einschließlich uns und vieler anderer bewusster Lebewesen. Wenn wir also immer noch eine Vorstellung von der physischen Materie pflegen, der zufolge sie unfähig erscheint, Bewusstsein hervorzubringen, dann muss diese Vorstellung falsch sein. Wir müssen erkennen, dass das Potenzial für die ganze Fülle des Lebens von Anfang an vorhanden gewesen sein muss – seit dem ersten Ausstoß von Wasserstoffatomen beim Urknall. Das war nicht simpler Stoff, für immer zu unveränderlicher Trägheit verdammt. Er konnte sich auf unzählige subtile Arten und Weisen verbinden und so voll aktive Lebewesen formen. Und wenn er diese verblüffende Leistung vollbringen konnte, warum sollte es dann überraschen, wenn einige dieser Lebewesen anschließend zur nächsten Aktivität übergingen und bewusst wurden?

Distanzierung von der Erde

Viele haben darauf hingewiesen, dass Descartes' Vorstellung von der abgeschiedenen Seele zum Aufstieg des Individualismus beigetragen hat, indem sie uns von unseren Mitmenschen abschnitt. Weniger beachtet wurde meiner Ansicht nach jedoch die Art und Weise, wie sie uns von der lebendigen Welt um uns herum abschneidet. Descartes betrachtete alle nicht-menschlichen Tiere, ebenso wie die Pflanzen, als buchstäblich unbewusste Automaten. Ein Tier, sagte er, *handelt* nicht. Es wird getrieben. Auch der menschliche Körper sei ein Automat. Der einzige Unterschied zur übrigen Maschinerie bestehe darin, dass er von der ihm innewohnenden fremden Seele angetrieben werde. Alle Organismen und der Planet, den sie bewohnten, seien lediglich Anordnungen träger Materie. Das Leben gehöre allein dem Geist. Auch wenn die Ansichten über Bewusstsein seit seiner Zeit etwas flexibler geworden sind, hat sich die allgemeinere Vorstellung, der Rest der Biosphäre sei etwas Fremdes und eindeutig Unterlegenes, nicht halb so sehr verändert, wie es hätte sein sollen.

Diese Idee basiert immer noch auf der alten Vorstellung von der physischen Materie als tot, träge und uns fremd, und es lohnt sich, an dieser Stelle darauf hinzuweisen, woher diese Vorstellung stammt. Auch wenn Descartes sie für seinen Zweck der Isolierung der Physik verwendet hat, ist sie keine von der Wissenschaft geforderte objektive Vorstellung. Sie ist Teil einer Ideologie, die lange vom christlichen Denken gefördert wurde, einer Ideologie, in deren Mittelpunkt Angst und Verachtung vor und für die Erde stehen, die lediglich als das Gegenteil des Himmels betrachtet wird. Die menschliche Seele hat demnach ihre wahre Heimat in einem fernen spirituellen Paradies. Die Erde ist bestenfalls ein Durchgangslager, ein Ort der Prüfung, den sie durchlaufen muss. Alle möglichen Nuancen in unserer Sprache spiegeln dieses Drama noch immer wider. So gibt das *Oxford Dictionary* als Bedeutung von »earthy« an: »schwer, grob, materiell, stumpf, grobschlächtig, unkultiviert … kennzeichnend für das irdische im Gegensatz zum himmlischen Dasein«.[31]

Die vorkopernikanische Kosmologie setzte dieses himmlische Paradies buchstäblich an den Himmel, jenseits der konzentrischen Sphären, die Sonne, Mond, Sterne und Planeten trugen. Die Erde galt lediglich als der tote Punkt in der Mitte des Systems, die Jauchegrube, in die die wertlose Materie, die nicht aufsteigen konnte,

31 Im Deutschen geht zum Beispiel das Wort »erdenschwer« in dieselbe Richtung, Anm. d. Ü.

schließlich abfloss. Diese zentrale Position wurde nicht als Zeichen von Wichtigkeit verstanden, wie es oft heißt, sondern als Zeichen von Wertlosigkeit, als Zeichen der Ferne von den himmlischen Höhen, die alles wirklich Wertvolle enthielten. Im Mittelpunkt der Erde lag schließlich die Hölle.

Aufgrund dieser Verachtung und Angst vor der Erde empfanden die Christen, als Kopernikus unseren Planeten aus seiner zentralen Position verdrängte, nicht die Demütigung, die diesem Schritt oft nachgesagt wird. Natürlich gab es ein Gefühl der Verwirrung und der Unsicherheit. Aber die menschlichen Seelen hatten immer noch ihr himmlisches Bürgerrecht. Ihre Erlösung war immer noch eine wichtige kosmische Angelegenheit.

Anders als man hätte erwarten können, verschwand dieses Gefühl selbstgefälliger Unabhängigkeit von der Erde mit dem Rückgang des Vertrauens auf die christliche Sicht nicht. Die säkularen Menschen des Westens, die sich nicht mehr als dem Gericht unterworfene christliche Seelen betrachteten, erwarteten auch die frühere Aufnahme in den Himmel nicht mehr. Was sie aber auch nicht – wie man hätte vermuten können – zu der Schlussfolgerung brachte, dass sie nur ziemlich begabte irdische Tiere sind. Stattdessen sahen sie sich immer noch so, wie Descartes es vorgeschlagen hatte, als reinen Intellekt – als distanzierte Beobachtende, die über dem Rest der physischen Welt stehen, um sie zu beobachten und zu kontrollieren. Als sie also aufhörten, Gott zu verehren, begannen sie stattdessen, sich selbst gewissermaßen als die höchsten Wesen des Universums zu verehren – als intellektuelle Wunder, deren Hervorbringung der eigentliche Zweck der Evolution gewesen sein muss. Diese recht überraschende Haltung kommt heute im Starken Anthropischen Prinzip und bis zu einem gewissen Grad auch in anderen Manifesten des heute sogenannten menschlichen Exzeptionalismus zum Ausdruck.

Der menschliche Intellekt glänzte nun tatsächlich als etwas Überragendes, das sich abhob vom gesamten tierischen Hintergrund, der zu seiner Erklärung hätte beitragen können, sowie vom Rest der Biosphäre, von der er doch abhing. Der »Geist« erschien tatsächlich wie ein Wunder, ein autarkes Phänomen ohne Kontext. Wie Roy Porter (2003) sagt: »Mit einem einzigen kühnen Schlag hatte

Descartes fast die gesamte Schöpfung – das heißt, alle außer dem menschlichen Geist – der Attribute Leben, Seele und Sinn enterbt, die sie seit den Spekulationen von Pythagoras und Platon, Aristoteles und Galen erfüllt hatten« (S. 65-66). Das physische Universum erschien nicht mehr als eine mächtige lebendige Kreatur, wie Platon es genannt hatte. Es war lediglich ein mehr oder weniger unendlicher Haufen Rohstoffe, die dem Menschen zur Ausbeutung zur Verfügung standen.

Diese Ausbeutung ging dementsprechend während der gesamten industriellen Revolution ungebremst weiter. Die Ressourcen schienen tatsächlich unendlich. Natürlich kommen jetzt allmählich Zweifel daran auf. Aber das Empfinden, dass die Menschen im Grunde unabhängige, mächtige über-terrestrische Wesen sind, ist immer noch außerordentlich stark.

Manche Menschen – in den Vereinigten Staaten anscheinend ziemlich viele – gründen dieses Vertrauen noch immer auf den christlichen Himmel und erwarten, dass sie in Streitwagen dorthin gebracht werden, wenn das Unheil hereinbricht. Andere nutzen den Himmel in anderer Form, indem sie für künftige begehrenswerte Wohnstätten im Weltraum werben statt im klassischen himmlischen Paradies. Und selbst unter Menschen, die sich keinem dieser Szenarien anschließen, sind viele weiterhin zuversichtlich, dass wissenschaftlicher Einfallsreichtum unsere Schwierigkeiten immer irgendwie lösen wird. Die Sicht auf uns als im Grunde unverwundbare, von irdischer Unterstützung unabhängige Geister, als Kolonisten, deren Intellekt sie aus allen Schwierigkeiten herausholt, ganz egal, was schiefgeht, ist immer noch erstaunlich ausgeprägt.

Das Leben und seine Auswirkungen

Diese schmeichelhafte Illusion menschlicher Unabhängigkeit und Autarkie ist sicherlich das wirklich verhängnisvolle Erbe, das vom kartesianischen Dualismus noch übrig ist. Sie ist eng mit der Vorstellung verknüpft, dass physische Materie träge ist. Diese Vorstellung lässt unseren Planeten als bloßes Durcheinander blind wechselwirkender Teilchen erscheinen, die sich ohne Sinn und Ziel zu praktischen Produkten gruppieren, die wir konsumieren können.

Wenn wir zu einer realistischeren Vorstellung von uns selbst gelangen wollen, müssen wir eine realistischere Vorstellung davon haben, was die Erde eigentlich ist – nämlich ein lebendiges, arbeitendes System.

Als James Lovelock diese Sichtweise vor dreißig Jahren erstmals vorschlug und ihr den Namen *Gaia* gab, wurde sie von der orthodoxen Wissenschaft abgelehnt, so wie ein halbes Jahrhundert zuvor die Idee der Kontinentalverschiebung verworfen worden war. Tatsächlich haben diese beiden Ideen viel gemeinsam; beide sind zu groß und zu überraschend, als dass man sie leicht verdauen könnte. Aber seither ist Lovelocks Erzählung im Detail ergänzt worden, und ihre Grundzüge sind nun wissenschaftlich anerkannt.

Heute sind Geowissenschaftlerinnen und Geowissenschaftler sich einig, dass die Anwesenheit von Lebewesen auf der Erde tatsächlich großen Einfluss auf ihr Schicksal hat, ein Einfluss, der bis dahin kaum erkannt war. Organismen passen sich nicht nur an die Bedingungen in ihrem Umfeld an. Sie verändern diese auch, und zwar oft so, dass sie für das Fortbestehen der betreffenden Organismen günstiger werden. Auf der Erdoberfläche haben sie dies offenbar in einem Ausmaß getan, das für ihr Schicksal ausschlaggebend war. Sie haben den Boden, die Temperatur und die Mischung der Gase in der Atmosphäre so reguliert, dass die Bedingungen für das Leben in den dreieinhalb Milliarden Jahren, die es auf dem Planeten existiert, erträglich geblieben sind.

Welchen Unterschied das ausmacht, können wir bei einem Blick auf unsere beiden nächsten Nachbarn im Sonnensystem erkennen. Alle drei Planeten waren sich ursprünglich sehr ähnlich. Die Erde unterscheidet sich deshalb so stark von Mars und Venus, weil ein bestimmter, hier präsenter Faktor den unkontrollierbaren Treibhauseffekt verhindert hat, der auf den anderen Planeten zu extremen Temperaturen sowie atmosphärischen Bedingungen führt, die sie für immer unbewohnbar machen. Irgendein Faktor hat die Bedingungen hier auf einem für das Leben geeigneten Niveau stabilisiert. Und das trotz einiger ziemlich beunruhigender Herausforderungen.

So hält sich die Umgebungstemperatur der Erde seit der Entstehung von Leben in einem recht engen, für das Leben erforderlichen Bereich, obwohl die Sonne heute 30% heißer ist als damals.

Die Wahrscheinlichkeit, dass dies nicht zufällig geschieht, ist unberechenbar groß. Auch die vielen Gase der Atmosphäre halten ihr reichhaltiges und komplexes Gemisch durch einen ständigen Austausch zwischen den verschiedenen Organismen auf einem für die Erhaltung des Lebens geeigneten Niveau, anstatt in den Weltraum auszuströmen, sodass nur ein statischer Rückstand – hauptsächlich Kohlendioxid – verbleibt, wie es auf Mars und Venus der Fall ist.

Beim Nachdenken über diesen seltsamen Kontrast kam Lovelock der Gedanke, dass es sich bei dem geheimnisvollen ausschlaggebenden Faktor um die Anwesenheit von Lebewesen handeln musste. Im Gegensatz zu seinen Nachbarn hatte dieser Planet Organismen hervorgebracht, die auf ihre Umwelt so einwirken konnten, dass ihr eigenes Fortbestehen möglich wurde. Einige Mechanismen, durch die dieser stabilisierende Einfluss wirkt, sind inzwischen bekannt, wenngleich ihre Funktionsweise natürlich noch viel eingehender untersucht werden muss. Diesen Kontrast zwischen den Planeten hatte Lovelock im Sinn, als er sagte, die Erde sei in gewisser Weise ein lebendiger Planet, Mars und Venus hingegen tote Planeten.

An diesem Vorschlag ist nichts Abergläubisches. Lovelock bemerkt dazu:

> Wenn ich von einem lebendigen Planeten spreche, denke ich nicht in animistischer Weise an einen Planeten mit Empfindungsvermögen. … Ich denke mir alles, was die Erde tut, also etwa die Regulierung des Klimas, als automatisch, nicht durch einen Willensakt geschehend, und dies innerhalb der strengen Grenzen der Wissenschaft.[32]

Dass die Idee von der Wissenschaft bestätigt wird, bedeutet allerdings nicht, so betont er, dass sie keine Auswirkungen für unser weiteres Denken hätte:

> Für mich ist Gaia sowohl ein religiöser als auch ein wissenschaftlicher Begriff, und in beiden Sphären ist er anwendbar. … Gott und Gaia, Theologie und Wissenschaft,

32 Lovelock, 1991, S. 131 [im englischen Original, d. Ü.]

sogar Physik und Biologie sind nicht getrennt, sondern ein einziges Denken.[33]

Diese absichtlich verblüffende Bemerkung wirft mehr Fragen auf, als wir jetzt behandeln können. Aber der Punkt, den Lovelock über die Kluft zwischen Physik und Biologie anspricht, ist für unser heutiges Thema von großer Bedeutung. Es gibt nicht nur eine Kluft zwischen diesen Wissenschaften, sondern eine noch viel größere Kluft in unserem allgemeinen Denken.

Das Geheimnis liegt im Inneren

Nach unserer bisherigen Untersuchung stellen sich uns nun wahrscheinlich zwei Fragen. Die eine lautet: »Warum hat sich der untaugliche Geist-Körper-Dualismus, den wir uns angeschaut haben, so lange gehalten?« Die andere lautet: »Warum ist den Wissenschaftlerinnen und Wissenschaftlern, die die Erde erforscht haben, nicht schon früher aufgefallen, dass die Organismen den Planeten kausal beeinflusst haben könnten und umgekehrt der Planet sie? Warum hielten sie es für selbstverständlich, dass das Leben lediglich ein unbedeutendes Nebenprodukt anorganischer Phänomene ist? Warum sprechen Biologen und Geologinnen erst seit einigen Jahrzehnten miteinander über diese Angelegenheiten, als sie sich zu ihrer eigenen Überraschung plötzlich in Fakultäten für Geowissenschaften zusammenfanden?«

Die Antworten auf diese beiden Fragen hängen miteinander zusammen. Die Verzögerung bei beiden Punkten rührt von der Schwierigkeit her, dass wir zwei sehr unterschiedliche Denkweisen – zwei Seiten unserer Persönlichkeit – zwei Aspekte von uns zusammenbringen müssen. Wenn wir es mit Lebewesen zu tun haben, denken wir sozial. Wenn wir es mit lebloser Materie zu tun haben, verwenden wir einen ganz anderen Ansatz. Die jüngere Geschichte unserer Kultur hat uns dazu gebracht, sehr entschieden von allem Sozialen zu abstrahieren und nach Kräften alles zu vermeiden, was die anorganische Welt personifiziert. Diese beiden Ansätze rufen

33 Lovelock, 1988, S. 206, 212 [im englischen Original, d. Ü.].

unterschiedliche Fähigkeiten in uns auf, und die Beziehungen zwischen diesen Fähigkeiten sind keineswegs einfach. Tatsächlich sind sie höchst mysteriös.

McGinn hat völlig Recht, wenn er sagt, dass es auf der Welt echte Mysterien gibt, Dinge, die wir ganz und gar nicht gut zu verstehen vermögen. Zu diesen Mysterien gehören in erster Linie die in Bezug auf die innere Struktur unseres Geistes. Doch wir sind da nicht völlig hilflos. Wir können dieser Struktur einen gewissen Sinn abgewinnen, wenn wir uns sorgfältig mit ihr befassen. Aber wenn wir, anstatt uns mit ihr zu beschäftigen, ihre Konflikte einfach auf die äußere Welt projizieren und sie dort mit metaphysischen Beschwörungsformeln angehen, kommen wir nicht weiter.

Quellen

Atkins, Peter; *The Creation*, W. H. Freeman 1987; dt.: *Schöpfung ohne Schöpfer: was war vor dem Urknall?*, aus dem Englischen von Hainer Kober, Rowohlt 1984.

Chalmers, D. J.; »Facing up to the problem of consciousness«, *Journal of Consciousness Studies* 2 (3) 1995, S. 200–219.

Descartes, René; *Untersuchungen über die Grundlagen der Philosophie*, in *René Descartes' philosophische Werke*. Abteilung 2, Berlin 1870, S. 104. Midgley zitiert aus Descartes, René; *Meditations On The First Philosophy*, ins Englische übersetzt von John Veitch, Everyman's Library, Dent & Dutton 1937.

Heisenberg, Werner; *Physik und Philosophie*, Ullstein 1977. Die Autorin zitiert aus *Physics and Philosophy*, Harper & Row 1962.

Locke, John; *Essay Concerning Human Understanding*, Clarendon Press 1924; dt.: *Versuch über den menschlichen Verstand*, in vier Büchern, Berlin 1872.

Lovelock, James; *The Ages of Gaia*, Oxford University Press 1988; dt.: *Das Gaia-Prinzip: Die Biographie unseres Planeten*, aus dem Englischen von Peter Gillhofer und Barbara Müller, Artemis und Winkler 1991.

Lovelock, James; *Gaia: The Practical Science of Planetary Medicine*, Gaia Books Ltd. 1991; dt.: *GAIA, die Erde ist ein Lebewesen: Was wir heute über Anatomie und Physiologie des Organismus Erde wissen und wie wir ihn vor der Gefährdung durch den Menschen bewahren können*, (keine Angaben zur Übersetzung) Scherz 1992.

McGinn, Colin; *The Mysterious Flame. Conscious Minds in a Material World*, Basic Books 1999; dt.: *Wie kommt der Geist in die Materie? Das Rätsel des Bewusstseins*, aus dem Englischen von Susanne Kuhlmann-Krieg, C. H. Beck 2001.

Porter, Roy; *Flesh in the Age of Reason*, Penguin 2003.

Alan Torrance

Theismus, Naturalismus & Kognitionswissenschaften

Kann die akademische Welt sich selbst verstehen? [34]

Einführung

Hinweise auf die Herausforderungen, die die naturalistischen Thesen, wie sie für einen Großteil der heutigen Naturwissenschaften charakteristisch sind, für den christlichen Theismus darstellen, sind allgemein bekannt. Weniger bekannt ist, in welchem Ausmaß der Naturalismus die grundlegenden Thesen bedroht, die für die heutige akademische Welt maßgebend sind, sowie darüber hinaus seine Unvereinbarkeit mit den Angliederungen weiter Teile der Geisteswissenschaften. Im Mittelpunkt der sich daraus ergebenden Dilemmata steht die Frage, wie wir bestimmte Voraussetzungen in den Naturwissenschaften mit umfassenderen Voraussetzungen in Bezug auf Fragen des Menschseins in Einklang bringen können. Schon die Existenz der akademischen Welt setzt voraus, dass wir im Grunde verantwortungsbewusste Wesen sind und einen frei denkenden Intellekt besitzen, der sich mit der Wahrheit befassen kann.

Eine Betrachtung von Entwicklungen in den Neurowissenschaften kann dienlich sein, um genau zu erkennen, wo der Schwerpunkt dieser Herausforderungen zu finden ist. Sie kann auch dazu dienen, die Verwirrungen zu klären, die bestimmten Versuchen, theistische

34 Dieser Aufsatz wiederholt und integriert Material, das in drei anderen Aufsätzen enthalten ist, die zur Veröffentlichung in drei anderen Zusammenhängen vorbereitet werden, insbesondere in zwei Bänden, die derzeit von Professor Malcolm Jeeves herausgegeben werden, dem ich für seine Beratung und Ermutigung auf diesem Gebiet zu großem Dank verpflichtet bin.

Ansätze innerhalb der akademischen Welt zu verwerfen, inhärent sind.

Es ist nicht übertrieben zu behaupten, dass sich die moderne Universität in einer Krise befindet. Die heutige akademische Welt scheint von zwei miteinander unvereinbaren Ansätzen bestimmt, ja sogar getrieben zu sein. Auf der einen Seite haben wir den »Naturalismus«, der in den Naturwissenschaften vorherrschend ist. Auf der anderen Seite haben wir eine völlig andere Philosophie, die weite Teile der Geisteswissenschaften untermauert und stützt, nämlich den von Alvin Plantinga so bezeichneten »aufgeklärten Humanismus« oder »schöpferischen Antirealismus«. Wir könnten auch von »sozialem Konstruktionismus« sprechen. Diese Philosophien-Familie ist in den Geisteswissenschaften fast so einflussreich wie der Naturalismus in den Naturwissenschaften. Sie findet sich in Geschichte, Literaturwissenschaft, Filmwissenschaft, kontinentaler Philosophie, Gender Studies, Religionswissenschaft und verschiedenen anderen Fachbereichen innerhalb der »Sozialwissenschaften«. Leider ist sie, wie die meisten dysfunktionalen Angliederungen, auch in vielen theologischen Fakultäten munter verbreitet!

Plantingas Exposé des Naturalismus

Der Philosoph, der das Spannungsverhältnis zwischen diesen beiden Aspekten am wirkungsvollsten erforscht hat, ist Alvin Plantinga, und auf seine Schriften werde ich mich im Rahmen dieser Erörterung weitgehend stützen. Was genau ist mit »Naturalismus« gemeint? Roger Trigg (2001) definiert ihn als die Ansicht, dass »die Realität den Naturwissenschaften (zumindest im Prinzip) vollständig zugänglich ist. Nichts … kann außerhalb ihres Geltungsbereichs existieren.« (S. 149) Für Plantinga (1989) ist der »ewige Naturalismus«, wie er ihn nennt, die Ansicht, dass »es keinen Gott gibt und wir Menschen unbedeutende Teile einer riesigen kosmischen Maschine sind, die in majestätischer Gleichgültigkeit gegenüber uns, unseren Hoffnungen und Bestrebungen, unseren Bedürfnissen und Wünschen, unserem Sinn für Gerechtigkeit oder Angemessenheit weiterläuft« (S. 9-10) – der blinde Uhrmacher. Dieser Ansatz ist nicht neu, wie er betont. Es gibt ihn bereits bei Lukrez; explizit wurde er aber erst in vielen Teilen der modernen Philosophie (Dewey, Quine, Davidson u.a.) und in den Biowissenschaften; in Anthropologie, Soziobiologie und den Kognitionswissenschaften ist er zur »gegebenen« Forschungsthese geworden. Richard Dawkins und Daniel Dennett sind zwei bekanntere Verfechter. Plantinga zufolge führt sie dazu, dass Reichtum und Vielfalt der Wirklichkeit auf eine einzige Deutungsebene reduziert werden. Dadurch wird die akademische Welt unempfänglich für Vorstellungen von einer objektiven Wertesphäre[35] oder von Rechten oder von Menschenwürde – und letztlich auch für Tugenden wie Wahrhaftigkeit oder akademische Integrität (vgl. Plantinga 1989).

Wichtiger für unsere Zwecke hier ist jedoch, dass sie höchst problematische Fragen hinsichtlich des Stellenwerts der Wahrheit innerhalb einer Universität aufwirft – nicht zuletzt im Hinblick auf den Status wissenschaftlicher Wahrheitsansprüche. Hierfür gibt es mindestens zwei Gründe. Erstens hat die Wahrheit, soweit sie etwas beinhaltet, was man als Rechenschaftspflicht gegenüber der Wirklichkeit bezeichnen könnte, in der Art von Universum, die Naturalisten sich vorstellen oder die sie annehmen, nur *insoweit* einen Platz, als sie eine evolutionäre Funktion hat – das heißt, insoweit sie Teil des Überlebensstrebens der Spezies ist. Einer Wahrheit oder gar Wahrhaftigkeit *um ihrer selbst willen* kann der Naturalismus

---

35 Plantinga (2000) bespricht Herbert Simons (1990) Analyse des Altruismus. Zu den Rätseln, die Simon (führender Kognitionswissenschaftler, Experte für Kybernetik und Träger des Nobelpreises für Wirtschaftswissenschaften) zu lösen versuchte, gehört die Frage, warum sich bestimmte Menschen nicht so verhalten, wie es die Evolutionstheorie vorschreiben würde, nämlich im Sinne der effektiven Verbreitung ihrer Gene. Wie erklären wir uns zum Beispiel die Mutter Theresas dieser Welt? Seine Antwort beruht auf zwei Prinzipien, nämlich (a) Fügsamkeit – manche Menschen sind fügsam und tun tendenziell, wozu sie ermutigt werden (das heißt, sie tun, was ihr Umfeld ihnen sagt, ohne es angemessen zu hinterfragen!); und (b) begrenzte Rationalität, nämlich, wie Plantinga erklärt, »Dummheit«! (S. 214, Fn 21) Im Sinne seiner naturalistischen Darstellung sind moralisch tugendhafte oder sich selbst verleugnende Menschen wie Mutter Theresa also eine unglückliche Laune des Schicksals. Glücklicherweise werden ihre unzureichend entwickelten und sich entwickelnden Gene durch den Evolutionsprozess verworfen und die für ihren Altruismus konstitutive Leichtgläubigkeit und Dummheit aus dem Genpool entfernt!

keinen Platz einräumen. Die Annahme, jemand interessiere sich für oder bemühe sich um Wahrheit *an sich*, würde auf ein Wertesystem jenseits von Nutzen oder Eignung verweisen, für das der Naturalismus als Weltanschauung keinen Platz lässt. Zweitens hat der Naturalismus Schwierigkeiten, die Zuverlässigkeit unserer kognitiven Fähigkeiten zu erklären, wenn diese versuchen, Behauptungen auf metaphysischer oder philosophischer Ebene aufzustellen – und damit auch die Behauptungen, die der Naturalismus selbst aufstellt. Der evolutionäre Naturalismus erkennt ein alles steuerndes Leitprinzip an, nämlich dass die Entwicklung aller unserer Vermögen und Fähigkeiten durch Anpassung um des Erfolgs oder der Ertüchtigung willen angetrieben wird. Das bedeutet, dass sich unsere intellektuellen Fähigkeiten nur dann so entwickeln, dass sie »nach der Wahrheit streben«, wenn und soweit dieses »Wahrheitsstreben« für die Verbreitung der eigenen Gene unerlässlich ist. Patricia Churchland hat dies und die sich daraus ergebenden Konsequenzen treffend formuliert. Sie argumentiert, das Wichtigste, was wir erkennen müssen, um das menschliche Gehirn zu verstehen, sei die Tatsache, dass es sich entwickelt hat. Sie meint:

> Auf das Wesentliche reduziert, ermöglicht ein Nervensystem dem Organismus Erfolge bei den vier F's: Fressen, Fliehen, Fighten und Reproduktion. Die Hauptaufgabe des Nervensystems besteht darin, die Körperteile dorthin zu bringen, wo sie sein sollen, damit der Organismus überleben kann … Verbesserungen in der sensomotorischen Kontrolle bringen einen evolutionären Vorteil: Ein schickerer Darstellungsstil ist vorteilhaft, *solange er auf die Lebensweise des Organismus abgestimmt ist und die Überlebenschancen des Organismus erhöht* [Hervorhebung von Churchland].

Dann fügt sie bezeichnenderweise hinzu: »Die Wahrheit, was auch immer das sei, hat definitiv das Nachsehen.« (Churchland, 1987, S. 548.)

Anschaulich wird das Problem, wenn Naturalisten wie Dawkins Wahrheitsansprüche metaphysischer Art erheben. Trotz seiner

Verachtung für die Theologie hat Dawkins keinerlei Skrupel, darüber zu spekulieren, was Gott tun würde oder nicht, wenn es ihn denn gäbe, und er hat erst recht keine Skrupel, absolute metaphysische Behauptungen über die Existenz (das heißt Nichtexistenz) Gottes aufzustellen. (Siehe Poole, 1994, 1995; Dawkins, 1995.) Dies wirft die Frage auf, ob diese Behauptungen (und die Annahme, dass sie »nach Wahrheit streben«) nicht evolutionär durch ihren Beitrag (oder den ihrer Gründe) zur Anpassungsfähigkeit des Menschen gerechtfertigt werden müssen. Wenn sie unter Rückgriff auf das für Entstehung und Entwicklung des Menschen maßgebliche übergreifende Kriterium gerechtfertigt werden können (also mit ihrem Beitrag zur menschlichen Anpassungsfähigkeit), stellt sich die weitere Frage, ob diese Behauptungen auch als wahr und nicht nur als vorteilhaft oder nützlich zu betrachten sind?[36] Könnte es nicht sein, dass eine angemessene evolutionäre Anpassung eine Neigung zu radikalem Selbstbetrug auf bestimmten Gebieten mit sich bringt?

Mit welcher Begründung könnten Dawkins oder Dennett behaupten, dass ihre eigenen naturalistischen Behauptungen nicht als ungerechtfertigte Projektionen sozialer Mechanismen zu verstehen sind, die von wenig mehr zeugen als von einem *un*glaubwürdigen psychischen Wunsch, eine empirische oder reduktionistische Darstellung der Wirklichkeit zu bieten – wenngleich eine, die der Verbreitung der eigenen Gene dient? Wenn ein zu starker oder zu schwacher Glaube an einen (auf die eine oder andere Art definierten) Gott Auswirkungen auf die Verbreitung unserer Gene hat, dann ist die Annahme gerechtfertigt, dass die Menschheit letztlich feststellen wird, dass sie genetisch so programmiert ist, dass sie entweder an einen solchen Gott glaubt oder nicht. Ob die Behauptung wahr oder falsch ist, muss sicherlich als Irrelevanz betrachtet werden, da diese Frage ohne jegliche eindeutige, anpassungsrelevante Berechtigung auf dem Glauben an eine extrinsische Philosophie von Wahrheit und Moral aufbaut. Ironischerweise muss sogar die Beurteilung, ob es sich um eine Irrelevanz handelt oder nicht,

36 Vgl. Alvin Plantingas evolutionäres Argument gegen den Naturalismus in *Warrant and Proper Function* (1993), Kapitel 12, insbesondere S. 228-237.

von unserer programmierten Ausrichtung bestimmt werden, das zu sagen oder zu entdecken oder wahrzunehmen, was am ehesten, entweder auf direktem oder indirektem Weg, die »Anpassungsfähigkeit« fördert.

Kurzum, evolutionäre Naturalisten müssen die Möglichkeit eines naturalistischen Mechanismus anerkennen, der sie dazu bringt, sich ethischen oder religiösen Beschränkungen zu widersetzen, die die Verbreitung unserer Gene einschränken könnten. Ein solcher Mechanismus könnte die Form eines Wunsches annehmen, die Existenz einer höheren Autorität abzulehnen, die persönliche Werte und Verpflichtungen aufrechterhält, welche möglicherweise sexuelle Zurückhaltung begünstigen. Wenn dem so ist, könnte Dawkins' Theorie durchaus belegen, dass er sich tatsächlich so weit entwickelt hat, dass er genetisch darauf programmiert ist, die Existenz Gottes abzulehnen. Alle, die die Existenz Gottes nicht ablehnen, sind natürlich nicht vollständig entwickelt, und ihre Gene werden aussortiert – und damit natürlich auch die Fähigkeit, sich objektiv mit den relevanten Wahrheitsfragen auseinanderzusetzen!

All dies wirft die Frage auf, ob es dem Naturalismus jemals gelingen könnte, eine Berechtigung für die Existenz der akademischen Welt zu liefern, oder setzt deren Existenz nicht vielmehr eben die Art von moralischem Universum voraus, das der Naturalismus ausschließt? Gibt es eine Berechtigung für die Existenz der akademischen Welt ohne das Konzept der Wahrheit und der Wahrheitsbekundung auf der einen Seite und ohne die Anerkennung der inhärenten Intelligibilität der natürlichen Ordnung auf der anderen Seite? Es ist durchaus nicht klar, ob der Naturalismus auch nur eines von beiden bieten kann.

Sozialkonstruktionistische Ansätze

Nun jedoch müssen wir uns der anderen philosophischen Richtung zuwenden, die die Universität prägt. Während der »Naturalismus« in den Naturwissenschaften (zu denen auch die Kognitionswissenschaften gehören) sehr einflussreich ist und die Rolle der menschlichen Kreativität und des freien Handelns offenbar herunterspielt, kommt die zweite Art des Denkens über die Welt und unsere Rolle darin in den Naturwissenschaften nicht vor – ist aber in den Geistes- und Sozialwissenschaften sehr einflussreich.[37] Es handelt sich um die Denkungsart, die Plantinga als »aufgeklärten Humanismus« oder »schöpferischen Antirealismus« bezeichnet. Auch jene Hochzeit von Kant und Wittgenstein, die zu den »sozialkonstruktionistischen« Ansätzen geführt hat, gehört zu dieser philosophischen Gattung. Der auf Immanuel Kant zurückgehende »schöpferische Antirealismus« (der Vater der sogenannten Postmoderne) geht davon aus, dass wir Menschen grundsätzlich für die Erschaffung von Struktur und Natur der Welt verantwortlich sind – letztlich sind wir die Architekten jeder scheinbaren Rationalität im Universum (Plantinga 1989, S. 14). Für Immanuel Kant blieb natürlich das »Ding an sich« bestehen, das über die menschliche Konstruktion gemäß den Gesetzen und Prinzipien des Denkens und Verstehens hinausgeht. Bezeichnenderweise – und tatsächlich im Einklang mit der Stoßrichtung dieses Ansatzes – wurde dieses Konzept von den Marburger Neukantianern (Cohen, Natorp et al.) fallen gelassen. Für sie muss das »Ding an sich« selbst als ein Merkmal der subjektiven Welt gedeutet werden, nämlich als das Konzept einer Grenze für unsere Realitätskonstruktion. Jede derartige Vorstellung kann und muss mit den Gesetzen des Denkens und der Vernunft angemessen erklärt werden. Daraus ergibt sich eine Art radikaler Subjektivismus – allerdings keiner, der besagen würde, dass dieses »schöpferische Tun« frei oder beliebig ist. Die Konstruktion von Objekten (Objektivierung) erfolgt in Übereinstimmung mit universellen Gesetzen des Denkens. Die sogenannte Postmoderne geht noch weiter und stellt die Notwendigkeit der Annahme einer solchen Universalität infrage. Dadurch entsteht die

---

37 Vgl. den spektakulären Streich von Alan Sokal, Physikprofessor in New York, in *Social Text* (einer führenden amerikanischen kulturwissenschaftlichen Fachzeitschrift) in Form seiner parodistischen, sozialkonstruktivistischen Kritik an der wissenschaftlichen Methode mit dem Titel »Transgressing the Boundaries: Toward a Transformative Hermeneutics of Quantum Gravity«, *Social Text* 46/47 Frühjahr/Sommer 1996, S. 217-252. In »A Physicist Experiments with Cultural Studies« in *Lingua Franca*, Mai/Juni 1996, S. 62-64, legte Sokal seine Parodie offen. Siehe auch seine Erklärung, warum er die Parodie schrieb, in *Dissent* 43 (4), S. 93-99 (Herbst 1996) und *Philosophy and Literature* 20 (2), S. 338-346 (Oktober 1996).

antirealistische Stimmung, die heute so vieles in den Geisteswissenschaften kennzeichnet.

Welche Auswirkungen hat diese Position nun auf den Wahrheitsbegriff? Für Richard Rorty scheint Wahrheit nichts anderes zu bedeuten als das, »womit wir bei unseren Kollegen durchkommen« (Rorty 1979, S. 176). Für Don Cupitt ist sie »der Stand der Dinge«. Kurz gesagt, »wenn jeder x glaubt, ist x wahr«. Für den Sozialkonstruktionismus oder den schöpferischen Antirealismus gibt es keine objektiven »Tatsachen«, sondern lediglich eine Fülle von Möglichkeiten, wie Gemeinschaften die Welt mithilfe sozial begründeter Konzepte und projizierter »Bedeutungen« einteilen und konstruieren. Die relevanten menschlichen Denkgewohnheiten konstituieren eine Welt, die nicht nur untrennbar mit diesen konstruktiven Prozessen verbunden, sondern mit ihnen identisch ist.

Worin liegt also die Krise? Sie liegt darin, dass die heutige akademische Welt als aus zwei sehr einflussreichen, aber radikal unvereinbaren Ideologien oder intellektuellen Bindungen bestehend betrachtet werden kann. Die Annahmen, von denen so vieles ausgeht, was in den Geisteswissenschaften geschieht, stehen in irreduziblem und unauflöslichem Konflikt mit dem, was in den Naturwissenschaften stattfindet. Beide Bereiche werden von der modernen »Universitas« getragen! Es ist bei Weitem nicht erkennbar, dass eine von beiden in der Lage wäre, eine in sich konsistente Darstellung der Natur des Geistes oder der Funktion der Wahrheit innerhalb des akademischen Betriebs zu bieten. Vielmehr ist es nachweislich so, dass keine von beiden eine Darstellung zu liefern vermag, die mit der anderen konsistent wäre! Ironischerweise ist jedoch die am weitesten verbreitete ideologische Bindung beider Gruppen offenbar der gemeinsame Widerstand gegen theistische Ansätze in der Wissenschaft.

Die Ironie liegt dabei darin, dass der Theismus eine schlüssige und kohärente Erklärung für diese Dinge liefern kann und folglich eine ganzheitliche Rechtfertigung für die Existenz der *Universitas* bietet. Theisten glauben an die Wahrheit, daran, dass es eine »Tatsache« gibt, die nicht vom subjektiven Zustand ihres Denkens und Empfindens abhängt. Ferner glauben sie, dass es eine grundlegende Bestimmung und Funktion des Menschen ist, den Zugang zu ihr zu suchen und ihr in seinem Leben zu entsprechen. Außerdem haben sie Gründe, die Verständlichkeit der kontingenten Ordnung zu bejahen. Sie glauben an eine Sphäre der Werte, zu der auch die »Wahrheit« gehört. Sie glauben, dass es Formen des Tuns gibt, die an sich falsch sind, wie zum Beispiel Lügen oder das Fälschen akademischer Ergebnisse, unabhängig davon, ob die Kollegen über die Möglichkeit verfügen, dies zu entdecken oder nicht. Darüber hinaus können sie erklären, warum es etwas und nicht nichts gibt – eine Frage, die Dennett und Dawkins nicht einmal ansatzweise erklären können und die sicherlich die Behauptung von Dawkins infrage stellt, wonach man dank Darwin ein intellektuell erfüllter Atheist sein könne.

Kurzum, auch wenn der Theismus in Teilen der heutigen Universität ein wenig aus der Mode gekommen ist, arbeiten Theisten mit einer epistemischen Basis, die ein vergleichsweise spektakuläres Maß an Erklärungskraft und innerer Kohärenz besitzt! Insgesamt ist es eine Ironie des Schicksals, dass Naturalisten und Nichtrealisten zwar allzu oft behaupten, Theisten seien gezwungen, ihre Existenz in der modernen akademischen Welt zu rechtfertigen, dass aber einzig der Theismus eine ganzheitliche Darstellung anbieten kann, die Wesen, Zweck und Funktion der akademischen Welt sowie ihre grundlegenden Überzeugungen und Verpflichtungen verständlich macht. Kurz gesagt, der Theismus bekräftigt die fundamentalen Grundsätze, ohne die ein Einsatz für den akademischen Betrieb nicht aufrechterhalten werden kann: die Verständlichkeit des Universums, die heuristische Fähigkeit des Verstandes, dieses zu erschließen, die Würde des Menschen (und die damit verbundenen Werte der akademischen Welt), die Freiheit des Intellekts und die Angemessenheit des Strebens nach Wahrheit um ihrer selbst willen!

Die Kognitionswissenschaften und die Notwendigkeit, die Spaltung zu überbrücken?

Zu den offensichtlichen Schwächen des Theismus gehörte in der Vergangenheit seine Tendenz, eine Art Dualismus anzunehmen, der unter anderem den tiefgreifenden Erklärungserfolg von so vielem, was in den Naturwissenschaften – wozu auch die Neurowissenschaften gehören – geschieht, nicht zu berücksichtigen vermag. Ich möchte nun der Frage nachgehen, ob es möglich ist, sich der Natur des Geistes im Zusammenspiel mit den Neurowissenschaften so zu nähern, dass sich Denkweisen über den Menschen eröffnen, die die reduktionistischen Tendenzen des Naturalismus überwinden und es uns ermöglichen, die grundlegenden Ideale zu bestätigen, die von den Geisteswissenschaften vorausgesetzt werden. Der Naturalismus bevorzugt tendenziell materialistische oder physikalistische Darstellungen des Menschen. Die Anziehungskraft solcher Ansätze wurde durch die tiefgreifenden Probleme verstärkt, die mit dualistischen Darstellungen in der kartesianischen Tradition verbunden sind, auf die sich Theisten so häufig berufen.

Die Gefahr naturalistischer Erklärungen besteht darin, dass sie riskieren, die gesamte Sphäre menschlichen Denkens und Bewusstseins (und damit die Gesamtheit unseres Denkens, auch über Wahrheit, Schönheit und Moral) auf eine Reihe von Epiphänomenen zu reduzieren, die ausschließlich durch neuro-mechanische Prozesse erklärbar sind. Das bedeutet, dass wir zwar davon ausgehen, dass unser Denken über solche Dinge ein gewisses Maß an Autonomie besitzt und unter anderem in der Lage ist, konzeptuellen Pfaden zu folgen, dass aber all diese mentalen Ereignisse in elektrochemischer Hinsicht als komplexe kausale Abfolge von synaptischen Zündungen und Ähnlichem aufgefasst werden müssen. In Anbetracht dessen, dass diese Ereignisse mit radikal physikalischen und anscheinend unpersönlichen Begriffen erklärt werden, ist schwer erkennbar, wie der Weg des begrifflichen Denkens mit einer Reihe von physikalischen kausalen Interaktionen zwischen elektrochemischen Gehirnzuständen gleichgesetzt werden könnte.

Warum physikalistische Erklärungen des Geistes unweigerlich reduktionistisch sind: Jaegwon Kims Ablehnung eines »nicht-reduktiven Physikalismus«

Angesichts der Probleme, die mit dem Dualismus und seinem offenbaren Unvermögen verbunden sind, die Körperlichkeit unserer zerebralen Operationen ausreichend zu berücksichtigen, vertreten eine Reihe von Denkerinnen und Denkern (auch aus der theistischen Philosophie) seit einigen Jahren eine Position, die als »nicht-reduktiver Physikalismus« bezeichnet wird. Damit hofft man, die Subjektivität des Menschen zu erhalten und gleichzeitig eine reduktionistische Agenda zu vermeiden. Dies, so könnte man vorbringen, ist notwendig, um den Sinn der Freiheit und jener weiteren Facetten menschlicher Subjektivität zu verstehen, die von der Art »distanzierter Objektivität« und Wahrheitssuche, wie sie der akademische Betrieb voraussetzt, vermutet werden.

Der »nicht-reduktive Physikalismus« vertritt zwei Thesen gleichzeitig. Einerseits behauptet er, dass Gedanken, Absichten, Ängste und so weiter nicht auf physische Eigenschaften reduziert werden können – Überlegungen, ob Arsenal die englische Liga wohl gewinnt, lassen sich nicht auf eine physische Eigenschaft reduzieren. Dieses »neuronale Feuern hat folgende physische Eigenschaften … darunter auch die, dass es ein Gedanke darüber ist, ob Arsenal die Liga wohl gewinnt«. Andererseits wird jedoch behauptet, dass alle Kausalität nichtsdestotrotz physisch ist – zwischen rein physischen Entitäten stattfindet.[38] Der Reiz einer solchen Sichtweise besteht darin, dass sie die Stärken beider Positionen zu vereinen scheint. Diese Position wurde von Jaegwon Kim heftig angegriffen. In seinem Buch *Supervenience and the Mind* (1993) argumentiert er, man könne nur entweder einen physikalistischen oder einen nicht-reduktivistischen Ansatz vertreten, aber nicht beide (S. 351-352). Dies erklärt er mit Bezug auf das folgende einfache Diagramm:

---

38 Dieser Abschnitt stützt sich weitgehend auf Teed Rockwells besonders erkenntnisreiche Analyse und Zusammenfassung von Kims Position in seinem Artikel »Non-reductive Physicalism« im *Online Dictionary of the Philosophy of Mind*, hrsg. von Chris Eliasmith (kein Datum).

M verursacht M*
P versursacht P*

Im Mittelpunkt seiner Argumentation steht die Vermutung, dass ein mentales Ereignis (M) ein zweites mentales Ereignis (M*) verursacht. Das erste mentale Ereignis könnte ein Gedanke folgender Art sein: »Weil ich dieses Wochenende nach Dublin gefahren bin, konnten meine Söhne nicht in Glenshee Skifahren gehen.« Das zweite mentale Ereignis (M*) ist ein Gedanke, der unmittelbar durch das erste Ereignis ausgelöst wurde, zum Beispiel: »Ich werde nächstes Wochenende mit den Kindern zum Skifahren nach Glenshee fahren.« Der zweite Gedanke resultiert aus dem ersten. Der erste Gedanke hat den zweiten hervorgebracht, das heißt, er hat ihn *verursacht.*

Als nicht-reduktiver Physikalist müssen Sie das mentale Ereignis oder den »Gedanken M« als »physisch realisiert« in Form eines physischen Gehirnzustands »P« betrachten. Physikalisten müssen dann »P« als Ursache des Gehirnzustands »P*« interpretieren, das heißt als die physische Realisierung des mentalen Ereignisses »M*«. Kim zeigt nun offenbar schlüssig, dass »M verursacht M*« in diesem Fall überflüssig ist – es trägt überhaupt nichts zur Erklärung bei! Und warum? Weil P P* ganz von selbst verursachen kann, was M völlig überflüssig macht. Hilfe von M ist überhaupt nicht erforderlich. Außerdem ist sie gar nicht möglich. M kann M* nicht verursachen, ohne dass P P* verursacht. Einfach ausgedrückt: Bei allen physikalistischen Erklärungen gibt es einzig die physikalische Kausalität, und »mentale Beschreibungen sind«, wie Rockwell es ausdrückt, »irgendwo zwischen Oberflächlichkeit und blanker Lüge anzusiedeln«.

Damit gerät der sogenannte nicht-reduktive Physikalist in die Zwickmühle. Die Behauptung, dass ein Gedanke einen anderen verursacht oder aktiv zu einem anderen führt, ist nicht-reduktiv, aber eindeutig nicht physikalistisch. Die Behauptung, dass alle Kausalität physikalisch ist, ist sicherlich physikalistisch, aber sie ist auch inhärent reduktiv. Eine Position wie den »nicht-reduktiven Physikalismus« gibt es einfach nicht. Man kann nicht auf zwei Hochzeiten tanzen!

Probleme mit »Huckepack-Ansätzen« bei Verbindungen zwischen mentalen Ereignissen

Kims Argument gegen den nicht-reduktiven Physikalismus ist schwer zu widerlegen. Es dient auch dazu, uns darauf hinzuweisen, wo die wirklich substanziellen Fragen liegen. Wie wir sehen werden, betreffen diese die Frage, wie wir die Natur physikalischer oder kausaler Erklärungen *per se* verstehen.

Wenn wir dies bedenken, entdecken wir die Probleme mit Kims alternativer physikalistischer Position. Kim vertritt die Ansicht, dass alle höheren Kausalitäten grundlegende physikalische Erklärungen »supervenieren«.[39] Das heißt, dass alle höheren Kausalitäten (beispielsweise die Arten von Kausalität, die wir mit mentalen Ereignissen in Verbindung bringen) »huckepack«, um es mit Loewers Worten auszudrücken, auf grundlegenderen kausalen Wechselwirkungen aufsitzen (Loewer 1998, S. 310). Wenn wir meinen, dass eine komplexe Entität direkte kausale Auswirkung auf eine andere hat, dann hat dies nur so den Anschein. Diese »anscheinende« Kausalität verschleiert den Ursprung der tatsächlichen kausalen Wechselwirkung. Diese gehört ausschließlich zu den einfachsten, den grundlegendsten physikalischen Bestandteilen dieser Entitäten. Aber Kims Befürwortung der »supervenienten Kausalität« wirft Probleme auf. Wie, so fragt Rockwell, bestreitet er am Ende nicht Kausalität für alles außer für die elementarsten physischen Komponenten? Tatsächlich schlägt Kim offenbar genau dies vor, wenn er schreibt: »Alle kausalen Beziehungen, die beobachtbare Phänomene betreffen – alle kausalen Beziehungen aus der täglichen Erfahrung – sind Fälle epiphänomenaler Kausalität. (Kim 1998, S. 96.)

Die Implikation von Kims Position lautet daher, dass es keinerlei irgendwie geartete emergente Kausalität geben kann. Emergente Strukturen, Prozesse oder Muster können nie direkte kausale Wirkung auf irgendetwas haben, da sie lediglich »Epiphänomene« sind. Bei komplexen Individuen, seien es Menschen, Tiere, Fliegen oder

---

39 Zur Erläuterung der Bedeutung von Supervenienz schreibt Kim (1998): »Geist-Körper-Supervenienz ist die These, dass zwei Dinge oder Ereignisse, die in allen physischen Aspekten genau gleich sind, in mentaler Hinsicht nicht verschieden sein können« (S. 148).

Billardkugeln, mag es den Anschein haben, als hätten sie kausale Wirkungskraft, tatsächlich aber haben sie diese nicht. Kein komplexes Individuum kann eine wie auch immer geartete Fähigkeit zu »absteigender Kausalität« haben. Alle Kausalität ist vollständig durch kausale Beziehungen zwischen den grundlegendsten subatomaren Komponenten erklärbar.[40]

Kurzum, Physikalismus reduziert unweigerlich alle Kausalität auf das Geflecht kausaler Beziehungen zwischen absolut basalen oder mikroskopischen Entitäten – was auch immer diese sein mögen. Alle kausalen Prozesse, die mutmaßlich auf einer höheren Ebene ablaufen, sind lediglich »anscheinend«. Wenn Joanna Bloggs ihren Dissens über die Berufung von Freddie Smith auf den Lehrstuhl für Metaphysik zu Protokoll gibt, weil seine Arbeit davon ausgeht, dass kontrafaktische Aussagen zur Freiheit Wahrheitswert haben, dann sind die einzigen wahren kausalen Ereignisse, die unter Beteiligung aller Figuren, ihrer Denkprozesse und Interaktionen ablaufen, jene grundlegenden kausalen Verbindungen zwischen den einzelnen subatomaren Teilchen (also Quarks … oder woraus auch immer Quarks bestehen)[41] , die Joanna Bloggs mitsamt ihren deduktiven Denkprozessen, Überzeugungen, Argumenten und absichtlichen Handlungen ausmachen, und dem Geflecht der subatomaren Teilchen, die dasselbe bei Freddie Smith ausmachen. Tatsächlich reden wir von unzähligen Wechselwirkungen zwischen subatomaren Teilchen, die *in Wirklichkeit keinerlei Grenzen kennen* zwischen den Teilchen, aus denen Bloggs, ihre Kolleginnen und Kollegen, Smith

---

40 Rockwell betont: »Wenn wir emergente Prozesse konsequent leugnen wollen, müssen wir behaupten, dass der Stein, der auf den Stuhl geworfen wurde, den Stuhl streng genommen nicht zum Umfallen gebracht hat. Vielmehr ist die Beziehung zwischen dem geworfenen Stein und dem Stuhl ein Epiphänomen, das die echten kausalen Prozesse subatomarer Teilchen überlagert, und zwar auf die gleiche Weise, wie mentale Zustände physische Zustände überlagern. Denn wenn wir in der Physik die Existenz emergenter makroskopischer kausaler Eigenschaften anerkennen würden, gäbe es keinen Grund, ihre Existenz in der geistigen Welt zu leugnen.« (Rockwell, ohne Datum. Da sich dieser Artikel in einem elektronischen Wörterbuch befindet, entfallen Seitenangaben).

41 Rockwell vergleicht Kims Forderung, dass wir bei kausalen Entitäten unter alle makroskopischen »epiphänomenalen« Muster bis zu basalen kausalen Entitäten vordringen müssen, mit dem Abziehen endloser Schichten einer Zwiebel.

und ihre gemeinsame physische Umgebung bestehen. Kausalität in diesem Sinne kennt keine Grenzen zwischen einzelnen Entitäten und folglich auch keine Individuen *jeglicher Art*, egal ob sie bewusst sind oder nicht.

Zusammenfassend lässt sich sagen, dass das Denken von Joanna Bloggs über die Unangemessenheit des Glaubens, dass es wahre oder falsche Behauptungen in Bezug auf kontrafaktische Aussagen zur Freiheit geben kann, an und für sich keinerlei kausale Auswirkungen darauf hat, ob sie ihren Dissens zu Protokoll gibt oder nicht! Alle derartigen mentalen Ereignisse sind Epiphänomene und müssen ausschließlich im Hinblick auf kausale Gesetze interpretiert werden, die für die relevanten subatomaren Teilchen gelten, welche die dem Anschein nach (aber wirklich nur dem Anschein nach) vielfältigen und komplexen beteiligten Entitäten ausmachen. Natürlich wirft eine solche Darstellung eine ganze Reihe von Fragen auf. Wie kann eine solche Darstellung zum Beispiel erklären, wie der Verstand komplexe theoretische Argumente durchdenken kann, bei denen jeder Schritt konzeptuell oder deduktiv zum nächsten führt? Wie können solche konzeptuellen Verbindungen angemessen erklärt werden, wenn ausschließlich auf kausale Beziehungen zwischen grundlegenden physischen Teilchen zurückgegriffen wird? Wichtiger noch, ist so eine Forderung wirklich *wissenschaftlich*? Und wenn ja, welche denkbaren Gründe könnte es für eine solche Forderung geben? Und könnten diese Gründe überhaupt Sinn ergeben?

Eine dritte Alternative zu Physikalismus und Kartesianismus?

1999 schrieb die einflussreiche Wissenschaftsphilosophin Nancy Cartwright ein Buch über Wissenschaftsphilosophie, *The Dappled World* [Die gescheckte Welt], das einige bedeutende Fortschritte verspricht. Die Argumentation des Buches schlägt eine interessante Alternative zu Dualismus und Physikalismus vor, die von Kim nicht diskutiert wird, nämlich den »Pluralismus«. Dabei handelt es sich um die Ansicht, dass in physikalischen Prozessen Muster entstehen, die echte kausale Kraft haben. Dies deutet darauf hin, dass es tatsächlich eine »emergente Kausalität« gibt, die sich aus physikalischen Prozessen ableitet. Dies wiederum deutet auf eine hochkomplexe Welt hin, die sie als »gescheckte Welt« bezeichnet, nämlich ein vielgestaltiges Universum, das durch einen »Flickenteppich an Gesetzen« gekennzeichnet ist (Cartwright 1999, S. 25). In Ablehnung der »fundamentalistischen« These, dass »alle Fakten zu *einem* großen Plan gehören müssen« (S. 25), führt sie an, dass die Welt einfach nicht durch das Wirken einer einzigen Art von Kausalgesetz erklärt werden kann – was sie als »nomologischen Monismus« bezeichnet – selbst wenn dies durch den Begriff der »Supervenienz« oder Überlagerung verschleiert wird (S. 32-33). Vielmehr ist es erforderlich, verschiedene Muster und interaktive Prozesse zu berücksichtigen. Rockwell (ohne Datum) fasst die Auswirkungen ihrer Darstellung wie folgt zusammen und entwickelt sie weiter:

> Es könnte eine Vielzahl makroskopischer Muster geben, die eine solche Welt beeinflussen, wobei einige in der Lage wären, die Teilchen, aus denen sie bestehen, zu steuern, und nicht nur umgekehrt. In solch einem pluralistischen Universum gäbe es keinen prinzipiellen Grund, die Möglichkeit mentaler Kausalität zu leugnen. Mentale Prozesse könnten ein emergentes Phänomen sein, aber nicht das einzige. Scherzhaft könnte man sagen: Wenn man einen Pluralisten fragt: »Sind Sie Dualist?«, dann lautet die richtige Antwort: »Ja, mindestens.« Eine solche Sichtweise würde verhindern, dass mentale Kausalität sich darauf verlassen muss, dass am Mentalen etwas ontologisch Einzigartiges gefunden wird, und dass sie mit dem kartesianischen Dualismus über einen Kamm geschoren wird. In einer post-darwinistischen Welt muss jeder Versuch, dem Bewusstsein (insbesondere dem menschlichen Bewusstsein) besondere Fähigkeiten zuzuerkennen, wie eine durch Wunschdenken motivierte Anführung einer Ausnahme zu einer Regel wirken, ohne die Gültigkeit dieser Ausnahme zu belegen. Falls wir zum gleichen Ergebnis kommen, wenn wir unsere mentalen Prozesse als eine von vielen Arten emergenter Eigenschaften betrachten, dann wären mentale Eigenschaften ein viel plausibleres Resultat evolutionärer Prozesse.

Nun wird erkennbar, dass die grundsätzliche Frage, um die sich diese ganze Debatte dreht, darauf abzielt, *wo genau kausale Eigenschaften liegen.* Gehören sie nur zu physischen Objekten, wie die meisten philosophischen Naturalisten meinen? Wenn ja, sind sie lediglich auf der Ebene mikroskopischer physikalischer Entitäten zu finden? Oder sind sie auf der Ebene komplexer Entitäten zu finden, also auf der Ebene höherer Muster? Wenn dies der Fall ist, könnten sie dann nicht auch auf der »Geist«- oder sogar »Personen«-Ebene zu finden sein? Rockwell betont: »Wenn wir bereit sind zu sagen, dass kausale Eigenschaften irgendwo zwischen Quarks und Geist entstehen, dann haben wir keinen Grund, dem Geist kausale Kräfte abzusprechen. Das hat Kim uns gezeigt.« Während Kims Weltsicht nahelegt, dass sie nur auf der Ebene der Quarks zu finden sind, beschreibt Cartwright eine Welt, die von einer irreduziblen Pluralität vielfältiger und komplexer Entitäten bevölkert ist, die wiederum auf einer ganzen Reihe unterschiedlicher und vielfältiger Ebenen zu finden sind und kausale Kraft besitzen. Für Cartwright sind diese Entitäten emergent, wobei allerdings noch zu klären ist, wie genau sie zu kausaler Macht gelangen können. Auf einer theistischen erkenntnistheoretischen Grundlage können sie durchaus als »gegeben« betrachtet werden, so wie die Tatsache, dass überhaupt etwas existiert und nicht nichts, »gegeben« ist. Das heißt, dass eine theistische erkenntnistheoretische Sichtweise diese Emergenz wohl eher nicht als beiläufig oder zufällig betrachten wird. Wichtig ist, dass man, um dem akademischen Unterfangen Sinn zu geben, fideistische Verpflichtungen zum nomologischen Monismus ablehnen und die komplexe Vielfalt des Universums sowie die Pluralität der Gesetze, die es ausmachen, anerkennen muss, wie Cartwright sehr klar erkennt. Dies ist unabdingbare Voraussetzung für die Anerkennung der Fähigkeit des menschlichen Intellekts, die Intelligibilität der kontingenten Ordnung zu durchdringen – was die wesentliche Voraussetzung für die Naturwissenschaften bleiben muss. Dies hebt nicht nur einige krudere Gründe für die Ablehnung theistischer Erklärungen auf, sondern eröffnet auch die Möglichkeit der Anerkennung von Merkmalen der kontingenten Ordnung, die weder der Naturalismus noch der Anti-Realismus auch nur annähernd erklären kann.

Im ersten Teil dieses Aufsatzes ging es darum, einige grundsätzliche Probleme aufzuzeigen, die diese als »Naturalismus« bekannte Form des Fideismus für die akademische Welt mit sich bringt. Wir haben dargelegt, dass die heutige Universität nicht auf eine solche Position festgelegt ist – und ihr Hauptgegner nicht der Theismus ist! Vielmehr ist die akademische Welt hin- und hergerissen zwischen naturalistischen Fideismen auf der einen und kreativen, antirealistischen Fideismen auf der anderen Seite – und beide sind nicht miteinander vereinbar.

Ferner wurde darauf hingewiesen, dass beide Positionen ganz erhebliche Probleme überwinden müssen, wenn sie dem akademischen Betrieb und seinem Streben nach Wahrheit Sinn abgewinnen sollen – was beides für den Theismus kein Problem darstellt. Ebenso wurde festgestellt, dass der Theismus weitaus größere Erklärungskraft hat als seine Alternativen. Dass dem Naturalismus im Hinblick auf die Bereitstellung endgültiger Erklärungen überhaupt Erklärungskraft zugeschrieben wird, hängt damit zusammen, dass er als einzige Alternative betrachtet wird – eine Position, die seine Befürworter durch ihre abwertende Rhetorik (die an eine Art quasi-intellektuelle politische Korrektheit appelliert) gegenüber dem Theismus zu sichern versuchen, eine Taktik, die an der heutigen Universität nur allzu üblich ist!

Sodann wurde darauf hingewiesen, dass materialistische oder physikalistische Formen des Naturalismus Schwierigkeiten haben, eben jene kognitiven Prozesse zu verstehen, die von der gesamten akademischen Forschung vorausgesetzt werden – einschließlich, ironischerweise, der argumentativen Prozesse, die zu ihren eigenen Schlussfolgerungen führen. Es liegt also an ihnen zu zeigen, dass sie sich nicht in ihrer eigenen Schlinge verfangen haben.

Schließlich habe ich vorgeschlagen, dass die Kognitionswissenschaft am besten zu verstehen ist – übrigens tatsächlich auch für sich selbst –, wenn man den dem Naturalismus nahestehenden nomologischen Monismus ablehnt und eine komplexe Welt anerkennt, die auf nicht-reduktive Weise verstanden und interpretiert werden muss. Dies ist zwar an sich kein Argument für die Wahrheit des Theismus, aber es ist ein starkes Argument gegen Affiliationen der Art, die »Naturalisten« und andere szientistische Fundamentalisten dazu bringen, den Theismus zu verwerfen.

Anthropologie auf einer theistischen erkenntnistheoretischen Grundlage

Aus Platzgründen können wir dieses Thema nur kurz anschneiden, aber die Notwendigkeit eines alternativen anthropologischen Ansatzes wird durch die einflussreichen Schriften des Philosophen Galen Strawson, der das Problem von Selbst und Kausalität auf einer anderen Ebene einführt, noch deutlicher. Für Strawson kann nichts Ursache seiner selbst sein. Jeder Gehirnzustand ist daher im Lichte eines früheren Gehirnzustands zu verstehen. In dem Maße, in dem ein Gehirnzustand »herbeigeführt« wird, ist die moralisch relevante Ursache dafür als die Intentionalität zu verstehen, die als Gehirnzustand bei T^{-1} identifiziert wird, und die Ursache dieser Intentionalität, nämlich der vorherige Gehirnzustand bei T^{-2} … und so weiter. Folglich argumentiert er, dass es keinen logischen Sinn ergibt, zu behaupten, »der Schwarze Peter bleibe beim Selbst« (vgl. Strawson 2003). Seine Argumentation, die ich hier zusammenfasse, lautet wie folgt:

1. Wie man handelt, wenn man rational handelt, ist notwendigerweise eine Funktion dessen, wie man, mental betrachtet, ist, oder wird dadurch bestimmt
2. Wenn man wirklich dafür verantwortlich ist, wie man handelt, muss man wirklich dafür verantwortlich sein, wie man, mental betrachtet, ist.
3. Aber dann muss man sich dafür entschieden haben, so zu sein, wie man, mental betrachtet, ist.
4. Aber man kann eigentlich in keiner Weise sagen, dass man sich in bewusster, begründeter Weise entscheiden kann, so zu sein, wie man, mental betrachtet, ist, wenn man nicht, mental betrachtet, bereits existiert, ausgestattet mit einigen Auswahlprinzipien, nach denen man sich entscheidet, wie man sein will.
5. Aber dann müsste man für die Auswahlprinzipien verantwortlich sein.
6. Aber dazu müsste man sich in begründeter, bewusster Weise für sie entschieden haben.
7. Dazu aber müsste man bereits einige Auswahlprinzipien gehabt haben.

8. Wahre Selbstbestimmung ist logisch unmöglich. (Strawson 1986, S. 28-29.)

Diese Art der Argumentation ist in dem Maße, wie sie mit einer starken Vorstellung vom freien Selbst als *causa sui*, also Selbstursache, operiert, problematisch für alle, die die Freiheit verteidigen wollen, nicht zuletzt eine robuste Vorstellung von verantwortungsvoller akademischer oder intellektueller Freiheit. Wenn eine solche Darstellung in eine Interpretation des Selbst als eine Abfolge physischer Hirnzustände übersetzt wird und jeder Hirnzustand als Wirkung eines früheren Hirnzustands plus äußerer Ursachen verstanden wird, ist es schwierig, freies, rationales und verantwortliches Handeln überhaupt zu verstehen. Der schwarze Peter wird stets weitergereicht. Jeder Gehirnzustand wird lediglich zu *einem* Gehirnzustand in einer geschlossenen kausalen Abfolge physischer Ereignisse.

Ein naturalistischer Ansatz in den Neurowissenschaften kann die Herausforderung durch Strawson nur noch verschärfen. Erneut lautet die grundlegende Frage, wie wir Kausalität in Bezug auf menschliches Handeln verstehen. Wird Strawsons Darstellung im Licht einer nomologisch monistischen Darstellung der kausalen Beziehungen zwischen aufeinanderfolgenden Gehirnzuständen überarbeitet (elektrochemisch im Sinne feuernder Synapsen und dergleichen verstanden), dann wird die Herausforderung, die er dem vernünftigen Denken in Bezug auf die dem akademischen Betrieb innewohnende intellektuelle Freiheit stellt, fast unüberwindlich.

Wenn der Physikalismus notwendigerweise reduktiv ist, wie Kim gezeigt hat, und wie die Implikationen einer Anwendung von Galen Strawsons Argumenten noch deutlicher machen, und wenn der Substanzdualismus die Körperlichkeit dessen, was uns zu Menschen macht, anscheinend nicht ausreichend ernstnimmt, dann könnte Cartwrights »Pluralismus« (der eine komplexe Pluralität emergenter Systeme mit kausaler Kraft anerkennt) eine Möglichkeit bieten, die Neuropsychologie ernst zu nehmen und gleichzeitig zu berücksichtigen, dass Gedanken, Absichten und abstrakte Spekulationen tatsächlich kausale Kraft gegenüber physischen Ereignissen haben – nicht zuletzt gegenüber dem neuronalen Feuern, das in unserem Gehirn stattfindet. Damit sind Galen Strawsons

Argumente nicht aus der Welt, aber es öffnet sich die Möglichkeit zu einer nicht-linearen Darstellung der dem persönlichen Handeln innewohnenden Kausalität, sodass man für das Selbst als *causa sui* in einem nicht-linearen und vielleicht schwächeren Sinne argumentieren kann!

Es lässt sich jedoch nicht leugnen, dass noch viel mehr geklärt werden muss, wenn wir eine schlüssige Erklärung für die verschiedenen Formen kausaler Wechselwirkung bieten wollen, die zwischen komplexen Entitäten stattfinden sollen. Wenn wir jemals eine große vereinheitlichte Theorie des Selbst anbieten wollen, müssen wir nicht nur die tiefgreifenden Probleme beseitigen, die mit dem Verständnis von Kausalität – ihrem Umfang und ihrem Modus Operandi – verbunden sind, sondern wir müssen auch die Subjektivität oder das, was wir als »Ichheit« bezeichnen könnten, und die zwischen »Objektsein« und »Ichsein« bestehende absolute Nicht-Parallelität ernst nehmen. In seinem Klassiker *Der Begriff des Geistes* weist Gilbert Ryle darauf hin, dass der Begriff »Ich« eine systematische Unerreichbarkeit aufweist. Das heißt, bei jedem Versuch, den Begriff »Ich« zu fassen, entzieht sich die eigene Ichheit unweigerlich dem Zugriff, und zwar aus dem einfachen Grund, dass die Beute immer auch der Jäger ist und bleiben wird. Wie sehr man sich auch anstrengt, man kommt immer erst dann an, wenn der Markt bereits verlaufen ist. (Ryle 1973, S. 186-189.)

In einem völlig anderen Kontext macht Jürgen Moltmann eine ähnliche Beobachtung über das menschliche Selbst:

> Wie er hinter die Dinge zu kommen versucht, um sie zu erkennen und zu gebrauchen, so möchte er endlich auch hinter sich selbst kommen, um sich zu erkennen. Weil aber er selbst es ist, der hinter sich selbst kommen möchte, darum gleitet er sich selbst immer wieder aus der Hand und wird sich umso mehr zum Rätsel, je mehr Lösungsmöglichkeiten in Gestalt von Entwürfen des Menschen ihm zuhanden kommen. Je größer die Zahl der möglichen Antworten wird, umso mehr kommt er sich wie in einem Saal von tausend Spiegeln und Masken vor und wird sich selbst undeutlich. (Moltmann 1971/2009, S. 13-13)

Die inhärente Unerreichbarkeit nicht nur der menschlichen Subjektivität, sondern von *Qualia* (oder des Bewusstseins), von Freiheit und Handlungsfähigkeit stellt die eine Reihe von Problemen dar. Die immensen philosophischen Probleme im Zusammenhang mit einer zufriedenstellenden Erklärung für Kausalität und physikalische Gesetze, die sich im philosophischen Denken von David Hume bis zu Zeitgenossen wie Bas Van Fraassen (1980) und Nancy Cartwright (1983) widerspiegeln, eine weitere. Um die Schlussfolgerungen von C. A. Hooker in einem kürzlich erschienenen Artikel über Naturgesetze zu zitieren: »Es gibt keine unumstrittene Theorie der Gesetze: alle haben ihre Schwierigkeiten. So schnell, wie wir die Geheimnisse der Natur wissenschaftlich enträtseln, so schnell wird die Natur dieses Verständnisses selbst zum Geheimnis.« (Hooker 1998, S. 474.) Wenn dies für Naturgesetze im Allgemeinen gilt, dann wird die Situation noch viel komplizierter, wenn wir versuchen, die Funktionsweise der physikalischen Gesetze mit menschlicher Subjektivität und Handlungsfähigkeit in Einklang zu bringen.

In einem abschließenden Anhang zu seiner 1738 erschienenen Abhandlung über die menschliche Natur schrieb David Hume treffend über die Probleme, die Bewusstsein und persönliche Identität für sein Projekt darstellten: »Alle meine Hoffnungen schwinden, wenn ich dazu komme, die Prinzipien zu erklären, die unsere aufeinander folgenden Wahrnehmungen in unserem Denken oder Bewusstsein vereinen. Ich kann keine Theorie entdecken, die mich in diesem Punkt befriedigen würde.« (Hume 1970, S. 330-331.) Annähernd 300 Jahre später und trotz der vielen Entwicklungen in der Kosmologie, den Neurowissenschaften und der Philosophie schließt Jaegwon Kim seine *Philosophie des Geistes* mit dem Eingeständnis des Dilemmas, das sich aus den beiden »unlösbaren Problemen« Bewusstsein und mentale Kausalität ergibt. Er fährt fort:

> Es ist nicht glücklich, ein Buch mit einem Dilemma zu beschließen, aber wir alle sollten es als Herausforderung betrachten, eine Erklärung für Geistigkeit zu finden, die Bewusstsein als genuines Phänomen achtet, das uns und anderen empfindungsfähigen Wesen einen besonderen Platz

> in der Welt einräumt, und die Bewusstsein auch zu einem beiläufig wirkmächtigen Faktor in den Abläufen der natürlichen Welt macht. Die Herausforderung besteht also darin, herauszufinden, welche Art von Wesen wir sind und welchen Platz wir in der Welt der Natur einnehmen. (Kim 1998, S. 237.)

Christliche Theisten müssen stets auf der Hut sein, damit sie nicht in die Falle tappen, einen »Gott der Lücken« zu postulieren, das heißt einen Gott, der so definiert ist, dass er die Lücken in unserem gegenwärtigen Verständnis der Dinge schließt – womit der »Gott«, den wir verehren, zum plumpen Produkt unserer Versuche wird, unsere eigene Unwissenheit zu salben. Gleichzeitig ist es für sie völlig angemessen zu bekräftigen, dass die Komplexität dieser Welt auf nichts anderes als auf die einfachste aller Erklärungen zurückzuführen ist, nämlich auf den Gott, der die Menschen zur persönlichen Gemeinschaft mit sich, miteinander und mit all den anderen empfindungsfähigen Wesen geschaffen hat, die zur Fülle der uns bekannten Welt beitragen. Alle, die eine große, ganzheitliche und vereinheitlichte Theorie darüber suchen, was Menschsein bedeutet – und damit die Antwort auf Kims abschließende Frage finden wollen – müssen vielleicht warten, bis wir uns selbst erkennen, »so wie wir erkannt werden«. Bis dahin, so könnte man hinzufügen, setzt der christliche Theismus nicht da an, dass er versucht, sich einen Platz in der akademischen Welt zu verschaffen. Vielmehr setzt er da an, dass er die »Wer-Frage« an den Einen richtet, in dem er erkennt, wie Søren Kierkegaard es ausdrückte, dass das Ewige in die Zeit eingetreten ist, und an die verwandtschaftliche Beziehung, die das Ewige dort begründet hat. (Kierkegaard, ohne Datum, S. 507-508.)

Der christliche Theismus setzt also nicht bei naturalistischen Prämissen an und versucht dann, sich zu einer umfassenderen Erklärung des Menschen hochzuarbeiten. Vielmehr setzt er bei einem Standpunkt an, der anerkennt, dass Menschen komplexe Realitäten sind, dass sie darüber hinaus nicht Objekte, sondern Subjekte sind – »Ichs«, die freie, verantwortliche, persönliche Akteure sind, die nicht nur beten, lieben, denken, schlussfolgern, raten und Hypothesen aufstellen, sondern auch die Fähigkeit besitzen, die intelligiblen Strukturen der kontingenten Ordnung heuristisch zu durchdringen. Sie sind Wesen, die körperlich, emotional und intellektuell wachsen und sich entwickeln, wobei letzteres untrennbar mit der Entwicklung der entsprechenden neurologischen Komponenten verbunden zu sein scheint. Überdies erkennt er an, dass wir Wesen sind, deren Emotionen chemisch induziert werden können, deren moralisches Gewissen offenbar in Alkohol löslich ist und deren Gedächtnis und intellektuelle Fähigkeiten mit dem körperlichen Verfall nachlassen. Wir sind Wesen, die sterben, aber, wie der christliche Glaube nahelegt, von dem Einen, der die Gesamtheit der kontingenten Ordnung aus dem Nichts erschaffen hat, vom Tod zum Leben auferweckt werden. Dies erfordert, dass der christliche Theismus davon ausgeht, dass wir eine »Identität« oder »Ichheit« haben, die sterben und auferweckt werden kann. Wenn diese Aufgabe anspruchsvoll erscheint, dann sollte klar sein, dass sie auch nicht anspruchsvoller ist als die Aufgabe, der sich die säkulare akademische Welt stellen muss, wenn sie sich aus den vielfältigen, pluralistischen und allzu oft in sich widersprüchlichen Prämissen, die ihre gegenwärtige Gestalt und ihren Charakter prägen, selbst verstehen will.

Quellen

Cartwright, Nancy; *How the Laws of Physics Lie*, Clarendon Press 1983.

Cartwright, Nancy; *The Dappled World: a Study of the Boundaries of Science*, Cambridge University Press 1999.

Churchland, Patricia; *Journal of Philosophy* LXXXIV Oct. 1987, S. 548, zitiert von Plantinga.

Dawkins, Richard; »Reply to Michael Poole«, *Science & Christian Belief* 7 (1) 1995, S.45-50.

Hooker, C. A.; »Natural laws« in Edward Craig (Hrsg.), *Routledge Encyclopaedia of Philosophy* Vol. 5, Routledge 1998.

Hume, David; *A Treatise of Human Nature*, hrsg. von D. G. C. Macnabb, Fontana 1970.

Kierkegaard, Søren; *Afsluttende uvidenskabelig efterskrift til de Philosophiske smuler* (1846); Torrance zitiert aus: *Concluding Unscientific Postscript* (ohne weitere Angaben, d. Ü.); dt.: *Abschließende unwissenschaftliche Nachschrift zu den philosophischen Brocken*, Teil Eins und Teil Zwei, aus dem Dänischen von Hans Martin Junghans, Diederichs 1957 und 1958.

Kim, Jaegwon; *Supervenience and the Mind*, Cambridge University Press 1993.

Kim, Jaegwon; *Philosophy of Mind*, 1998 (keine weiteren Angaben, d. Ü.); dt.: *Philosophie des Geistes*, aus dem Amerikanischen von Georg Günther, Springer 1998.

Loewer, Barry; »Mental causation«, *Routledge Encyclopaedia of Philosophy* Vol 6, 1998, S. 310.
Moltmann, Jürgen; *Mensch*, Kreuz 2009, Neuausgabe des erstmals 1971 erschienenen Titels *Mensch: christliche Anthropologie in den Konflikten der Gegenwart*; Torrance zitiert aus *Man: Christian Anthropology in the Conflicts of the Present*, übersetzt von John Sturdy, SPCK 1974.
Plantinga, Alvin; *The Twin Pillars of Christian Scholarship. The Stob Lectures of Calvin College and Seminary*, Broschüre des Calvin College, MI 1989.
Plantinga, Alvin; *Warrant and Proper Function*, Oxford University Press 1993.
Plantinga, Alvin; *Warranted Christian Belief*, Oxford University Press 2000.
Poole, Michael; »A critique of aspects of the philosophy and theology of Richard Dawkins«, *Science and Christian Belief* 6 (1) 1994, S. 41–59.
Poole, Michael; »Response to Dawkins«, *Science and Christian Belief* 7 (1) 1995, S.51-58.
Rockwell, Teed; »Non-reductive Physicalism« in *Dictionary of the Philosophy of Mind*, hrsg. von C. Eliasmith. http://www.artsci.wustl.edu/~philos/MindDict/nonreductivephy sicalism.html; der angegebene Link ist nicht mehr abrufbar, Anm. d. Ü.
Rorty, Richard; *Philosophy and the Mirror of Nature*, Princeton University Press 1979; dt.: *Der Spiegel der Natur: Eine Kritik der Philosophie*, aus dem Englischen von Michael Gebauer, Suhrkamp 1981.
Ryle, Gilbert; *The Concept of Mind*, Penguin 1973, (Erstausgabe 1949); dt.: *Der Begriff des Geistes*, aus dem Englischen von Kurt Baier [die dt. Übers. wurde von Günter Patzig u. Ulrich Steinvorth überarbeitet], Reclam 1969.
Simon, Herbert; »A mechanism for social selection and successful altruism«, *Science* 250 December 1990, S. 1665ff.
Strawson, Galen; *Freedom and Belief*, Clarendon 1986.
Strawson, Galen; »The Buck Stops – Where?«, *The Believer* March 2003.
Trigg, Roger; *Philosophy Matters*, Blackwell 2001.
Van Fraassen, Bas; *The Scientific Image*, Clarendon 1980.

Denis Alexander

Wissenschaft, Glaube & menschliche Werte

Einstellungen zur Wissenschaft

Heutige westliche Gesellschaften stehen der Wissenschaft zutiefst ambivalent gegenüber. Auf der einen Seite wird die Wissenschaft mit übertriebenen Erwartungen und überzogenen Hoffnungen befrachtet. Die Vision gilt einem hochtechnologischen Universum, in dem wir seine Kräfte für unsere Zwecke manipulieren. Am extremen Ende der anderen Seite hält eine starke Anti-Wissenschafts-Lobby die Wissenschaft für den Ursprung aller unserer heutigen Leiden. Wissenschaftlerinnen und Wissenschaftler gelten als gefährliche Wichtigtuer, die der Natur Geheimnisse entreißen, welche man besser in Ruhe ließe. Sie spielen Gott, wenn sie ihre Nase in die Sequenz des menschlichen Genoms stecken und die fundamentalen Kräfte aufdecken, die das Universum zusammenhalten. Wie C. P. Snow einmal sagte: »Technologie macht Ihnen mit der einen Hand große Geschenke, und rammt Ihnen mit der anderen ein Messer in den Rücken.«[42]

Die für das 21. Jahrhundert vorhergesagten rasanten Fortschritte in der Wissenschaft, insbesondere in den Biowissenschaften, werden unsere Vorstellungen von menschlicher Identität und menschlichem Wert sicherlich zunehmendem Druck aussetzen. Der wissenschaftliche Fortschritt wirft ständig Fragen auf, für deren Beantwortung die Wissenschaft allein nur unzureichend gerüstet ist. Wenn wir angesichts wissenschaftlicher Disziplinen wie den Neurowissenschaften und der neuen Genetik, die unsere biologische Konstitution zunehmend offenlegen, Gerechtigkeit, Würde und Wert

42 Zitiert in *New Scientist*, 4. Oktober 2003, S. 3.

des Menschen bewahren wollen, werden wir auf alle verfügbaren Ressourcen zurückgreifen müssen. Aus diesem Grund werden jetzt regelmäßig erhebliche Mittel aus den Etats der Naturwissenschaften für Ethik, Philosophie *und* Theologie zur Verfügung gestellt, um die drängenden moralischen und ethischen Fragen zu klären, die durch wissenschaftliche Fortschritte aufgeworfen werden. Ohne fundiertes öffentliches Verständnis, ohne Diskussionen und Debatten besteht die reale Gefahr, dass die Wissenschaft vielen Menschen weiterhin als bedrohlich und entmenschlichend erscheint.

In diesem Zusammenhang ist es bedauerlich, dass die weiterreichenden Implikationen der Wissenschaft von Wissenschaftlerinnen und Wissenschaftlern manchmal mit hyper-reduktionistischen Begriffen dargestellt werden, ganz so als wäre das von ihrer jeweiligen Disziplin generierte Wissen das einzig bedeutende. Mit den unsterblichen Worten von Jim Watson, dem berühmten Entdecker der Doppelhelix, gesprochen: »Es gibt nur Atome. Alles andere ist bloß soziale Fürsorge« (zitiert in Rose 1988). Oder in der robusten Formulierung, die Peter Atkins aus Oxford für die Sache fand: »Die Menschheit sollte akzeptieren, dass die Wissenschaft die Rechtfertigung für den Glauben an einen kosmischen Zweck eliminiert hat und dass jeglicher Fortbestand eines Zwecks rein sentimentale Gründe hat« (Atkins 1992). Solche Äußerungen spiegeln eine Sicht der Wissenschaft wider, die meines Erachtens weit über die Wissenschaft als solche hinausgeht, und mit der versucht wird, mit dem Prestige der Wissenschaft persönliche Ideologien zu stützen.

Abgesehen von der intrinsischen Unwahrscheinlichkeit, dass es überhaupt gelingen kann, mithilfe wissenschaftlicher Daten solche metaphysischen Höhen zu erklimmen, erwecken diese hyper-reduktionistischen Ansichten in der breiten Öffentlichkeit den unglücklichen Eindruck, dass Wissenschaftlerinnen und Wissenschaftler menschlichen Werten ablehnend gegenüberstehen. Die bei den Medien sehr beliebten Karikaturen des gesamten wissenschaftlichen Umfelds werden durch das Credo der Erz-Reduktionisten eher bestärkt als hinterfragt. Mr. Spock, der eiskalte Rationalist auf dem Raumschiff »Enterprise«, liefert eines der gängigsten medialen Bilder eines Wissenschaftlers – in diesem Fall als emotionsloser Halbmensch mit utilitaristischem Moralempfinden, der dazu da ist, komplizierte Probleme zu lösen. In einem Drittel aller Horrorfilme ist ein Wissenschaftler der Bösewicht – kein sehr beruhigender Gedanke für uns in der wissenschaftlichen Gemeinschaft. Und man fragt sich wirklich, ob solche Bilder durch Richard Dawkins' Worte, die er vor ein paar Jahren in einem Hörsaal voller Schulkinder äußerte, eher infrage gestellt oder noch verstärkt wurden:

> »Wir sind Maschinen, die von DNA gebaut wurden und deren Zweck es ist, weitere Kopien derselben DNA herzustellen. … GENAU dazu sind wir da. Wir sind Maschinen zur Vermehrung von DNA, und die Vermehrung von DNA ist ein sich selbst erhaltender Prozess. Das ist der einzige Lebensgrund eines jeden lebendigen Objekts.« (Dawkins, 1991.)

Wissenschaft und Glaube

Über Wissenschaft und menschliche Werte lässt sich selbstverständlich unmöglich reden, ohne auch über den Glauben zu sprechen. Mit Blick durch die optimistische rosarote Brille, die für das Ende des 19. Jahrhunderts bezeichnend war, meinten viele, mit der Verbreitung von Wissenschaft und Bildung werde der religiöse Glaube automatisch zurückgehen. Heute, über 100 Jahre später, wissen wir, dass diese Erwartung ein Irrtum war. Nach wie vor übt religiöser Glaube auf die große Mehrheit der Weltbevölkerung beherrschenden Einfluss aus – im Guten wie im Schlechten. 87 % der Weltbevölkerung sagen derzeit von sich, dass sie »einer Religion angehören«. Während in einigen technisch fortgeschrittenen Weltregionen, wie etwa Europa, Ende des 20. Jahrhunderts das Bekenntnis zur institutionalisierten Religion zurückging, war es in den USA, dem Land, das nach allen Kriterien weltweit wissenschaftlich führend ist, genau umgekehrt, und die Religion boomte. Alles deutet darauf hin, dass die Menschheit als Ganzes unheilbar religiös ist. Die leicht ethnozentrischen Säkularisierungsmodelle, die in den 1960er Jahren von der westeuropäischen Soziologie propagiert wurden – die behauptete, Modernisierung sei unweigerlich mit Säkularisierung verbunden und alle anderen Länder müssten im Zuge ihrer Modernisierung den gleichen Säkularisierungsprozess durchlaufen – sind inzwischen der Erkenntnis gewichen, dass alle Länder (und oft auch bestimmte Gemeinschaften innerhalb eines Landes) ihre eigene einzigartige Geschichte haben.

1968 schrieb der amerikanische Soziologe Peter Berger in der *New York Times*: »[Im] 21. Jahrhundert werden religiös Gläubige wahrscheinlich nur noch in kleinen Sekten zu finden sein, die im Widerstand gegen eine weltweite säkulare Kultur zusammenrücken.« 1996 hingegen schreibt (derselbe) Peter Berger: »Die These, wir lebten in einer säkularisierten Welt, ist falsch. Von einigen Ausnahmen abgesehen ist die Welt heute … so blindwütig religiös wie eh und je, mancherorts sogar mehr denn je. Das bedeutet, dass ein ganzer Korpus an Literatur von Historikerinnen und Sozialwissenschaftlern …, der lose als ›Säkularisierungstheorie‹ bezeichnet wurde, im Grunde falsch war.«

Wenn die Menschheit also unheilbar religiös ist, welche Ressourcen bietet die Religion dann für ein Nachdenken über menschliche Werte? Diese Frage lässt sich kaum beantworten, ohne zunächst die vorgelagerte Frage zu klären, wie Glaube und Wissenschaft zusammenhängen. Zur Beschreibung dieser Beziehungen wurden zahlreiche Modelle vorgeschlagen, und vier davon möchte ich hier vorstellen, keineswegs eine erschöpfende Liste. Nach einem kurzen Überblick über diese vier Modelle komme ich auf jedes noch einmal zurück und frage: »Was kann uns dieses oder jenes Modell über die Beziehung zwischen Wissenschaft und menschlichen Werten sagen?«

Die Konfliktthese

Das *erste Modell* ist die »Konfliktthese« oder das »Konfliktmodell«.[43] Wie der Name schon sagt, handelt es sich dabei um die Vorstellung, dass Wissenschaft und Religion historisch in einen tödlichen Kampf gegeneinander verwickelt waren und dass sie auch heute noch widersprüchliche Erklärungen dafür liefern, wie die Welt ist. In dem Maße, wie die Flut wissenschaftlicher Erkenntnis-

43 Mehr über die konkurrierenden Modelle findet sich in Alexander (2001) und Alexander & White (2004).

se anstieg, musste die Flut religiöser Erkenntnisse zurückweichen, bis schließlich die Wissenschaft die uneingeschränkte Herrschaft übernahm – so möchte es uns die triumphalistische modernistische Darstellung zumindest weismachen.

Es besteht kein Zweifel, dass dieses Modell in der Populärkultur nach wie vor weit verbreitet ist – die Idee lebt in den Medien, in den Fernsehstudios und auf den Seiten der populärwissenschaftlichen Zeitschriften fort. Produzenten sind oft immer noch der Meinung, dass ein Konflikt Radio oder Fernsehen besser macht, und suchen daher bewusst nach Kombattanten, um sie in ihre Studios einzuladen. Im Fall von Wissenschaft und Religion hat das leider zur Folge, dass ein Modell gepflegt wird, das sein Verfallsdatum längst überschritten hat. Zugleich wird das Modell durch jene kleine Untergruppe von Wissenschaftlerinnen und Wissenschaftlern gestärkt, von denen ich bereits einige zitiert habe und die nach wie vor behaupten, wissenschaftliches Wissen sei die einzig verlässliche Form des Wissens.

Auch gewisse Teile der religiösen Gemeinschaft tragen dazu bei, die Konfliktthese am Leben zu erhalten. Wenig überraschend vermitteln beispielsweise die Kampagnen amerikanischer Kreationisten für ein Verbot, an den Schulen die Evolution zu lehren, der amerikanischen Öffentlichkeit weiterhin den Eindruck, zwischen Wissenschaft und Religion bestehe eine Art Feindschaft. Man kommt kaum um die Schlussfolgerung herum, dass die extremen Pole in dieser undurchsichtigen Debatte – mit Leuten wie Dawkins auf der einen und den Kreationisten auf der anderen Seite – eigentlich Spiegelbilder sind, die beide für ihr eigenes Überleben den Fortbestand des jeweils anderen Extrems brauchen.

Aus akademischer Sicht ist die Konfliktthese praktisch tot, zumindest für Wissenschaftshistoriker. So bemerkt Steven Shapin in seinem Buch *Die wissenschaftliche Revolution*:

> Gegen Ende des viktorianischen Zeitalters sprach man gemeinhin von einem »Krieg zwischen Wissenschaft und Religion« und glaubte, diese beiden Bereiche der Kultur hätten von jeher im Streit miteinander gelegen. Die Wissenschaftshistoriker haben diese Auffassung jedoch schon sehr lange hinter sich gelassen. (Shapin 1996, S. 195)

Tatsache ist, dass heute kein Wissenschaftshistoriker und keine Wissenschaftshistorikerin die Konfliktthese als übergeordnetes Modell zur Beschreibung der historischen Beziehung zwischen Wissenschaft und Religion mehr ernst nimmt. Die Gründe dafür sind nicht allzu schwer zu erkennen, denn tatsächlich waren die Wechselwirkungen zwischen Wissenschaft und Religion außerordentlich lang und fruchtbar, lassen sich aber gewiss nicht durch ein bestimmtes Modell beschreiben. Es ist nicht nötig, an dieser Stelle die Hunderte Beispiele für frühe Wissenschaftlerinnen und Wissenschaftler aufzuzählen, die ihren Glauben so verstanden, dass er direkt in eine positive Haltung gegenüber dem wissenschaftlichen Unterfangen mündete. Viele waren Begründer von Disziplinen, die wir bis heute ausüben, etwa die Astronomen Kepler und Galilei, der Chemiker Robert Boyle – der seine Experimente gerne sonntags durchführte, um zu unterstreichen, dass seine Wissenschaft für ihn Gottesdienst war – die Naturkundler John Ray und Carl von Linné, Isaac Newton, Michael Faraday, Clerk Maxwell, und so ließe sich die Liste fortsetzen. Es gibt kaum Zweifel daran, dass der Glaube an Gott als Schöpfer und Gesetzgeber, der die Reproduzierbarkeit der Eigenschaften der Materie gewährleistet, bei der Entstehung der modernen Wissenschaft im Laufe des 16. und 17. Jahrhunderts eine wichtige Rolle spielte (siehe Hooykaas 1972; Russell 1985; Lindberg & Numbers 1986; Brooke 1991; Harrison 1998; Brooke & Cantor 1998).

Wir haben hier nicht die Zeit, auf die Wurzeln der Konfliktthese einzugehen, ein Thema, das ich in meinem Buch *Rebuilding the Matrix* (2001) ausführlicher behandle. Der Hinweis möge genügen, dass die Autoren der Aufklärung in Frankreich der Wissenschaft einen säkularisierenden Anstrich gaben und die Ressourcen der Wissenschaft nutzten, um die Vorherrschaft der Kirche im öffentlichen Leben anzugreifen. So entstand in der französischen Gesellschaft der nachhaltige Eindruck, dass die Wissenschaft für Freiheit und Gleichheit steht, die Religion hingegen eine reaktionäre Kraft ist, die den Fortschritt des Wissens behindert.

Im Gegensatz dazu betrachtete man in Großbritannien Wissenschaft und Religion bis weit ins 19. Jahrhundert hinein als gegenseitige Unterstützung. Diese Beziehung wurde nicht durch Darwins *Die Entstehung der Arten* gestört, sondern, so wird vermutet, als Nebeneffekt der Professionalisierung der Wissenschaft, die in der zweiten Hälfte des 19. Jahrhunderts Fahrt aufnahm (Russell 1989).

Die Konfliktthese hat nicht nur unter den revisionistischen Historikerinnen und Historikern der zweiten Hälfte des 20. Jahrhunderts gelitten, sondern auch unter den Soziologen. Eine vernünftige Schlussfolgerung aus der Konfliktthese könnte lauten, dass Menschen mit religiösem Glauben seltener in die Wissenschaft gehen und/oder dass Wissenschaftlerinnen und Wissenschaftler seltener einen religiösen Glauben annehmen. Die vorliegenden Belege stützen eine solche These nicht. Daten aus den USA, die 1997 in *Nature* veröffentlicht wurden, deuten darauf hin, dass der Anteil derer, die an einen persönlichen Gott glauben, der Gebete erhört, in der wissenschaftlichen Gemeinschaft im Laufe des 20. Jahrhunderts praktisch unverändert bei etwa 40% lag (Larson & Witham 1997, 1998; MacKenzie Brown 2003). Wird die Frage auf breitere Kategorien theistischen Glaubens erweitert, steigen die Prozentsätze – die große Umfrage der Carnegie-Kommission in den USA ergab, dass sich 55% der in den Natur- und Biowissenschaften Tätigen als religiös bezeichnen und etwa 43% angeben, sie gingen regelmäßig in die Kirche.[44]

An meiner eigenen Universität liegt das Verhältnis zwischen Studierenden der Naturwissenschaften und Studierenden der Geisteswissenschaften derzeit bei annähernd 1,2:1. Es war eine interessante Aufgabe zu verfolgen, welche Fächer die Studierenden in meiner Kirche in Cambridge in den letzten Jahren belegt haben. Das Verhältnis von naturwissenschaftlichen zu geisteswissenschaftlichen Fächern liegt je nach Jahr zwischen 2:1 und 4:1 – mit anderen Worten: Naturwissenschaftlerinnen und Naturwissenschaftler sind in dieser konkreten christlichen Gemeinde doppelt so häufig, oder sogar noch häufiger, anzutreffen als zu erwarten. Anekdotische Hinweise deuten darauf hin, dass dieses Missverhältnis auch in anderen großen innerstädtischen Kirchen, die von Studierenden besucht werden, durchaus üblich ist. Es scheint also einen Selektionsdruck zu geben, bei dem entweder Christen eher in die Naturwissenschaf-

44 Stark & Jannaccone (1996). J. Gilbert (1997) untersuchte verschiedene Wechselwirkungen zwischen Wissenschaft und Religion in Amerika im 20. Jahrhundert.

ten gehen oder Menschen, die Naturwissenschaften studieren, eher Christen werden – oder beides.

Das NOMA-Modell

Das *zweite Modell*, das zur Beschreibung der Wechselwirkungen zwischen Wissenschaft und Glauben vorgeschlagen wurde, erhielt von Stephen Jay Gould die Bezeichnung »NOMA-Modell« für non-overlapping magisteria, einander nicht überlagernde Lehrämter. Um Gould (2002) zu zitieren: »Das Lehramt der Wissenschaft deckt den empirischen Bereich ab: Woraus besteht das Universum (Faktum) und warum funktioniert es so (Theorie)? Das Lehramt der Religion erstreckt sich auf Fragen nach höchstem Sinn und moralischem Wert.« Gould schlägt daher ein Modell vor, in dem Wissenschaft und Glaube quasi ineinander nicht überlagernden Abteilungen leben, die von ihren jeweils eigenen Fragen und Methoden bestimmt werden, separiert durch eine wasserdichte Trennwand. Bei beiden Unternehmungen geht es um Aktivitäten ganz unterschiedlicher Art, daher gibt es keinen Grund, warum sie miteinander in Konflikt geraten sollten.

Ich hege große Sympathie für diese Ansicht. Es gibt wohl kaum Zweifel, dass Wissenschaft und Glaube sich tatsächlich mit Fragen recht unterschiedlicher Art befassen – und wir werden gleich auf eine modifizierte Variante dieses Modells zurückkommen. Es passt recht gut zu der pragmatischen Fachbereichsstruktur unserer Universitäten. Die Theologen lassen die Naturwissenschaftlerinnen ihre Arbeit machen, und die Naturwissenschaftler lassen die Theologinnen ihre Arbeit machen, und sie scheinen sich nicht auszutauschen. Das sorgt für ein geruhsames Leben – gar nicht so übel.

Aber ich bin mir sicher, Sie erkennen, dass ein solches Modell einige ernste Probleme hat. So ist zum Beispiel erwiesen, dass während der Entstehung der modernen wissenschaftlichen Bewegung ein ständiger Ideenaustausch zwischen Wissenschaft und Glauben stattgefunden hat. Natürlich war sich Gould dieser Tatsache sehr wohl bewusst, denn er schrieb etliche wunderbare Essays über historische Persönlichkeiten der Wissenschaftsgeschichte, die genau diesen Punkt unterstreichen. Ein weiteres Problem des NO-

MA-Modells ergibt sich aus dem hohen Anteil an religiös Gläubigen innerhalb der wissenschaftlichen Gemeinschaft. Wir, die wir in diese Kategorie fallen, möchten unsere Wissenschaft und unseren Glauben zumeist nicht durch eine wasserdichte Wand getrennt voneinander ausüben – selbst wenn eine solche Übung in mentaler Gymnastik physisch möglich wäre – sondern wir möchten unsere Wissenschaft und unseren Glauben integrieren. Die Frage lautet: Kann das gelingen und wenn ja, wie?

Das integrationistische Modell

Dies bringt uns zu unserem *dritten Modell* zur Beschreibung der Wechselwirkungen zwischen Wissenschaft und Glaube, das wir das integrationistische Modell nennen können. Diese Kategorie enthält eine Vielzahl von Untermodellen, die jedoch alle unter der Überschrift »integrationistisch« zusammengefasst werden können, denn sie haben eines gemeinsam: Sie integrieren oder verschmelzen wissenschaftliches und religiöses Wissen bis zu einem gewissen Grad, sodass versucht wird, religiöse Glaubenssysteme auf der Grundlage wissenschaftlichen Wissens oder umgekehrt wissenschaftliches Wissen auf der Grundlage religiösen Glaubens aufzubauen.

Zum Beispiel argumentiert Arthur Peacocke, mein ehemaliger Tutor in Biochemie in meiner Zeit in Oxford, in seinem Buch *Paths from Science Towards God*, dass ein rationaler theologischer Glaube auf wissenschaftlichen Erkenntnissen und wissenschaftlichen Denkweisen aufbauen kann (Peacocke 2001; besprochen in Alexander 2003).

Ein deutlich anderes Beispiel ist Edward Wilson, der in seinem Buch *Consilience* den Tag voraussieht, an dem alle Wissensformen vereint sind. Die Strategie, die er wählt, um diese Verschmelzung allen Wissens herbeizuführen, ist allerdings die des wissenschaftlichen Naturalismus – religiöse Überzeugungen werden aus dieser Sicht einfach in Soziobiologie umgewandelt (Wilson 1999). Auf das Problem, ob ein solches Strategem gerechtfertigt ist, werden wir noch zurückkommen, denn es steht im Mittelpunkt der Frage, ob sich menschliche Werte, ja sogar die Ethik, aus wissenschaftlichen Erkenntnissen ableiten lassen.

Nur um zu verdeutlichen, wie unterschiedlich die Bettgenossen in der Kategorie der Integrationisten sind: Bis zu einem gewissen Grad können auch Kreationisten unter das integrationistische Modell subsumiert werden, wobei in diesem Fall die Integration in *entgegengesetzter* Richtung verläuft – sie beginnen mit ihrer speziellen Auslegung der Genesis, also einer religiösen Überzeugung, und schlagen auf dieser Grundlage dann eine konkurrierende Entstehungstheorie vor, die sie als wissenschaftliche Theorie präsentieren, den sogenannten wissenschaftlichen Kreationismus.

Das Komplementaritäts-Modell

Das vierte Modell zur Beschreibung der Wechselwirkungen zwischen Wissenschaft und Glaube können wir als Komplementaritäts-Modell bezeichnen. Es bildet die Ansicht ab, dass Wissenschaft und Religion in Wirklichkeit versuchen, Fragen ganz unterschiedlicher Art zu beantworten, die nicht miteinander konkurrieren, sondern vielmehr komplementär sind, sich also ergänzen.

Das Modell kann anhand der Art und Weise veranschaulicht werden, wie verschiedene Wissenschaften den menschlichen Körper erforschen, wobei jede Wissenschaft andere Techniken und Ansätze verwendet. Eine Physikerin könnte den Körper im Prinzip und auf der grundlegendsten Ebene mit den Techniken und der Sprache der Physik beschreiben. Aber eine Beschreibung des Körpers auf dieser Ebene wäre unglaublich komplex – es wäre eine Beschreibung auf atomarer Ebene im Hinblick auf die Umkreisungen von Elementarteilchen und ihre Energiebeziehungen, die ja die letztendlichen Bausteine aller lebendigen Materie ausmachen. Tatsächlich wäre die physikalische Beschreibungsebene völlig unzureichend, um wichtige biologische Begriffe wie »Zelle« oder »DNA« zu verstehen. Nicht dass Zellen und DNA nicht aus Atomen bestünden, es ist nur so, dass eine höhere, emergente Beschreibungsebene notwendig ist, damit solche Begriffe sinnvoll werden. Solche Beschreibungen liefert die Biochemie und dann die Zellbiologie. Eine Stufe über der Zellbiologie folgt die Physiologie, das Studium der dynamischen Wechselwirkungen zwischen den verschiedenen Körperorganen. Bei intelligenten Primaten wie dem Menschen ist schließlich noch eine weitere Erklärungsebene erforderlich, die die Sprache und die Techniken der Psychologie benötigt. Nach dieser Erklärungsebene würden wir dann den Organismus im Kontext seiner Interaktion mit der Umwelt untersuchen wollen, wofür wir Sprache und Konzepte der Umweltbiologie und der Sozialanthropologie verwenden.

Stellen wir uns nun vor, wir würden von einer Gruppe von Super-Wissenschaftlern vom Mars untersucht und sie hätten uns absolut vollständige Beschreibungen des menschlichen Körpers auf all den verschiedenen Ebenen geliefert, die wir in Betracht gezogen haben. Gäbe es noch weitere Erklärungsebenen, die unsere Super-Wissenschaftlerinnen und Super-Wissenschaftler erforschen wollten? Ich denke, ja. Zum Beispiel, was bedeutet Moral, und wie rechtfertigen die Menschen ihre ethischen Entscheidungen? Woher wissen sie, was sie tun *sollten*? Und letztendlich, warum gibt es auf dem Planeten Erde überhaupt bewusste Wesen? Warum gibt es ein Universum mit gerade den Eigenschaften, die dieses seltsame Phänomen möglich gemacht haben? Das sind die religiösen oder philosophischen Fragen. Die Antworten auf solche Fragen stehen keineswegs in *Konkurrenz* zu den anderen Beschreibungsebenen, die wir betrachtet haben – sie ergänzen sie. Ich würde sogar behaupten, dass wir alle, unabhängig von unseren Überzeugungen, so leben müssen, als ob wir die Antworten auf solche Fragen bereits wüssten. In Wirklichkeit müssen wir alle ein verbindliches Leben führen – das ist eine grundlegende Eigenschaft menschlichen Daseins.

Die Analogie zur Erstellung von Landkarten eignet sich gut, um über die Beziehung zwischen wissenschaftlichem und religiösem Wissen nachzudenken. Wenn man ein Land angemessen beschreiben will, braucht man separate Karten für Geologie, Kommunikation, Niederschlag und so weiter, ein schier unerschöpfliches Potenzial zur Darstellung ein und desselben geografischen Gebiets aus immer neuen und speziellen Blickwinkeln. Es wäre verwirrend, alle Informationen in eine einzige Karte packen zu wollen. Stattdessen erstellen wir separate Karten. Die verschiedenen Karten stehen nicht in Konkurrenz zueinander, sondern liefern einander ergänzende Informationen. Sie beziehen sich alle auf dieselbe Realität, aber aus unterschiedlichen Blickwinkeln, so wie die verschiedenen Beschreibungsebenen eines Menschen allesamt notwendig sind, um ein vollständiges Bild zu vermitteln.

Populär wurde das Komplementaritäts-Modell durch den verstorbenen Neurowissenschaftler Donald MacKay. MacKay stellte die Frage: »Wann können wir zurecht darauf bestehen, dass zwei Bilder komplementär sein müssen?«. Und er beantwortete sie folgendermaßen: »Nur wenn wir feststellen, dass beide notwendig sind, um der Erfahrung gerecht zu werden« (MacKay 1988, S. 35). Komplementarität ist also kein allumfassendes Modell, das immer und überall geeignet wäre, die Beziehung zwischen wissenschaftlichen und religiösen Wissensformen zu erklären, aber es war und ist eine nützliche Methode, um über die Wechselwirkungen zwischen Wissenschaft und Glaube nachzudenken. Der größte Unterschied zwischen diesem Modell und NOMA liegt in seinem Beharren darauf, dass alle angebotenen Erklärungen *notwendige* Erklärungen sind, um der gleichen Realität vollständig gerecht zu werden. Biologisches Wissen allein reicht tatsächlich nicht aus, um dieses hochkomplexe Wesen – den Menschen – vollständig zu begreifen.

Zwei Sichtweisen menschlicher Werte

Nachdem wir uns nun einen kurzen Überblick über diese vier Modelle zur Beschreibung der Interaktion zwischen Wissenschaft und Glaube verschafft haben, wollen wir sie noch einmal unter dem Aspekt betrachten, in welchem Bezug das jeweilige Modell zu menschlichen Werten steht.

Das »Konfliktmodell« wirkt in diesem Zusammenhang sicherlich etwas fruchtlos. Ein Problem ist, dass die hyper-reduktionistischen Ansichten, die bei Leuten, die der Konflikt-Ansicht zuneigen, beliebt sind, Vorstellungen von Wert und Würde des Menschen eher untergraben als unterstützen. Wenn Menschen ständig lediglich als nackte Affen dargestellt werden, dann sollte man vielleicht nicht allzu überrascht sein, wenn sie die ihnen zugewiesene Rolle entsprechend ausfüllen. James Rachels hat meiner Meinung nach Recht, wenn er in seinem Buch *Created from Animals: The Moral Implications of Darwinism* (1990) schreibt:

> Der Verzicht auf erhabene Vorstellungen von der menschlichen Natur und auf grandiose Ideen für den Platz des Menschen im Gefüge der Dinge verringert unweigerlich unseren moralischen Status. Gott und die Natur sind mächtige Verbündete; sie zu verlieren, bedeutet einen echten Verlust.

Thornhill und Palmer behaupten in ihrem Buch *A Natural History of Rape: Biological Bases of Sexual Coercion* (2000), Männer seien von Natur aus Vergewaltiger, Mörder, Krieger und Völkermörder. Ähnlich argumentiert Ghiglieri in *The Dark Side of Man: Tracing the Origins of Male Violence* (1999), Vergewaltigung sei eine Anpassungsleistung zur Steigerung des Fortpflanzungserfolgs von Männern, die sonst kaum sexuellen Zugang zu Frauen hätten. Das Problem bei solchen Büchern ist nicht, dass die Biologie für solche Fragen irrelevant wäre, sondern vielmehr, dass sie versuchen, komplexe, multifaktorielle soziale und moralische Fragen in ein Prokrustesbett aus rein biologischem Wissen zu zwängen. Aber biologisches Wissen allein ist einer solchen Herkulesaufgabe nicht gewachsen. Das Scheitern von Wissenschaftlerinnen und Wissenschaftlern liegt häufig darin begründet, dass sie glauben, ihre eigene enge Disziplin liefere *die* Antwort auf ein bestimmtes komplexes soziales oder moralisches Problem. Leider ist dem nicht so, und die Naivität, mit der sie den Versuch dazu unternehmen, ist peinlich für andere Mitglieder der Forschungsgemeinschaft.

Wenn das Konfliktmodell mit seiner Tendenz zum Erz-Reduktionismus für die Entstehung menschlicher Werte unfruchtbaren Boden darstellt, schneidet das NOMA-Modell dann besser ab? Sie erinnern sich, dabei handelt es sich um die Idee, dass Wissenschaft und Glaube jeweils eigene, unabhängige Wege gehen sollten. Im Vergleich zum Konfliktmodell ist das sicherlich frischer Wind. Theologie und Moralphilosophie können ihren Unternehmungen unabhängig von der Naturwissenschaft nachgehen, und die Naturwissenschaften schätzen und nutzen ihre Erkenntnisse. Tatsächlich ist sich, so denke ich, die große Mehrheit der Wissenschaftlerinnen und Wissenschaftler darüber im Klaren, dass wissenschaftliche Erkenntnisse *per se* zu moralischen und ethischen Fragen wenig zu sagen haben, und erst recht nicht zu Wert und Würde des Menschen im Verhältnis zu anderen Tieren. Typisch für diese Ansicht sind die Bemerkungen des Londoner Genetikers Steve Jones in seinen Reith Lectures vor einigen Jahren:

> Die Wissenschaft kann die Fragen nicht beantworten, die Philosophinnen und Philosophen – oder Kinder – stellen: Warum sind wir hier, was ist der Sinn des Lebens, wie sollten wir uns verhalten? Die Genetik hat fast nichts dazu zu sagen, was uns zu mehr als bloßen, biologisch gesteuerten Maschinen macht, dazu, was uns zu Menschen macht. Diese Fragen mögen interessant sein, aber Naturwissenschaftlerinnen und Naturwissenschaftler sind ebenso wenig qualifiziert, sich dazu zu äußern wie alle anderen auch (Jones, 1994, S. xi).

Diesen Gedanken stimme ich zwar zutiefst zu, doch besteht das Problem beim NOMA-Modell meiner Meinung nach darin, dass die Trennung zwischen Fakten und Werten in der Realität nie ganz so absolut sein kann, wie es das Modell vorgibt. Manche wissenschaftlichen Forschungsgebiete sind ethisch stärker aufgeladen als andere. Noch einmal, es ist ein und derselbe Wissenschaftler, der einerseits vielleicht neue wissenschaftliche Erkenntnisse vorlegt, die akute neue ethische Fragen aufwerfen, andererseits aber auch persönlich mit den aufgeworfenen Fragen zu kämpfen hat. Eine wasserdichte Ideentrennung ist unter solchen Umständen kaum eine praktikable Option. Außerdem gilt, dass die Biologie oder andere Naturwissenschaften zwar meines Erachtens keine ethischen Entscheidungen diktieren können, genaue wissenschaftliche Informationen jedoch oft hoch relevante Auswirkungen auf den moralischen Entscheidungsprozess haben, sodass es ein Fehler ist, die Naturwissenschaft zu stark von der Theologie und der Moralphilosophie zu trennen.

Ein integrationistisches Modell – Michael Ruse

Wie verhält es sich mit integrationistischen Modellen? Es gibt ein integrationistisches Untermodell, dem wir im Zusammenhang mit menschlichen Werten besondere Aufmerksamkeit widmen müssen.

Dabei handelt es sich um die vom evolutionären Naturalismus vorgetragene Idee, dass ein Verständnis unserer Evolutionsgeschichte tatsächlich eine normative Ethik hervorbringt, das heißt eine Ethik, die für die gesamte Menschheit moralisch verbindlich ist. Ein solcher Vorschlag wurde etwa von dem Philosophen Michael Ruse in seinem Buch *Taking Darwin Seriously* (1986) gemacht, und mit dieser Behauptung müssen wir uns etwas länger beschäftigen.[45]

Ruse versucht, in fünf Schritten von der Biologie zur Ethik zu gelangen: In »Schritt 1« erklärt er, komplexe menschliche Verhaltensweisen, wie beispielsweise moralische Entscheidungsprozesse, könnten vererbt werden. In »Schritt 2« wird behauptet, dass diese angeborenen Veranlagungen Anpassungswert haben oder einst hatten: Sie erhöhten die Chance der Eltern, ihre Gene an ihre Nachkommen weiterzugeben. In »Schritt 3« schlägt Ruse vor, dass die Kraft des »Sollens«, die jedem echten ethischen Diskurs implizit ist, auf solchen angeborenen biologischen Antrieben beruht, die aus unserem genetischen Erbe stammen: »Moral«, sagt Ruse, »ist eine kollektive Illusion, die uns von unseren Genen aufgedrängt wurde … die Illusion liegt nicht in der Moral selbst, sondern in ihrem Anschein von Objektivität«. In »Schritt 4« erfahren wir, dass solche biologischen Antriebe zu ethischen Impulsen führen, die im Großen und Ganzen mit der traditionellen Moral übereinstimmen und die »von anständigen Menschen aller Nationen hochgehaltenen Werte« fördern. Schließlich besagt »Schritt 5« der Argumentation, dass wir die moralische Pflicht haben, den Evolutionsprozess zu unterstützen, da er moralische Überzeugungen hervorgebracht hat, die im »im Innersten der Lebewesen« verwurzelt sind und wahrhaft internationale Tragweite haben.

Eine eingehende Kritik einer solchen Position würde den Rahmen dieses Artikels sprengen, wobei ich mich in *Rebuilding the Matrix* (Alexander 2001, siehe Kapitel 11) ausführlich mit den Argumenten beschäftigt habe. An dieser Stelle soll es genügen, darauf hinzuweisen, dass Ruses Position in zweifacher Hinsicht kritisiert werden kann: empirisch und philosophisch. Drei Schritte (Schritte 1, 2 und 4) stellen empirische Behauptungen auf. Die Schritte 1

45 Die folgende Kritik erschien erstmals in Alexander 1999.

und 2 sind zwar nicht prinzipiell unmöglich, lassen sich aber experimentell nur schlecht belegen. Es gibt derzeit keine gesicherten Daten, die die genetische Vererbung komplexer Verhaltensweisen beim Menschen belegen, schon gar nicht die Vererbung moralischer Überzeugungen, wie es Ruses Theorie nahelegt. Allen, die sich für dieses Thema interessieren, sei der Bericht des Nuffield Council on Bioethics mit dem Titel *Genetics and Human Behaviour* (2002) empfohlen. Wenn es keine genetische Grundlage für menschliche moralische Überzeugungen gibt, können sie natürlich auch keinen vererbbaren Anpassungswert haben. Eine Alternative zu Ruses Position stimmt zu, dass moralische Überzeugungen Anpassungswert haben könnten, allerdings über den schnellen Prozess kultureller Übertragung und nicht über den »langsamen Weg« genetischer Veränderungen. Eine in der Biologie weit verbreitete Ansicht lautet, dass bei Tieren genetisch kodierte Verhaltensprogramme dominieren, beim Menschen hingegen der Erwerb von Sprache und bewussten intellektuellen Prozessen eine so schnelle Übertragung von Verhaltensnormen ermöglicht hat, dass Argumente, die auf langsamen genetischen Veränderungen aufbauen, überflüssig werden.

In »Schritt 3« gerät Ruse in philosophische Schwierigkeiten. Schritt 3 ist, wie Sie sich erinnern werden, der Vorschlag, dass die Kraft des »Sollens«, die in jedem echten ethischen Diskurs implizit ist, auf angeborenen, vererbten biologischen Antrieben beruht. Der Unterschied zwischen »Ist« und »Sollen« (den Ruse als »naturalistischen Fehlschluss« bezeichnet), auf den Hume eindringlich hingewiesen hat und der später von dem in Cambridge lehrenden Philosophen G. E. Moore dargelegt wurde, lässt sich meines Erachtens nicht so leicht umgehen. Moore wies darauf hin, dass alle Versuche, moralische Ansprüche durch Bezugnahme auf Beschreibungen der physischen Welt zu rechtfertigen, zum Scheitern verurteilt sind. Kurz gesagt, man kann ein »Sollen« nicht aus einem »Ist« ableiten. Diesen Fehlschluss versucht Ruse zu umgehen, indem er »Sollen« neu definiert, sodass es nicht mehr in seiner klassischen Bedeutung eines impliziten Appells an einen objektiven moralischen Maßstab verwendet wird, sondern sich stattdessen lediglich auf angeborene Veranlagungen bezieht. Aber im Prozess des Neudefinierens von »Sollen« als biologische Veranlagung verflüchtigt sich die Kraft des Begriffs. Moralische Verpflichtungen, die auf einer Veranlagung zu etwas beruhen, sind eigentlich gar keine Verpflichtungen. Wenn unser Gefühl der Objektivität in Bezug auf die Moral, wie Ruse behauptet, eine genetisch vorprogrammierte Illusion ist, dann können wir diese Täuschung jetzt, da sie von der Wissenschaft aufgedeckt wurde, ignorieren.

Die Schwäche der naturalistischen Argumentation in diesem Punkt wird durch Schritt 4 in Ruses Argumentation deutlich, denn es ist nicht klar, wie »traditionelle Moral« durch Appelle an angeborene Veranlagungen aufrechterhalten werden kann. Tatsächlich ist Schritt 4 – die Behauptung, dass biologische Antriebe zu ethischen Impulsen führen, die im Großen und Ganzen mit der traditionellen Moral übereinstimmen – empirisch falsch. In der Praxis sind Menschen keine Roboter – sie treffen echte moralische Entscheidungen, die von ethnischer Säuberung bis hin zur Pflege von AIDS-Kranken in den Slums von Johannesburg reichen. Moralische Glaubenssysteme variieren in verschiedenen Kulturen und unterschiedlichen historischen Zeiten enorm. Die *biologische* Perspektive besagt lediglich, dass Menschen unterschiedliche Triebe haben, Unterschiedliches zu tun, aber die Biologie liefert keine Entscheidungskriterien dafür, warum die einen Triebe als »moralischer« bezeichnet werden sollten als die anderen. Allein auf der Basis von Ruses Vorannahmen könnten wir die Gräueltaten des Nazi-Regimes als eine weitere »interessante« Manifestation der angeborenen Veranlagungen des Menschen bezeichnen. Der Wert des menschlichen Individuums ist meines Erachtens in Ruses biologischem Bezugssystem stark gefährdet.

Ich habe mich bei diesem Thema länger aufgehalten, weil der jüngste Aufschwung der Genetik – den ich begrüße – zu dem Zeitpunkt in der Öffentlichkeit zugleich Ängste über Auswirkungen und Tragweite dieser Flut an neuen Informationen geweckt hat. Ich denke, dass Philosophen, Biologinnen und andere sehr vorsichtig sein müssen mit wilden Extrapolationen aus biologischen Daten auf menschliche Ziele und Werte. Die Geschichte der Eugenik ist nicht schön.

Menschliche Werte – Das Komplementaritäts-Modell

Zu guter Letzt, wie schneidet das Komplementaritäts-Modell ab, wenn es um Fragen zu Naturwissenschaft und menschlichen Werten geht? Ich denke, es schneidet recht gut ab. Wir haben bereits festgestellt, dass die Naturwissenschaft bei der Art des Wissens, das sie hervorbringt, recht eingeschränkt ist. Naturwissenschaft beschreibt. Sie quantifiziert. Sie stellt auf der Grundlage einer großen Anzahl von Beobachtungen Verallgemeinerungen her. Sie ist sehr erfolgreich beim Aufbau eines Korpus zuverlässigen Wissens, das die physische Welt und ihre Eigenschaften beschreibt. Zugleich aber lassen ihre Beschreibungen *ipso facto* große Teile menschlichen Wissens und Bemühens außer Acht – Ethik, Ästhetik, unsere persönliche Biografie, Fragen nach dem höchsten Wert und Sinn, die Rechtfertigung religiösen Glaubens und vieles andere mehr. Im Komplementaritäts-Modell sind dies alles wichtige Bereiche menschlichen Lebens und menschlicher Erfahrung. Um Donald MacKays Kriterium zu verwenden: Ja, wir brauchen die Erklärungskraft all dieser verschiedenen Aspekte menschlicher Erfahrung, um der Realität unseres Daseins als bewusste Beobachterinnen und Beobachter eines bemerkenswerten Universums gerecht zu werden.

Deshalb betont das Komplementaritäts-Modell, dass die Ursprünge menschlicher Werte nicht aus wissenschaftlichem Wissen an sich hervorgehen. Woher kommen sie dann? Die verschiedenen Quellen unserer moralischen Überzeugungen vermögen andere weit besser aufzuzeigen als ich. Ich weise darauf hin, dass Michael Fuller, Leiter des Theologischen Instituts der Schottischen Episkopalkirche, in seinem Artikel »Science, Religion and Ethics« (2002) eine hilfreiche Gesamtübersicht der verschiedenen Positionen vorgelegt hat. An dieser Stelle möchte ich jedoch auf die bereits von mir zitierte Bemerkung von James Rachels zurückkommen: »Gott und die Natur sind mächtige Verbündete; sie zu verlieren, bedeutet einen echten Verlust.« Was verlieren wir, wenn wir den Glauben an Gott als Schöpfer und als höchsten Quell menschlicher Werte aufgeben?

Als ich Mitte der 1960er Jahre in Oxford studiert habe, war die Humanistische Gesellschaft die größte Gesellschaft an der Universität. Die Mehrheitsmeinung innerhalb der Gesellschaft lautete, der christliche Theismus sei überholt. Die Mehrheitsmeinung besagte allerdings auch, dass die auf Menschenwürde basierenden Werte, die das Christentum im Laufe der Jahrhunderte hochgehalten hatte, erhaltenswert seien, und genau diese Werte wollte die Humanistische Gesellschaft bewahren. In den Jahrzehnten, die auf die 1960er folgten, ist die Humanistische Gesellschaft fast spurlos verschwunden, und immer deutlicher trat zutage, wie extrem schwierig es ist, der Menschenwürde ohne metaphysisches Grundgerüst eine rationale Grundlage zu geben. Wenn Sie zum Beispiel eine rein biologische Darstellung des einzelnen Menschen als das Wichtigste, was man über diesen Menschen sagen kann, zum Ausgangspunkt nehmen, dann wird es schwierig, den Wert des Menschen rational hochzuhalten.

Kindstötung – aus konsequentialistischer und aus theistischer Sicht

Eine kontroverse Debatte über Kindstötung hat vor einiger Zeit die Aufmerksamkeit darauf gelenkt, inwiefern konkurrierende metaphysische Weltanschauungen zu einem sehr unterschiedlichen Verständnis vom Wert des Menschen führen können. Die Debatte ist hilfreich, weil sie beleuchtet, wie eine bestimmte Vorannahme unaufhaltsam und hochrational zu einer Schlussfolgerung führen kann, die viele Menschen zutiefst verabscheuen. Ich wähle dieses Beispiel nicht, weil hier die Zeit wäre, einer so wichtigen Diskussion an sich gerecht zu werden, sondern weil es eine Ahnung davon vermittelt, wie ähnliche öffentliche Debatten in Zukunft verlaufen könnten, wenn es um weitere Fragen geht, wie etwa ob man Menschen klonen, die menschliche Keimbahn genetisch verändern oder Mensch-Affen-Hybriden erzeugen darf, um Gehirnfunktionen und Bewusstsein zu erforschen.

Wenn es um die Folgen der Ablehnung eines theistischen Bezugsrahmens für den Wert des Menschen geht, ist Peter Singer, ein Befürworter der Kindstötung, so exakt wie explizit:

> Wenn wir zu den Ursprüngen der westlichen Zivilisation zurückgehen, in griechische oder römische Zeit, stellen wir

> fest, dass die Zugehörigkeit zu Homo sapiens als Garantie für den Schutz des eigenen Lebens nicht ausreichte. … Griechen und Römer töteten missgebildete oder schwache Säuglinge, indem sie sie auf einer Bergkuppe den Elementen aussetzten. Platon und Aristoteles waren der Meinung, der Staat solle die Tötung missgebildeter Säuglinge durchsetzen. … Der Wandel in der westlichen Einstellung zur Kindstötung seit der Römerzeit ist, ebenso wie die Lehre von der Unantastbarkeit des menschlichen Lebens, zu der er gehört, ein Produkt des Christentums. Vielleicht kann man heute über diese Fragen nachdenken, ohne den christlichen moralischen Bezugsrahmen vorauszusetzen, der so lange eine grundlegende Neubewertung verhindert hat (Singer, 1993, S. 88, 173).

Singer hat natürlich recht: Kindstötung war in der griechisch-römischen Welt so verbreitet, dass der zeitgenössische Historiker Polybius im 2. Jahrhundert v. Chr. zu dem Schluss kam, sie habe zu der damaligen Entvölkerung Griechenlands beigetragen. Singer hat ebenfalls Recht mit seiner Behauptung, dass die Kindstötungen aufgrund des christlichen Beharrens auf der Unantastbarkeit des Lebens weniger wurden. Nach der Bekehrung Kaiser Konstantins zum Christentum 313 n. Chr. wurde das Aussetzen von Säuglingen unter Strafe gestellt.

Was will Singer also an die Stelle der Unantastbarkeit des Lebens setzen? Singer ist Konsequentialist – er ist der Meinung, dass ethische Entscheidungen auf der Grundlage einer Bewertung ihrer Gesamtfolgen getroffen werden müssen. Sein grundlegender ethischer Ausgangspunkt ist das »Prinzip der gleichen Berücksichtigung von Interessen«, die Überzeugung, dass bei der Beurteilung der Folgen unseres Handelns die Interessen aller Menschen berücksichtigt werden müssen. Dieser Grundsatz erstreckt sich laut Singer auch auf empfindungsfähige Tiere, das heißt auf Tiere, die leiden oder »glücklich« sein können. Nur von einem Wesen, das leiden kann, kann man sagen, dass es »Interessen hat«. Der Mensch kann auf zwei ganz unterschiedliche Arten betrachtet werden – entweder als Angehöriger der Art *Homo sapiens* oder als Person. Eine Person ist ein »seiner selbst bewusstes oder rationales Wesen«, das daher als Akteur handeln und Entscheidungen treffen sowie außerdem vereitelte Zukunftswünsche haben kann. Darüber hinaus möchte Singer argumentieren, dass beispielsweise auch Primaten zumindest bis zu einem gewissen Grad ihrer selbst bewusst sind und in den Begriff »Person« einbezogen werden sollten. Zugehörigkeit zur Art *Homo sapiens* ist also weder notwendig noch ausreichend, um eine »Person« zu sein.

Was sind die Schlussfolgerungen aus einem solchen Ausgangspunkt? Es ist nicht per se falsch, ein Neugeborenes zu töten, weil das Baby noch kein Bewusstsein seiner selbst hat. Hingegen wäre es falsch, erwachsene Tiere zu töten, von denen man annimmt, dass sie sich ihrer selbst bewusst sind. »Es scheint also«, schreibt Singer,

> dass die Tötung eines Schimpansen schlimmer ist als die Tötung eines Menschen, der aufgrund einer angeborenen geistigen Behinderung keine Person ist und niemals sein kann … das Leben eines neugeborenen Babys ist für es selbst weniger wert als das Leben eines Schweins, eines Hundes oder eines Schimpansen für das jeweilige nichtmenschliche Tier.

Im selben Abschnitt drängt Singer uns,

> wir sollten Gefühle beiseitelassen, die auf dem kleinen, hilflosen und – zuweilen – niedlichen Aussehen menschlicher Säuglinge beruhen. … Laborratten sind in genau demselben Sinne »unschuldig« wie menschliche Säuglinge … die Tötung eines behinderten Säuglings ist moralisch nicht mit der Tötung einer Person gleichzusetzen. Sehr oft ist sie überhaupt nicht falsch.

Was passiert, wenn wir vergleichbare Überlegungen zum Wert des behinderten Neugeborenen vornehmen, nun aber unter Bezug auf den Theismus? Warum steht der christliche Theismus zum Beispiel der Kindstötung so ablehnend gegenüber? Dafür gibt es zwei wesentliche, miteinander verknüpfte Gründe. Erstens wird jedes menschliche Leben als ein Geschenk Gottes betrachtet, dem gegenüber die menschliche Gemeinschaft Verbindlichkeiten und Pflichten hat. Besonders dringlich sind diese Pflichten, wenn das Individuum hilflos und daher völlig auf die Unterstützung der menschlichen Gemeinschaft angewiesen ist. Die von der menschlichen Gemeinschaft erwiesene Liebe sollte etwas von der Liebe Gottes zu jedem einzelnen Menschen widerspiegeln, eine Liebe, die unabhängig vom physischen Status der Person wirkt. Das hilflose Neugeborene hat also intrinsischen Wert, der unabhängig von seinem biologischen Status ist und die Liebe Gottes widerspiegelt, die durch die Bemühungen der unterstützenden menschlichen Gemeinschaft vermittelt wird.

Zweitens sind im christlichen Theismus die Menschen »zum Bilde Gottes« erschaffen (Genesis 1, 27). Dieser Ausdruck wird im biblischen Text erstmals im Zusammenhang mit der der Menschheit übertragenen Verantwortung für die Erde und ihre biologische Vielfalt eingeführt. In dieser Szenerie werden die Menschen von Gott beauftragt, seine »Erdenhüter« zu sein. Gottesebenbildlichkeit ist daher weniger ein statischer Begriff, der sich auf die menschliche Vernunft, den freien Willen oder andere besondere Eigenschaften des Menschen bezieht, sondern sie gilt vielmehr der dynamischen Beziehung des Menschen zu Gott, insbesondere im Hinblick auf die dem Menschen übertragenen Aufgaben. Diese moralische Verantwortung wird nicht nur einigen wenigen Individuen übertragen, sondern der gesamten Menschheit. Ein schwer behinderter Säugling zum Beispiel wird vielleicht individuell nie viel oder gar nichts zur Erfüllung dieser übertragenen Verantwortung beitragen können, aber er ist dennoch Teil der menschlichen Gemeinschaft, die als Ganzes diese moralische Verpflichtung auf ihren Schultern trägt. Gottesebenbildlichkeit hat also mit Beziehung und Solidarität zu tun und verweist einmal mehr nicht auf die genetische Perfektion oder die blauen Augen des hilflosen Säuglings, sondern auf seinen intrinsischen Wert als Mitglied dieser moralischen Gemeinschaft. Alle Menschen sind in diesem Sinne Ebenbilder Gottes und unsere Nächsten. Jesus sagt, dass wir unsere Nächsten lieben sollen wie uns selbst.

Mit dieser Gegenüberstellung möchte ich nicht andeuten, dass alle konsequentialistischen Argumente falsch sind und dass alle moralischen Entscheidungen auf der Grundlage christlicher Ethik schwarz oder weiß sind – weit gefehlt. Konsequentialistische Argumente können sehr hilfreich sein, wenn es darum geht, sich zwischen zwei Übeln für das geringere zu entscheiden. Und wenn es ans Eingemachte geht, sind sich Christen manchmal uneins. Aber der metaphysische Rahmen, in dem ethische Überlegungen angestellt werden, ist tatsächlich ausschlaggebend. In den kommenden Jahrzehnten werden wir vor vielen neuen ethischen Dilemmata stehen, häufig aufgeworfen durch die rasante Entwicklung der biologischen Forschung. Die Naturwissenschaft wird nur dann ein »menschliches Gesicht« bewahren, so vermute ich, wenn es ein metaphysisches System gibt, das robust genug ist, um eine Matrix zu bieten, innerhalb derer ein intrinsischer Wert des Menschen aufrechterhalten werden kann. Für mich bietet die christliche Weltanschauung einen solchen Bezugsrahmen, der sowohl intellektuell befriedigend als auch ethisch schlüssig ist.

Widmung

Diese Vorlesung [die ich am 15. November 2002 an der Universität von St. Andrews gehalten habe] widme ich dem Gedenken an meine beiden älteren Brüder John und David, die am 2. bzw. 13. November 2002, also kurz vor dieser Vorlesung, gestorben sind. Als Mitbegründer von Lion Publishing hat vor allem David mein Interesse daran geweckt, über das Thema Wissenschaft und Glauben zu schreiben.

Quellen

Alexander, D. R.; »Can science explain everything? Scientific naturalism and the death of science«, *Cambridge Papers* Vol 8, No. 2, June 1999.

Alexander, D. R.; *Rebuilding the Matrix: Science & Faith in the 21st Century*, Lion 2001.

Alexander, D. R.; *Science & Christian Belief* 15 (2003), S. 198–200.

Alexander, D. R. & White, R.; *Beyond Belief: Science, Faith and Ethical Challenges*, Lion 2004.

Atkins, P.; »Will science ever fail?« *New Scientist*, August 1992, S. 32–35.

Berger, Peter L.; »Secularism in Retreat«, *The National Interest* 46 (3) Winter 1996/97.

Brooke, J. H.; *Science & Religion: Some Historical Perspectives*, Cambridge University Press 1991.

Brooke, J. &. Cantor, G.; *Reconstructing Nature: The Engagement of Science and Religion*, T & T Clark 1998.
Dawkins, R.; »The Ultraviolet Garden«, Royal Institution Christmas Lecture No 4 1991.
Fuller, Michael; »Science, religion and ethics«, *Expository Times* November 2002.
Gilbert, J.; *Redeeming Culture: American Religion in an Age of Science*, University of Chicago Press 1997.
Gould, S. J.; *Rocks of Ages: Science and Religion in the Fulness of Life*, Ballantine Books 2002.
Harrison, P.; *The Bible, Protestantism and the Rise of Natural Science*, Cambridge University Press 1998.
Hooykaas, R.; *Religion and the Rise of Modern Science*, Scottish Academic Press 1972.
Jones, S.; *The Language of the Genes*, Flamingo 1994; dt.*: Die Botschaft der Gene: Evolution als Erblast und Chance*, aus dem Englischen von Annegrete Lösch, List 1995.
Larson, E. J. & Witham, L.; »Scientists are still keeping the faith«, *Nature* 386 (1997), S. 435–436.
Larson, E. J. & Witham, L.; »Leading scientists still reject God«, *Nature* 394 (1998), S. 313.
Lindberg, D. C. & Numbers, R. L. (Hrsg.); *God & Nature: Historical Essays on the Encounter Between Christianity and Science*, University of California Press 1986.
MacKay, D. M.; *The Open Mind*, Inter-Varsity Press 1988.
MacKenzie Brown, C.; »The conflict between religion and science in light of the patterns of religious belief among scientists«, *Zygon* 38 (2003), S. 603–632.
Nuffield Council on Bioethics; *Genetics and Human Behaviour: The Ethical Context*, 2002; als PDF herunterladbar auf https://www.nuffieldbioethics.org/publications/genetics-and-behaviour
Peacocke, A. R.; *Paths from Science Towards God: the end of all our Exploring*, Oneworld 2001.
Rose, S.; »Reflections on reductionism«, *Trends in Biochemical Sciences* 13 (1988), S. 160–162.
Ruse, M.; *Taking Darwin Seriously*, Basil Blackwell 1986.
Russell, C. A.; *Cross-Currents, Interactions Between Science and Faith*, Inter-Varsity Press 1985.
Russell, C. A.; »The Conflict Metaphor and its Social Origins«, *Science & Christian Belief* 1 (1989), S. 3–26.
Singer, P.; *Practical Ethics*, Cambridge University Press, 2. Auflage 1993; dt.: *Praktische Ethik*, aus dem Englischen von Oscar Bischoff, Jean-Claude Wolf, Dietrich Klose und Susanne Lenz, Neuausgabe, 2. revidierte und erweiterte Auflage, Reclam 1994.
Shapin, S.; *The Scientific Revolution*, University of Chicago Press 1996; dt.: *Die wissenschaftliche Revolution*, aus dem Amerikanischen von Michael Bischoff, Fischer Taschenbuch 1998.
Stark, R. und Jannaccone, L.; *American Economic Review: Papers and Proceedings* 1996, S. 436.
Thornhill, R. & Palmer, C.; *A Natural History of Rape: Biological Bases of Sexual Coercion*, MIT Press 2000.
Wilson, E. O.; *Consilience: the Unity of Knowledge*, Abacus 1999.

John Hapgood

Wissenschaft und menschliche Verantwortung

Über Personsein

Einführung – Das Mögliche und das Zulässige

Nur ein einziges Mal hatte ich das Vergnügen, wie heute nach Lord Winston zu sprechen: bei einem kurzen Austausch im House of Lords vor einigen Jahren. Dabei ging es um den Fall von Diane Blood, der Frau, die mit dem Sperma ihres verstorbenen Mannes ein gemeinsames Kind zeugen wollte. In den Niederlanden ist ihr dies schließlich gelungen, und inzwischen ist sie zum zweiten Mal mit seinem Sperma schwanger. Lord Winston erklärte sich großzügigerweise bereit, in ihrem Namen einen Gesetzentwurf einzubringen, der die postmortale Empfängnis in diesem Land legalisiert hätte. Wie viele andere habe auch ich mich gegen diese Idee gewehrt, und zwar mit der Begründung, dass eine solche Gesetzgebung eine erhebliche Veränderung der rechtlichen Grenzen bedeuten würde, innerhalb derer sich das menschliche Leben bisher abspielt – wobei die letzte Grenze der Tod ist.

Ärztinnen und Ärzte schenken den Bedürfnissen ihrer einzelnen Patientinnen und Patienten zu Recht große Aufmerksamkeit und bemühen sich, immer ausgefeiltere Möglichkeiten zu finden, um ihnen zu helfen. Das ist ihre Berufung. Die Gesetzgebung hingegen muss sich fragen, welche langfristigen gesellschaftlichen Folgen neue Techniken haben, wenn sie allgemein verfügbar werden. Bedeutet die Tatsache, dass etwas möglich ist, dass es auch zulässig sein sollte? Auch solche Fragen sind sicherlich berechtigt. Aus ethischer oder religiöser Sicht möchte man vielleicht eine etwas andere Frage stellen. Wie wirkt sich die breite Anwendung dieser oder jener Technik auf unser Verständnis von uns selbst und den anderen als Personen aus? Ist sie vereinbar mit der Achtung der Menschenwürde und mit dem, was wir über Gottes Absichten mit den Menschen wissen? Aus diesen umfassenderen, eher philosophischen und religiösen Perspektiven kann durchaus Besorgnis erwachsen, wenn versucht wird, die Endgültigkeit des Todes zu umgehen.

Auf den ersten Blick mögen solche Bedenken recht abstrakt erscheinen. Aber stellen Sie sich eine zukünftige Gesellschaftsordnung vor, in der Sperma und Eizellen regelmäßig aufbewahrt werden und für die Zeugung von Kindern genetischer Eltern, die schon lange tot sind, zur Verfügung stehen. Stellen Sie sich die Konkurrenz um Gene vor, die aus irgendeinem Grund für besonders wertvoll erachtet werden. Oder versuchen Sie, sich in das Denken von Spenderinnen und Spendern zu versetzen, die sich ihre Fortpflanzungsfähigkeit irgendwie bis weit in die Zukunft hinein erhalten wollen. Unabhängig davon, wie attraktiv solche Möglichkeiten für Menschen sind, für die die individuelle Entscheidung Vorrang vor allem anderen hat, würde die Existenz einer Art Kofferraumverkauf von begehrenswertem Genmaterial die Einstellung gegenüber den Kindern, die einmal dabei herauskommen sollen, unweigerlich verändern. Häufig wird hier das Wort »Ware« verwendet – und das zu Recht. Selbst der viel bescheidenere Vorschlag, die postmortale Empfängnis auf verstorbene Ehemänner zu begrenzen, könnte die Beziehung zwischen Eltern und Kindern auf subtile Weise verkomplizieren und die Kinder zu geplanten anstatt zu unbeabsichtigten Waisen machen.

Abgesehen von den Problemen bei toten Spenderinnen und Spendern gibt es natürlich bereits einen florierenden Handel mit Erbgut von lebenden Spenderinnen und Spendern. Was soll man zum Beispiel von der Website halten, auf der man Eizellen und Sperma von Glamour-Models ersteigern kann? Der amerikanische Eigentümer der Website geht davon aus, dass für Eizellen 15 000 bis 150 000 Dollar und für Sperma 10 000 bis 50 000 Dollar erzielbar sind. Wie hoch wäre wohl der Preis gewesen, so frage ich mich, wenn beispielsweise Albert Einstein oder Marilyn Monroe praktischerweise eine Spende hinterlassen hätten? Auf die Frage, wie er sein Geschäft rechtfertige, antwortete der Besitzer der Website, ein Modefotograf: »In dieser Gesellschaft bieten wir für alles Mögliche – warum nicht auch für Eizellen?«

All dies könnte man als Unsinn am verrückten Rand einer korrumpierend wohlhabenden Gesellschaft abtun. Aber es klingt auch in den derzeit aktuellen Fragen an, ob die Spender von Sperma für die künstliche Befruchtung identifizierbar sein sollten. Menschen, die auf diese Weise gezeugt wurden, haben ein naheliegendes Interesse zu erfahren, woher sie stammen. Wenn Adoptivkinder ihre Abstammung erfahren dürfen, dann sollte dies auch für sie gelten, so könnten sie argumentieren. Allerdings ist die Parallele zwischen Adoption und künstlicher Befruchtung nicht ganz exakt. Bei der Adoption ist es nicht schwer, zwischen genetischen und sozialen Eltern zu unterscheiden, und alle emotionalen Komplikationen sollten von Anfang an klar sein, zumindest für die Eltern. Bei der künstlichen Befruchtung hingegen ist die Unterscheidung sehr viel schwieriger. Der Spender ist ein unsichtbarer Dritter innerhalb der Ehe der Eltern und mit ziemlicher Sicherheit auch in vielen anderen Ehen oder Partnerschaften sowie der Vater vieler weiterer Kinder. Bei den derzeitigen Versuchen, den Spender identifizierbar zu machen, besteht ein echter Interessenskonflikt. Welche Auswirkungen könnte dies auf Ehen haben, so frage ich mich, in denen dieser neue Partner einen viel intimeren Platz zwischen Mann und Frau einnimmt, als es bei Eltern eines adoptierten Kindes der Fall ist? Und die Kinder selbst können womöglich nur schwer damit umgehen, dass sie Teil eines ausgedehnten Netzwerks von Halbgeschwistern, Halbgroßeltern und weiteren Personen sind, zu denen ihre genetische Beziehung ebenso stark ist wie zu denen, die sie als ihre eigentliche Familie betrachten.

Ich spreche diese Fragen nicht deshalb an, weil ich endgültige Antworten darauf hätte, sondern als aktuelle Beispiele dafür, inwiefern neue Techniken, die mit den besten Absichten entwickelt wurden, soziale Auswirkungen haben können, die grundlegende Aspekte des Personseins berühren. Es gibt sogar noch eindrucksvollere Beispiele, wenn man etwa an die zukünftigen Möglichkeiten der Genmanipulation denkt, aber das würde zu weit führen, und es gibt bereits einen wachsenden Markt für Bücher darüber.

Tony Bland – Wachkoma (PVS)

Als ich vor einigen Jahren ein Buch mit dem Titel *Being a Person* schrieb, wurde ich dazu durch das Problem angeregt, wie wir wissen können, wann ein Mensch wirklich tot ist. Meine Sorge galt dem viel beachteten Fall eines Jungen, Tony Bland, der sich im Wachkoma (Fachbegriff: Persistent Vegetative State, PVS) befand, seit ihm 1989 bei der Katastrophe im Fußballstadion Hillsborough die Luft abgeschnürt worden war. Er war bewusstlos, faktisch hirntot, konnte aber ohne Hilfe atmen und sein Körper sah, obwohl unbeweglich, ganz normal aus. Er befand sich seit mehr als zwei Jahren in diesem Zustand, und wurde in dieser Zeit jeden Tag von seinen Eltern besucht. Er hätte noch viele Jahre so weiterleben können, aber schließlich baten seine Eltern darum, das, was von ihm übrig war, sterben zu lassen – ein Wunsch, dem nach langem juristischen Gerangel schließlich stattgegeben wurde.

Im Fall von Tony Bland haben wir das gegenteilige Problem wie beim postmortalen Sperma. Eingefrorene Spermien, Eizellen und Embryonen können für sich in Anspruch nehmen, den Tod zu überlisten, indem sie die Fortpflanzungsfähigkeit von Menschen unabhängig von ihrer körperlichen Anwesenheit erhalten. PVS beschreibt einen Zustand, in dem der lebende Körper erhalten bleibt, obwohl das bewusste Leben der Person vernichtet worden ist. Beide Zustände setzen sich über die normalen Grenzen von Leben und Persönlichkeit des Menschen hinweg. Sie erhalten eine quasi-persönliche Präsenz aufrecht, wenn das Personsein in seiner Gesamtheit, das sozusagen in einem »verkörperten Bewusstsein« zum Ausdruck kommt, unwiederbringlich zerstört worden ist. Beide werfen drängende Fragen darüber auf, was wir eigentlich unter »Personen« verstehen und wie dieses Verständnis unsere Entscheidungen auf den zunehmend komplexeren Gebieten Reproduktions- und Medizinethik beeinflussen sollte.

Im Fall des jungen Wachkoma-Patienten war ich beeindruckt, in welch hohem Maße durch die ständige Aufmerksamkeit seiner Eltern ein gewisser Rest an Personsein erhalten blieb. Sie reagierten auf einen lebenden Körper, der immer noch der ihres Sohnes war und ihre liebevolle Fürsorge benötigte. Sie hielten ihn sozusagen immer noch als Person in einer körperlichen Beziehung zu sich, ganz so wie es auch gewesen wäre, wenn er hätte reagieren können. Diese enge Beziehung gab dem, was von ihm übrig war, einen Sinn, auch wenn er nicht mehr ansprechbar war. Als seine Eltern entschieden, dass diese Beziehung keine Zukunft hatte, starb daher etwas, und sie wollten, dass dieser Tod vollständig vollzogen würde.

Wir alle leben in unseren Beziehungen zu anderen und werden durch diese geformt, und das gehört zu dem, was mit Personsein gemeint ist. Solche Beziehungen können, so glaube ich, den Tod überdauern und tun dies auch. Aber sie können nicht auf gesunde Weise mit einem praktisch toten Körper fortgeführt werden – sonst befänden wir uns womöglich in der Welt von Hitchcocks *Psycho*. Deshalb sind die Rituale rund um den Tod so sorgfältig darauf ausgerichtet, den Übergang von einer Art von Beziehung zu einer anderen zu ermöglichen. Wir lieben die Verstorbenen, müssen sie aber auch loslassen. Wir begegnen dem Leichnam ehrfürchtig und liebevoll, aber dann entsorgen wir ihn. Wenn wir gläubig sind, müssen wir lernen, die Person, die er einmal war, als in der Liebe Gottes gehalten zu erkennen, der noch eine Zukunft für ihn bereithält.

Bewusstsein und Beziehungen

Das Besorgnis erregende an Mrs. Blood und dem Sperma ihres toten Mannes war für mich, dass sie ihn nicht losließ. Sie benutzte ihn und ging dabei sogar soweit, ihm posthum Sperma zu entnehmen – kein schöner Vorgang. Vielleicht ist sie spirituell so reif, dass sie mit den Widersprüchen in dieser Art von Beziehung umgehen kann, dann freue ich mich mit ihr über ihr gegenwärtiges Glück. In seinem Kind einige Eigenschaften der Person wiederzuerkennen, die man geliebt hat, ist ein großer Segen. Aber den Genen Vorrang vor der Realität einer lebendigen Beziehung einzuräumen, liegt für mein Empfinden beunruhigend nahe an der bereits erwähnten Art von Eizellen- und Sperma-Markt. Gene sind wichtig, aber sie sind nicht alles. Insgesamt mag unsere genetische Identität uns mit einigen körperlichen Merkmalen sowie eher mit den einen als mit den anderen Eigenschaften und Veranlagungen ausstatten, aber was wir tatsächlich werden, hängt davon ab, was mit uns geschieht, was wir tun, vom kulturellen und physischen Umfeld, in dem wir uns entwickeln, und von den persönlichen Beziehungen, in denen wir stehen. Deshalb ist in den meisten Fällen das, was uns im Leben widerfährt, wichtiger als unser genaues genetisches Erbe. Das ängstliche Bestreben mancher Menschen, ihre wahre Abstammung zu erfahren oder bessere Gene für ihre Kinder zu kaufen, mag noch dadurch verstärkt worden sein, dass alles Genetische heute so hohe Prominenz genießt.

Ich habe mich bei der Frage nach dem Personsein für diesen Ansatz entschieden, zum einen wegen meiner früheren bescheidenen Begegnung mit Lord Winston und zum anderen, weil ich zu einem bestimmten Zeitpunkt viel mit PVS, also Wachkoma, zu tun hatte und dadurch in meinem Denken über das Personsein stark beeinflusst worden bin. Es war mir ein Anliegen, darauf hinzuweisen, dass wir, wenn wir das Wertvolle an der menschlichen Persönlichkeit erhalten wollen, die Gesamtheit dessen, was wir sind, berücksichtigen müssen: Gene, Körper, Beziehungen, Kultur, persönliche Geschichte, Umwelt im weitesten Sinne und schließlich – wie ich noch ausführen werde – unsere Beziehung zu Gott. Die menschliche Persönlichkeit ist meines Erachtens der Schnittpunkt, an dem sowohl Wissenschaft als auch Religion eine Rolle spielen bei unserem Versuch, die geheimnisvolle Realität des Menschseins und unsere Fähigkeit, die Persönlichkeit anderer zu erkennen und auf sie zu reagieren, zu verstehen.

Im Zentrum dieser Überschneidung von Wissenschaft und Religion liegt das Geheimnis des Bewusstseins. Irgendwie erzeugt unser außergewöhnlicher Entwicklungsprozess eine innerste Natur, eine Subjektivität, die bei jedem Menschen einzigartig ist. Wir können sie bei anderen erkennen und wir merken, wenn sie fehlt, wie im Fall von Tony Bland. Beobachten aber können wir sie nicht, außer in unserem eigenen unmittelbaren Erleben. Wenn wir versuchen, sie zu beobachten und zu erforschen, objektivieren wir sie unweigerlich und zerstören damit ihren Charakter als irreduzibel subjektiv. Denken und Fühlen können wir selbstverständlich untersuchen; das tut die Psychologie. Auch Hirnmechanismen können wir untersuchen, ob auf der Ebene der Neurophysiologie oder der Kognitionswissenschaften, oder ganz allgemein, indem wir versuchen, den Einfluss unserer evolutionären Vergangenheit nachzuvollziehen. Wir können sogar die Aktivität verschiedener Hirnregionen nachverfolgen, indem wir die Veränderungen in der Blutzufuhr beobachten, wenn das Gehirn mit verschiedenen mentalen Prozessen beschäftigt ist. Doch genau wissen, was eine andere Person denkt oder fühlt, das können wir nicht. Wir können ihr Bewusstsein dessen nicht teilen, außer durch bereits interpretiertes Erleben.

Dies ist nicht bloß eine Kuriosität. Die Unterscheidung zwischen Subjekt und Objekt, zwischen persönlicher Wahrnehmung und Allgemeinwissen, ist grundlegend für den gesamten Erkenntnisprozess. Sie muss nicht den Dualismus implizieren, für den Descartes verantwortlich zeichnet. Das Denken entzieht sich, wie gesagt, nicht der objektiven Untersuchung, schon gar nicht, nachdem die Informationstechnologie es möglich macht, Maschinen mit einem gewissen Maß an Intelligenz zu entwickeln. Ein schachspielender Computer mag in einem viel mühsameren Prozess zu seinen Schlussfolgerungen kommen als das menschliche Gehirn, aber es lässt sich kaum leugnen, dass ein gewisses Äquivalent zum Denken stattfindet.

Niemand nimmt jedoch an, dass ein solcher Computer über eine subjektive Ansicht verfügt. Aus ihrem Verhalten ist überdies deutlich ersichtlich, dass auch viele Tiere denken, wenngleich wir nicht wissen können, was sie im Sinne eines Bewusstseins ihrer selbst erleben. Wir Menschen haben Instrumente entwickelt, vor allem Sprache, mit deren Hilfe wir etwas von der innersten Natur unseres direkten persönlichen Bewusstseins vermitteln können. Unsere persönliche Entwicklung und das wachsende Bewusstsein unserer Selbstheit oder Individualität hängt von all den genetischen, sozialen, kulturellen und umweltbedingten Faktoren ab, die ich bei meinem Versuch, die Besonderheiten des Personseins herauszuarbeiten, hervorgehoben habe. Aber das Bewusstsein als solches bleibt das große undurchdringliche Geheimnis, denn es ist prinzipiell nicht möglich, seinen essenziellen Charakter objektiv zu erfassen. Die Schwierigkeit besteht darin, dass es zu etwas anderem wird, sobald man es von außen betrachtet.

Das bedeutet aber nicht, dass man nichts darüber sagen kann. Die Reihe von Kolloquien, zu der auch das heutige Treffen gehört, soll zeigen, wie viel uns die ernsthafte Erforschung des Bewusstseins sagen kann, sowohl über uns selbst als Personen als auch über die Natur der ultimativen Realität. *Ein* möglicher Ansatz bei dieser größeren Thematik ist die Spekulation darüber, wie sich subjektive Wahrnehmung entwickelt haben könnte.

Sprache muss eine Rolle gespielt haben, insbesondere der Gebrauch von Sprache, nicht nur um Bildung zu vermitteln, sondern um eine Beziehung zwischen verschiedenen Sprechenden herzustellen. Durch Sprechen stecken wir füreinander Bereiche gemeinsamen Erlebens und Empfindens ab – unter anderem. Wenn ich sage: »Es ist Zeit fürs Mittagessen«, übermittle ich eine Information. Wenn ich aber zu jemandem, der gerade mit mir gegessen hat, sage: »Das war ein leckeres Mittagessen«, erzähle ich ihm wahrscheinlich nichts, was er nicht schon weiß. Ich verwende Sprache ausdrücklich, um gemeinsame Erfahrungen und Gefühle zu teilen. Ich zeige etwas von mir in der Hoffnung, dass es eine Antwort findet. Durch diese Art des Austauschs, der in gewisser Hinsicht trivial, in anderer Hinsicht aber immens wichtig ist, werden soziale Bindungen geformt und gefestigt. Daher die Bedeutung von Klatsch und Tratsch. Und es ist kein Zufall, dass Frauen in der Regel besser darin sind als Männer, denn Gemeinschaft wird in der Regel vor allem durch Frauen aufgebaut.

Aus evolutionärer Sicht ist nicht schwer zu erkennen, dass diese Art des Selbstausdrucks bei sozialen Tieren ebenso überlebenswichtig sein kann wie die Fähigkeit, Informationen darüber zu übermitteln, wo es Nahrung gibt oder wo Gefahren zu vermeiden sind. Das muss nicht unbedingt mit Worten geschehen. Gesten, Mimik, gegenseitige Körperpflege und so weiter waren wahrscheinlich die ersten Bausteine sozialen Daseins. Sprache hat die Möglichkeiten der sozialen Interaktion enorm erweitert. In diesem Austausch mit anderen findet Persönlichkeitsbildung statt. Die Leute – wie wir sagen – entdecken sich selbst und kommen zu der Überzeugung, dass auch andere, genau wie sie, bewusste Akteurinnen und Akteure sind.

Sprache kann auch eine Interpretation der innersten Natur anderer liefern, die uns wiederum hilft, uns unserer eigenen innersten Natur tiefer bewusst zu werden.

Das ist vermutlich der Grund, warum so viele junge Menschen heute über ihren Smartphones hängen, wobei sie nichts von Bedeutung sagen, sondern gegenseitig einfach nur ihre Gedanken und Gefühle zum Ausdruck bringen, als Teil des Prozesses des Erwachsenwerdens.

Eine weitere enorm wichtige Gabe von Sprache ist ihre Fähigkeit, uns aus uns selbst herauszuholen, dem Hier und Jetzt zu entfliehen, uns vorzustellen, was gewesen ist oder sein könnte, und unsere individuelle Subjektivität im größeren Kontext einer öffentlichen Welt zu verorten. Tatsächlich ist sie ein entscheidendes Instrument, das uns befähigt, zwischen unserem unmittelbaren Erleben und der gemeinsamen öffentlichen Welt zu unterscheiden. Ich mag Edwin Muirs Gedicht *The Animals*, in dem er sich eine Welt ohne Sprache am fünften Schöpfungstag vorstellt.

Sie leben nicht in dieser Welt,
Sind nicht in Zeit und Raum.
Getrieben von Geburt bis Tod,
Besitzen sie kein einzig' Wort,
um Fuß zu fassen irgendwo,
Kein Ort ist ihnen, nirgendwo.

Denn mit Namen wurd' die Welt genannt
aus dem inhaltsleeren Nichts,
Mit Namen wurden geformt und gebannt
Quadrat und Kreis und Strich,
Staub und Smaragd;
Entrissen dem trügerischen Tod
Durch das gehauchte Wort.

Doch nie haben sie den Pfad
Aufs Neue beschritten
und konnten des erinnerten Tags
sich niemals entsinnen.
Alles ist neu ihnen und nah
Im unwandelbaren Hier
An Gottes großem fünftem Tag,
dem ewig gleichen,
nie verstreichenden.

Und am sechsten kamen wir.

Nicht gerade sehr wissenschaftlich. Aber ich denke, in Bezug auf die Macht der Sprache, unsere Welt zu formen und in uns ein Gefühl für Zeit, Veränderung und Kontinuität zu entwickeln, hatte er recht. Es zeigt uns etwas über den Charakter unseres Geistes, bringt uns aber nicht sehr weit, wenn wir versuchen wollen zu verstehen, wie sich unsere innere subjektive Welt entwickelt haben könnte. Die Fähigkeit, durch Symbole zu kommunizieren, setzt offenbar bereits ein gewisses Maß an Subjektivität voraus. Ich glaube, der Schlüssel liegt in der Natur der Umwelt, in der die Evolution stattfindet.

Umwelt, Sprache und Evolution

Die Bedeutung von Zufallsvariation und Wettbewerb ist allen klar. Die entscheidende Rolle von Umwelt und Umweltveränderungen allerdings steht in unserem Verständnis dessen, wie wir entstanden sind, offenbar häufig erst an zweiter Stelle. Mit Umwelt meine ich nicht nur die natürliche Welt, sondern das gesamte Umfeld, alles, was einen Organismus umgibt, alles, was sich auf sein Leben auswirkt und seine Chancen beeinflusst, etwas an seine Nachfolger weiterzugeben. Ein soziales Umfeld kann zum Beispiel den Unterschied zwischen Erfolg und Scheitern ausmachen. Deshalb können die sozialen Interaktionen, von denen ich bereits gesprochen habe, und die aus ihnen hervorgehende soziale Struktur aus evolutionärer Sicht genauso wichtig sein wie die Qualität der Nahrung in diesem oder jenem Teil des Waldes.

Die meisten Tiere besetzen Nischen in der Umwelt, in denen ihre besonderen Eigenschaften ihnen einen Vorteil gegenüber anderen verschaffen, und einige haben gelernt, ihre Nischen zu modifizieren, um sich einen noch größeren Vorteil zu verschaffen. Vögel, die Nester bauen, anstatt ihre Eier einfach auf dem Boden abzulegen, sind ein naheliegendes Beispiel, und die Dämme der Biber ein noch eindrücklicheres. Man braucht die Umwelt also nicht als bloße Kulisse zu betrachten. Es kann eine aktive Auseinandersetzung mit ihr geben, im Falle des Menschen sogar ganz eindeutig. Tatsächlich besteht eine unserer markantesten Eigenschaften in der Fähigkeit, fast jede Umgebung an unsere Bedürfnisse anzupassen. Dabei geht es nicht nur um physische Bedürfnisse. Wir verändern unsere Umgebung, um uns zum Beispiel ästhetische Befriedigung zu schaffen, Erregung zu erzeugen oder die Qualität unseres Erlebens zu steigern. Kurzum, wir sind in einzigartiger Weise interaktiv, und zwar nicht nur untereinander, sondern auch mit unserer im weitesten Sinne verstandenen Umwelt. Darüber hinaus verstärkt die Rückkopplung zwischen uns und einer teilweise selbst geschaffenen Umgebung in hohem Maße deren Bedeutung für das, was wir sind.

Was hat das mit unserer Subjektivität zu tun? Eine ganze Menge, glaube ich, wenn wir genauer nachfragen, wo der Begriff der Umwelt endet. Was ist das, worauf wir uns letztlich beziehen? Ist es sinnvoll, sich eine Art allumfassende Umwelt vorzustellen, im Austausch mit der die menschliche Persönlichkeit zur Entwicklung angeregt wurde, und in Bezug auf die unser bewusstes Leben nun gelebt wird? Damit will ich sagen, dass die Natur der uns umgebenden ultimativen Realität auf der einen oder anderen Ebene eine entscheidende Rolle bei der Prägung dessen spielen muss, was wir sind. Wenn also unsere Subjektivität ein irreduzibler Aspekt des Menschseins ist, folgt daraus offenbar, dass das, was wir mit ultimativer Realität meinen, irgendwie die Möglichkeit der Subjektivität einschließen sowie Rahmen und Anreiz für ihre Entwicklung bieten muss.

Ich weiß, was Sie jetzt denken – gleich bringt er Gott ins Spiel. Das wäre tatsächlich einfach, und es wäre einfach, ihn als jemanden zu bezeichnen, dessen Anwesenheit bleibendes Merkmal der Realität ist, in der unser Menschentum geformt wurde. Aber ich muss Sie enttäuschen. Es wäre zu einfach. In einer solchen Untersuchung ist die Berufung auf Gott das Äquivalent eines Kurzschlusses. Mir geht es immer noch darum, ob und was ein herkömmlicher wissenschaftlicher Ansatz uns zu sagen haben könnte. Mit Subjektivität an sich kann er nicht umgehen, wie ich bereits zu erklären versucht habe. Aber er kann uns vielleicht etwas über Umgebungen sagen, in denen sich eine Art Subjektivität entwickeln könnte.

Ich komme auf das zurück, was ich vorhin über Sprache gesagt habe, über ihre Kraft, andere Welten und ein anderes Denken zu erschließen, und ich komme auch auf unsere scheinbar unerschöpfliche Fähigkeit zurück, unsere eigene Umgebung zu schaffen und zu verändern. Das Merkwürdige an unserer Kreativität ist, dass sie, wie Sprache, weit über die offensichtlichen Notwendigkeiten für unser Überleben hinausreicht. Die Kunst ist ein Beispiel dafür, aber auch das Spiel, und das Spiel ist vielleicht noch interessanter, weil wir seine Anfänge in der nicht-menschlichen Welt sehen können. Es mag seine Wurzeln in der Notwendigkeit haben, körperliche Fähigkeiten zu trainieren, aber selbst bei Tieren sind einige Formen des Spiels offenbar einfach nur Spaß. Es ist ein Ausdruck von Freiheit und ein Ausbruch aus der Notwendigkeit, eines der vielen Anzeichen dafür, dass das Leben, insbesondere das menschliche Leben, seine strengen biologischen Grenzen sprengen kann. Außerdem gibt es regelmäßige Hinweise auf unsere menschliche Aufnahmefähigkeit für das – ja, auf unsere Sehnsucht nach dem –, was über uns hinausgeht, auf den Drang, uns über unsere Umstände zu erheben, was in einem seltsamen Widerspruch zu dem eisernen Gesetz steht, das in der physischen Realität herrschen soll. Wie kann so etwas sein, wenn es nicht irgendwo eine Offenheit gibt, die in das Wie der Dinge eingebaut ist, eine Möglichkeit der Freiheit und der Kreativität, einen Raum, in dem es möglich ist, dem zu begegnen, was unser unmittelbares körperliches Erleben übersteigt?

Geschaffensein

Ein dienlicher Ausgangspunkt ist meines Erachtens die Einführung des Konzepts des Geschaffenseins. Dasein ist nicht selbsterklärend. Geschaffensein bedeutet, dass die Dinge aufgrund einer Realität existieren, die über sie hinausweist – eine Behauptung, die in der Wissenschaft die Alarmglocken auslösen könnte. Aber die Art von Geschaffensein, die mir vorschwebt, erlaubt eine kontinuierliche rationale Untersuchung, ohne gleich einen theologischen Kurzschluss zu verursachen. Zu ihren Charakteristika gehört eine gewisse Distanzierung zwischen der geschaffenen Welt und Gott. Gott lässt die Schöpfung gewissermaßen sie selbst sein. In mancher Hinsicht lässt er sogar zu, dass sie sich selbst gestaltet. Die Evolution zum Beispiel ist von christlichen Theologen häufig so gedeutet worden. Ein kürzlich von John Polkinghorne herausgegebenes Symposion mit dem Titel *The Work of Love* führt diesen Punkt näher aus und stützt sich dabei stark auf die Vorstellung von der Selbstentäußerung Christi in der Menschwerdung. Hier können wir sehen, wie Gott Grenzen akzeptiert und alle Macht ausschlägt, bis auf die Macht der Liebe. Er erhält zwar alles im Sein, ist aber nicht die unmittelbare Ursache für alles Geschehen. Die Schöpfung verfügt über ein gewisses Maß an autonomer Freiheit, und genau das gibt ihr Sinn und Zweck. Ihre Aktualität hätte nicht aus allgemeinen Prinzipien abgeleitet werden können. Geschichte hat Wirkung. Die Schöpfungsgeschichte ist nicht lediglich die Umsetzung eines vorbestimmten Plans. Um sie zu verstehen, muss man sie empirisch untersuchen; daher die Bedeutung der Wissenschaft.

Doch obwohl Gott sich von der Schöpfung distanziert, ist er in ihr nicht abwesend. Im christlichen Glauben sind seine Gegenwart und Macht an jedem Punkt verfügbar, als gnadenvolle Gabe für alle, die sie suchen. Und obwohl er die Schöpfung übersteigt, kann er in geschaffenen Dingen und durch sie erkannt werden – eine Möglichkeit, von der das gesamte inkarnatorische und sakramentale Christentum lebt.

Lassen Sie mich klarstellen, was ich hier tue. Auch wenn ich in den letzten Minuten in theologischen Begriffen gesprochen habe, versuche ich damit nicht, die Wahrheit des Christentums zu beweisen. Ich frage, ob ein solches Verständnis der Natur der ultimativen Realität zur Aufklärung unseres Erlebens von Subjektivität beitragen kann. Ich glaube, ja. Ich denke nicht, dass es den Beweis erbringen kann, aber ich schlage es als eine bessere Möglichkeit vor, Subjektivität in gewisser Weise zu verstehen, als alle anderen, die derzeit im Umlauf sind.

Geschaffensein beinhaltet, wie ich bereits sagte, eine Beziehung zu Gott als dem, der alles im Sein erhält, der sich nicht in die Freiheit des Geschaffenen, es selbst zu sein, einmischt, sondern von allen erkannt werden kann, die ihn suchen. Es ist eine Beziehung, die sich auf nicht ganz so tiefer Ebene in unserem Dasein als soziale Wesen widerspiegelt. Um zu einer Person zu werden, sind wir auf andere Personen angewiesen, nicht nur für unser reines Dasein, sondern auch für die unzähligen persönlichen Interaktionen, durch die sich unser Personsein entwickeln kann. In diesen Interaktionen liegt ein Element der Freiheit, aber auch der Abhängigkeit. Doch in menschlichen Beziehungen lauert stets die Angst, dass das, was wir als unser »Ich« betrachten, nicht mehr sein könnte als das zusammengesetzte Bild all dieser äußeren Einflüsse. Daher der Wunsch, anders zu sein, über unsere Umstände hinauszuwachsen und ein stärkeres Ich-Erleben zu entwickeln. Warum? Weil uns eine solche Möglichkeit der Transzendenz nicht nur in unseren Beziehungen zu anderen Menschen offensteht – wie in der Erfahrung zu lieben und geliebt zu werden –, sondern weil sie auch der Möglichkeit einer Beziehung mit dem Ursprung unseres Seins – Gott – inhärent ist. Ich sage »Möglichkeit«, obwohl wir natürlich schon aufgrund unseres Geschaffenseins in Beziehung stehen. Aber vielleicht ist es charakteristisch für diese grundlegendste Art der Abhängigkeit von Gott, dass sie, wie das Geschaffensein unserer Umwelt, in uns den Wunsch nach mehr wecken sollte. Entscheidend ist, dass die Abhängigkeit von Gott keine Herabsetzung für uns ist und auch nicht die Grundlage für ein falsches Selbstbild, wie etwa eine übermäßige Abhängigkeit von dem Bild, das andere von uns haben. Sie ist eine Anerkennung dessen, was wir auf der tiefsten Ebene unseres Daseins eigentlich sind. Die Bibel beschreibt die Erfahrung der Gegenwart Gottes mit den Worten »erkennen, gleichwie ich erkannt bin«[46], und echte religiöse Erfahrung spiegelt dies wider.

Wurzeln der Subjektivität

Vielleicht können wir hier beginnen, die Wurzeln unserer Subjektivität zu erkennen. Ich behaupte, es gehört zum Wesen der geschaffenen Wirklichkeit, dass sie den Abdruck ihres transzendenten Ursprungs trägt. Auf der grundlegendsten Ebene konfrontiert uns die schiere Gegebenheit der Dinge mit dem höchsten Geheimnis des Daseins. Auf höheren Komplexitätsebenen treten andere Eigenschaften hervor und deuten auf andere Dimensionen des Daseins hin, die ihre Möglichkeit ebenfalls der Offenheit der Schöpfung für den Einen und der Abhängigkeit von dem Einen verdanken, der sie übersteigt.

Wenn ich davon spreche, dass ich Gott erkenne und von ihm erkannt bin, kann ich die großen ICH BIN-Passagen in der Bibel

46 1. Korinther 13, 12

(ICH BIN DER ICH BIN – vor Abraham war ich ICH BIN) nur als Erkenntnisse über Gott als das Universelle Subjekt allen Erlebens betrachten, in dem Erkennen und Sein eins sind. Ich bin mir der Gefahr einer Überinterpretation stark umstrittener Passagen bewusst. Aber in heutigen menschlichen Begriffen ist »Ich bin« der grundlegende Ausdruck von Bewusstsein, eine Zusicherung, dass wir Subjekte und nicht Objekte sind. Damit will ich sagen, dass in Beziehung zum großen ICH BIN Gottes – zu seinem universellen Subjektsein, das sowohl transzendent als auch inkarniert ist – unsere eigene Möglichkeit für ein Ich-Bewusstsein entsteht. Da die Grundlage aller Wirklichkeit das höchste Subjekt ist, das uns von innen her kennt, können auch wir uns als Subjekte erkennen.

Es liegt auf der Hand, dass dieses Ich-Bewusstsein im Hinblick auf unsere Evolutionsgeschichte kein explizites Wissen über oder eine explizite Beziehung zu Gott erfordert. Wie sollte es auch? Explizites Wissen und eine explizite Beziehung liegen weit hinten auf dem Weg geistiger Entwicklung. Aber ich komme noch einmal darauf zurück, was ich über die Implikationen unseres Geschaffenseins gesagt habe, einer Seinsweise, die vom kontinuierlichen, erhaltenden Willen Gottes abhängt. Ob wir uns dessen bewusst sind oder nicht, diese geschöpfliche Abhängigkeit ist das grundlegendste Merkmal der Umwelt, in der wir leben, weben und sind[47]. Mit diesem Verständnis unseres Seins sollte es nicht allzu sehr überraschen, dass Gott als Ursprung von Sein und Wissen aus Geschöpfen, die sie zu empfangen vermögen, die Möglichkeiten der Freiheit, der Selbsttranszendenz und des Ich-Bewusstseins herausholen sollte.

Vielleicht ist dies ein mögliches Verständnis, was es bedeutet, nach dem Bilde Gottes geschaffen zu sein. Es könnte aber auch ein Grund zur Vorsicht sein, die Beschränkungen, die uns diese Historie auferlegt hat, allzu leichtfertig abschütteln. Die Größe der Wissenschaft und unserer enormen technischen Fähigkeiten liegt auch darin, dass wir durch sie einige Eigenschaften unseres Schöpfers mit ihm gemeinhaben können. Das bedeutet allerdings keine Erlaubnis zum Überschreiten sämtlicher Grenzen, bis zu dem Punkt,

---

47 Apostelgeschichte 17, 28

dass wir künftige Generationen nach unserem eigenen Wunschbild erschaffen. Anderen gegenüber Schöpfer zu spielen, indem wir unsere Macht nutzen, um sie zu manipulieren, ist sicherlich das genaue Gegenteil der Ebenbildlichkeit jenes Gottes, der sich uns in Jesus Christus offenbart hat.

Renée Weber
Alles Leben ist eins
Die Begegnung von Quantenphysik und Mystik

Seit den Tagen von Descartes ist die Schere zwischen Spiritualität einerseits und Naturwissenschaft andererseits immer weiter auseinandergegangen – mit verheerenden Folgen für die Menschheit. Jetzt ist die Zeit gekommen, um die beiden Welten wieder zu verbinden und zu erkennen: Die Welt ist eins!
Renée Weber, Professorin der angesehenen Princeton-Universität, gelingt in ihrem Werk der Brückenschlag zwischen den nur scheinbar getrennten Reichen durch einen faszinierenden Dialog zwischen großen Mystikern und bedeutenden Physikern und Biologen. Gerade die moderne Quantenphysik und die Biologie haben durch Forscher wie David Bohm oder Rupert Sheldrake die Basis geliefert, auf der diese neue Brücke errichtet werden kann. So zählen die Gespräche zwischen dem Dalai Lama und Bohm auch zu den Höhepunkten des Buches.
Wenn ein neues Zeitalter eingeläutet werden soll, dann wird dieses nur anbrechen, wenn die Trennung zwischen Naturwissenschaft und Spiritualität überwunden und eine neue Einheit erkannt wird. Renée Weber leistet dafür einen entscheidenden Beitrag! (ISBN: 978-3-86191-112-8)

Bernard Haisch
Die verborgene Intelligenz im Universum

Die neuesten Erkenntnisse der Quantenphysik weisen immer überzeugender darauf hin, dass hinter allen Geschehnissen eine verborgene Intelligenz wirken muss, weshalb das Universum keinesfalls eine gigantische Maschine, sondern weit eher eine geistige Wirklichkeit ist.
Bernard Haisch gelangt als renommierter Astrophysiker des 21. Jahrhunderts zu der Einsicht, dass auch die Wissenschaft von einem „Primat des Bewusstseins“ ausgehen muss. Wenn die uralte Weisheit die Auffassung vertrat „Alles Leben ist eins“, so belegt heute die moderne Naturwissenschaft die „Verbundenheit alles Existierenden“.
Eine brillante Synthese von moderner Physik und Technologie, die anhand neuester wissenschaftlicher Erkenntnisse aufzeigt, warum hinter der Schöpfung ein verborgener SINN liegt! (ISBN: 978-3-86191-296-5)